电路分析与电子技术基础(Ⅲ)
——数字电路分析与设计

浙江大学电工电子基础教学中心　电子技术课程组　编

林平　张德华　周箭　沈红　主编

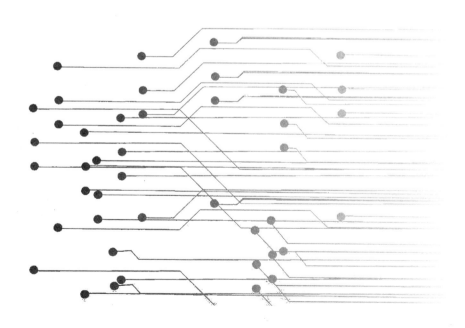

高等教育出版社·北京

内容简介

本书为《电路分析与电子技术基础》系列教材的第3册。全书内容参照高等学校电子电气基础课程教学指导分委员会制定的教学基本要求,将原"电路原理""模拟电子技术基础"和"数字电子技术基础"课程中最基本的知识点,有机地融合在一起,突出了工程背景与应用,强调基本原理与分析,使电气工程、自动化、电子信息工程、通信工程、生物医学工程与仪器、光电信息、机电一体化、计算机等涉电类专业的学生,能基本掌握电路原理与电子技术方面的基本知识与概念,并能为深入学习后续电类课程或相关专业课程奠定扎实的基础。

本书由数字电路与系统基本概述、数字电路中的基本门电路、数字信号的存储、数字逻辑电路、数字信号的产生、信号转换电路、数字电路在单片机系统中的应用共7章组成。

本书可作为普通高等学校电子信息类、电气类、自动化类等专业的基础课教材,也可作为非电专业电工电子课程教材使用,并可供从事电子和电气工程专业的工程技术人员参考。

图书在版编目(CIP)数据

电路分析与电子技术基础. III, 数字电路分析与设计/浙江大学电工电子基础教学中心电子技术课程组编; 林平等主编. --北京: 高等教育出版社, 2019.3

ISBN 978-7-04-051598-5

I. ①电… II. ①浙… ②林… III. ①电路分析-高等学校-教材②电子技术-高等学校-教材③数字电路-电子技术-高等学校-教材④数字电路-电路设计-高等学校-教材 IV. ①TM133②TN

中国版本图书馆 CIP 数据核字(2019)第 041937 号

策划编辑 王 楠　　责任编辑 王 楠　　封面设计 王 洋　　版式设计 马 云
插图绘制 于 博　　责任校对 马鑫蕊　　责任印制 陈伟光

出版发行	高等教育出版社	网　　址	http://www.hep.edu.cn
社　　址	北京市西城区德外大街4号		http://www.hep.com.cn
邮政编码	100120	网上订购	http://www.hepmall.com.cn
印　　刷	北京新华印刷有限公司		http://www.hepmall.com
开　　本	787mm×960mm 1/16		http://www.hepmall.cn
印　　张	22.5		
字　　数	400 千字	版　　次	2019 年 3 月第 1 版
购书热线	010-58581118	印　　次	2019 年 3 月第 1 次印刷
咨询电话	400-810-0598	定　　价	41.80 元

本书如有缺页、倒页、脱页等质量问题,请到所购图书销售部门联系调换
版权所有　侵权必究
物料号　51598-00

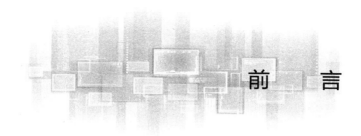

前　言

　　《电路分析与电子技术基础》系列教材(含 3 个分册)总结了浙江大学多年来实施的全校性电类系列核心课程教学改革的成果。将原有的"电路原理""模拟电子技术基础"和"数字电子技术基础"课程中最基本的知识点,有机地融合在一起。系列教材体现了电类基础课程优化整合的教学改革发展新需要,在保证课程教学基本要求的前提下,压缩电类基础课程的教学时数,提高后续专业课程的教学起点,为电气信息类高素质创新型科技人才培育创建新的教学平台。

　　本书为系列教材的第 3 册,主要涉及数字电子技术内容,相对于前两册教材内容的融合交叉,本册可独立成书。在教材编写过程中,我们反复讨论了教材体系如何和实际教学课程紧密联系,希望能充分体现电类系列核心课程教学改革的成果。为了展现日新月异的数字化技术,特别是大规模集成技术和 EDA 技术,同时又能紧紧把握作为数字电子技术入门的基础课性质,新教材不仅覆盖了原有传统数字电子技术的内容,又形成了自己独特的特点:

　　(1)本书以数字信号的存储、处理、产生和变换作为核心脉络,对相应的数字技术内容进行编写。

　　(2)注重培养学生自主查阅芯片手册并应用的能力,结合手册给出的集成芯片的功能表,着眼于基本应用和扩展应用。

　　(3)紧密结合数字电路与单片机外围接口电路的连贯性,为后续专业基础课程的学习打下扎实的基础。

　　本系列教材的策划得到了浙江大学电气工程学院和学校本科生院的大力支持。本教材的编写过程中得到了电气学院电子技术课程组全体教师的大力支持。参加编写的教师的分工如下:林平编写了第 4、5 章,张德华编写了第 1、6、7 章,周箭编写了第 3 章,沈红编写了第 2 章。感谢王小海教授、祁才君副教授在教材编写过程中给予的大力支持和宝贵意见。

由于编者的水平和时间有限,对于教材中存在的不足和错误,欢迎专家和读者批评指正。编者邮箱:linping@zju.edu.cn。

编者

2018 年 9 月

目　录

第1章 数字电路与系统概述

1.1 数字信号和数字电路

1.1.1 模拟信号和数字信号

1. 模拟信号

模拟信号是指用连续变化的物理量表示的信息,其信号的幅度、频率或相位随时间作连续变化,如目前广泛传播的声音、图像以及自然界的风速、光照度、流量、压力等。物理学中的物理量,大多以模拟信号的形式存在。

以电信号为例,典型的模拟信号如正弦波信号、三角波信号、随时间变化的温度信号等,如图1.1.1所示。

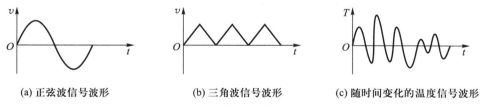

(a) 正弦波信号波形　　　(b) 三角波信号波形　　　(c) 随时间变化的温度信号波形

图 1.1.1　几种典型的模拟信号波形

2. 数字信号

数字信号指时间和幅度的取值都是离散的物理量。数字信号在电路中往往表示为突变的电压或电流。图1.1.2是典型的数字信号波形,即理想的矩形脉冲。该波形有两个特点:

① 信号只有两个电压值:5 V和0 V。我们可以用逻辑0来表示0 V,用逻辑1来表示5 V(正逻辑体制,本书所采用的体制),也可以反过来用逻辑1表示0 V,用逻辑0表示5 V(负逻辑体制)。

② 信号从一个逻辑状态变化到另一个逻辑状态,是一个突然变化的过程,

因此这类信号通常又被称为脉冲信号。

根据信号的不同,电子电路可分为模拟电子电路(简称模拟电路)和数字电子电路(简称数字电路)。显然,模拟电路是用来处理模拟信号的电路,而数字电路则是处理数字信号的电路。

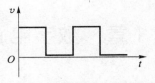

图 1.1.2　典型的数字信号波形

3. 数字信号的特点

① 抗干扰能力强、无噪声积累。在模拟通信中,需要在信号传输过程中及时对衰减的传输信号进行放大,以免随着传输距离的增加,噪声累积越来越多,使传输质量严重恶化。对于数字通信,只要在信噪比恶化到一定程度时重新生成与原发送端一样的数字信号,即可实现长距离、高质量的信号传输。

② 便于压缩。通过删除冗余和不重要的信息,数字信号可以被压缩,因此数字电路占用资源少。

③ 便于加密处理。数字通信的加密处理比模拟通信容易得多,以语音信号为例,经过数字变换后的信号可用简单的数字逻辑运算进行加密、解密处理。

④ 便于存储、处理和交换。数字通信的信号形式与计算机所用信号一致,都是二进制代码,因此便于与计算机联网,也便于用计算机对数字信号进行存储、处理和交换。

⑤ 数字化的设备便于集成化、微型化。如数字通信采用时分多路复用;数字电路可用大规模和超大规模集成电路实现,电路装置体积小、功耗低。

为了充分利用数字系统的优势,现代电子系统输入端的模拟信号应尽可能早地转换成数字信号,而在输出端则应当尽可能迟地转换回模拟信号。

1.1.2　数字信号的描述方法

数字信号的描述方法有两种:二值数字逻辑和数字信号波形。

1. 二值数字逻辑

数字信号只有两个离散值——高电平和低电平,是一种二值信号,常用数字 **0** 和 **1** 分别表示低电平和高电平。数字信号的 **0** 和 **1** 没有大小之分,只代表两种对立的状态,如开关的开与关、通与断,事件的真与假、是与非等。这里的 **0** 和 **1** 不代表数值的大小,称为逻辑 **0** 和逻辑 **1**,也称为二值数字逻辑。

电路中二值数字逻辑通常用电子半导体器件的开关来实现。在分析实际的数字电路时,考虑的是信号之间的逻辑关系,即只要能够区别出两种对立的状态,无须关心高低电平的具体数值。例如某些数字器件规定 2.4~5.0 V 都属于高电平,而 0~1.4 V 都属于低电平。这些表示数字逻辑的高、低电平称为逻辑电平。

2. 数字信号波形

数字信号波形是逻辑电平对时间的图形表示。图 1.1.3 所示为一个 16 位数据的数字信号波形,其中逻辑 **0** 表示低电平,逻辑 **1** 表示高电平。图 1.1.3 中,数字信号按照一个固定的时间间隔 T 发生变化,这个时间间隔称为 1 位(1 bit)或者一拍。图(a)的波形在每一个时间拍内有一个脉冲,即有一个由 **0** 变为 **1**,再由 **1** 变为 **0** 的过程,常用来作为时序控制信号,称为时钟脉冲,而图(b)的波形在一个时间拍内或者是高电平 **1**,或者是低电平 **0**,大多数的数字信号都是这样的序列波形。在图(a)所示的时钟脉冲控制下,图(b)所包含的信息是 **0100110111100111**。

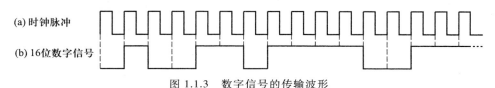

(a) 时钟脉冲

(b) 16 位数字信号

图 1.1.3　数字信号的传输波形

1.1.3　数字信号的处理和传输

数字电路的两大基本功能是数字信号的处理和传输。

图 1.1.4 列举了几种简单的数字信号处理方式。图(a)表示两路输入信号的逻辑**与**处理,当两路信号都为高电平时,输出才为高电平;图(b)表示两路输入信号的逻辑**或**处理,只要有一路信号是高电平,输出就是高电平;图(c)表示

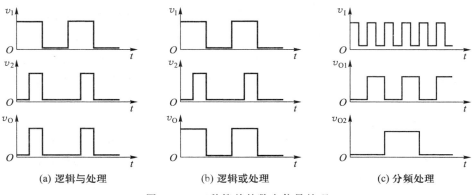

(a) 逻辑与处理　　　　　　(b) 逻辑或处理　　　　　　(c) 分频处理

图 1.1.4　三种简单的数字信号处理

对数字信号的分频处理,即在一个周期信号的激励下,得到频率恰为激励信号 v_1 频率的纯分数的脉冲输出等。

数字信号传输可以通过多种方法实现,图 1.1.5 表示了两种基本的传输方式:串行传输和并行传输。串行传输是在控制信号 C 的作用下,将输入数据一位一位地传送到输出,如图(a)所示,可见其传输速度很慢,适用于工作速度要求不高的场合。图(b)所示为并行传输,是将 n 位并行输入数据(图示为 8 位数据),在控制信号 C 的作用下,一次性地传送到输出,它适用于需要信号快速传递的场合。

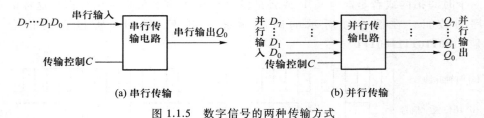

(a) 串行传输   (b) 并行传输

图 1.1.5   数字信号的两种传输方式

1.1.4   数字逻辑器件发展

数字集成电路通常可分成标准逻辑器件(standard logic device,SLD)、微控制器(micro control unit,MCU)或微处理器(micro processor,MP)、专用集成电路(application specific integrated circuit,ASIC)和可编程逻辑器件(programmable logic device,PLD)等。

1. 标准逻辑器件

标准逻辑器件一般指 TTL74/54 系列和 CMOS4000/4500/74HC 系列等数字器件。这类器件属于中小规模集成电路,单片集成门电路数在 1 000 门以内。标准器件的特点是型号齐全,接口信号规范,易于使用和匹配,不同厂商之间相同型号的产品可以互换,价格便宜。但是,采用标准逻辑器件设计一个复杂数字系统时,往往需要用到几十片甚至上百片芯片,从而导致印刷线路板面积增大,连线繁杂,系统可靠性下降,成本增加。

2. 微处理器

微处理器大多属于大规模集成电路(large scale integration,LSI)或超大规模集成电路(very large scale integration,VLSI)。在时钟脉冲作用下,微处理器按节拍顺序执行用户编制的软件程序,从而实现相应的逻辑功能。显然,由于有软件的参与,利用微处理器可以实现非常复杂的逻辑功能,使用也很方便、灵活。其缺点是由于程序的执行是按节拍进行的,随着控制复杂性的增加,程序也将变得复杂,从而导致执行时间增加,系统速度下降。因此,微处理器只适用于工作速度要求不高,但需要对信息作相当复杂处理的场合。微处理器的应用还需要有相应的软件开发平台支撑。

3. 专用集成电路

专用集成电路(ASIC)是具有特定功能的数字集成电路,一般也属于大规模或超大规模集成电路,如 PCI 控制器、复杂的编码和解码器等。ASIC 使用简单,独立使用时一般不需 EDA 软件参与。ASIC 器件或芯片的设计则十分复杂,需要诸如 Cadence、Synopsis 等公司提供的专业 EDA 工具实现,设计过程包括前端的逻辑设计、定时分析和后端的工艺设计等。

4. 可编程逻辑器件

可编程逻辑器件是设想在固定硬件电路的基础上,按照需要改变电路的逻辑功能,这一原始的设想可以用图 1.1.6 加以说明。

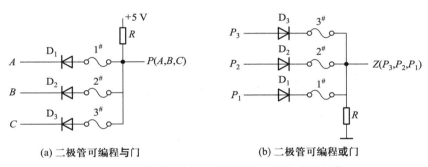

(a) 二极管可编程与门　　　　　　　(b) 二极管可编程或门

图 1.1.6　利用熔丝实现可编程的**与**门和**或**门电路

图 1.1.6(a)是一个二极管的**与**门电路,只是在每个二极管回路中串入了一只低熔点的熔丝。熔丝全接通时,实现的是 $P=f(A,B,C)=A \cdot B \cdot C$ 功能;当 $2^{\#}$ 熔丝烧断时,输出就变为 $P=f(A,B,C)=A \cdot C$ 功能了。可见,只要控制熔丝的通断,输出逻辑关系就可以改变。

如果熔丝的通断由一种外部可控或者方便控制导通和截止的特种器件代替,则逻辑功能也可以实现编程了,这是实现可编程的最原始出发点。

在可编程逻辑器件中,使用者根据某种功能要求,在特定的开发平台上,通过软件编程和软件编译,然后将编译后文件下载到具体的芯片中去,该芯片就具备了软件决定的逻辑功能。

在 PLD 中,又规定了图 1.1.7 所示的 PLD 符号表示,其中图(a)是可编程**与**门,**与**门的输入变量和输入线相交,若变量和输入线交叉处有"×"号,表示用户编程连接;有"·"表示硬连接;无符号表示断开状态。图(b)是可编程**或**门符号,符号意义和图(a)相同。图(c)是输入缓冲器,具有原码、反码驱动输出。

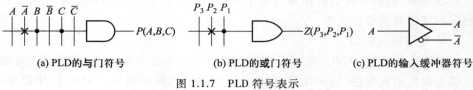

(a) PLD的与门符号   (b) PLD的**或**门符号   (c) PLD的输入缓冲器符号

图 1.1.7   PLD 符号表示

PLD 的一般结构如图 1.1.8 所示,它的主要电路是由一个**与**阵列和一个**或**阵列配上输入和输出电路组成的。

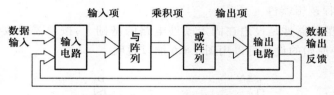

图 1.1.8   PLD 结构框图

图 1.1.9 是简单 PLD 的基本电路图,其中的**与**阵列和**或**阵列都是可以编程的。但是,在 PLD 中,可以是**与**阵列可编程而**或**阵列固定连接,或者**与**阵列固定连接而**或**阵列可编程,因此可编程逻辑器件有多种系列产品。无论是哪一种系列产品,经过**与或**阵列后,输出的逻辑函数即为**与或**表达式。

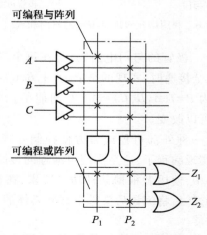

图 1.1.9   简单 PLD 的基本电路

图 1.1.9 所示 PLD 电路的输出 Z_1 和 Z_2 的逻辑关系式为

$$Z_1 = f(A, B, C) = P_1 + P_2 = AC + \overline{A}\,B\,\overline{C}$$

$$Z_2 = f(A, B, C) = P_2 = \overline{A}\,B\,\overline{C}$$

可见,表达式是一种**与或**表达式结构。

1.2 数字电路中的数制

数制是计数进位的简称。在数字电路中广泛使用二进制(binary)数,但它读、写起来数字都很长。为了弥补这一个缺点,通常也采用八进制(octal)数和十六进制(hexadecimal)数。本节从大家熟悉的十进制(decimal)数开始,介绍常用数制和数制之间的相互转换方法。

1.2.1 十进制数

十进制是人们日常生活中最常用也最熟悉的一种计数体制。它由 0、1、2、3、…、8、9 等十个数字(也称十个数码元素)和一个小数点符号组成。在记数时采用位值法则,就是对每一个数位赋以一定的位值——权(weight),高位的位值是相邻低位的十倍。应用这种法则,就可以通过对数码的适当排列,表示任意大小的数。例如,十进制数 588.81 可以表示成:

$$588.81 = 5 \times 10^2 + 8 \times 10^1 + 8 \times 10^0 + 8 \times 10^{-1} + 1 \times 10^{-2}$$

式中,10^2、10^1、10^0、10^{-1}、10^{-2} 表示十进制数从高位到低位的"权",就是我们通常提到的百位、十位、个位、十分位、百分位。十进制数的基数为 10,计数规律"逢十进一"。

为此,一个具有 n 位整数和 m 位小数的十进制数可表示为

$$(N)_{10} = (K_{n-1} K_{n-2} \cdots K_1 K_0 K_{-1} K_{-2} \cdots K_{-m})_{10}$$

可按权展开:

$$(N)_{10} = K_{n-1} \times 10^{n-1} + K_{n-2} \times 10^{n-2} + \cdots + K_1 \times 10^1 + K_0 \times 10^0 + K_{-1} \times 10^{-1} +$$

$$K_{-2} \times 10^{-2} + \cdots + K_{-m} \times 10^{-m} = \sum_{i=-m}^{n-1} K_i \times 10^i \qquad (1.2.1)$$

其中 K_i 可取 $0\sim9$ 十个数中的任何一个。

因此可推知,一个具有 n 位整数和 m 位小数的 r 进制数的求和通式如下:

$$(N)_r = \sum_{i=-m}^{n-1} K_i \times (r)^i = K_{n-1} \times r^{n-1} + K_{n-2} \times r^{n-2} + \cdots + K_1 \times r^1 +$$

$$K_0 \times r^0 + K_{-1} \times r^{-1} + K_{-2} \times r^{-2} + \cdots + K_{-m} \times r^{-m} \qquad (1.2.2)$$

式中，r 表示计数的基数，十进制时 r 为 10。通常为表述方便，也可用英文后缀描述，如 $(588.81)_D$，D 是英文十进制数（decimal number）的缩写。

1.2.2　二进制数

二进制数的基为 2，有 **0** 和 **1** 二个数码元素，计数规律是"逢二进一"。同样，任何数值的一个二进制数都是由 **0**、**1** 两个元素组合而成。根据式（1.2.2），二进制数的求和通式为

$$(N)_2 = \sum_{i=-m}^{n-1} K_i \times (2)^i = K_{n-1} \times 2^{n-1} + K_{n-2} \times 2^{n-2} + \cdots + K_1 \times 2^1 +$$

$$K_0 \times 2^0 + K_{-1} \times 2^{-1} + K_{-2} \times 2^{-2} + \cdots + K_{-m} \times 2^{-m} \qquad (1.2.3)$$

例如，二进制数 $(11110001.0100)_2$ 可展开为求和形式：

$$(11110001.0001)_2 = 1 \times 2^7 + 1 \times 2^6 + 1 \times 2^5 + 1 \times 2^4 + 0 \times 2^3 + 0 \times 2^2 + 0 \times 2^1 +$$

$$1 \times 2^0 + 0 \times 2^{-1} + 0 \times 2^{-2} + 0 \times 2^{-3} + 1 \times 2^{-4}$$

式中，2^7、2^6、2^5、2^4、2^3、2^2、2^1、2^0、2^{-1}、2^{-2}、2^{-3}、2^{-4} 表示二进制数从高位到低位的"权"。

二进制数 $(11110001.0001)_2$ 用英文后缀描述时表示为 $(11110001.0001)_B$，B 是英文二进制数（binary number）的缩写。事实上这个二进制数和十进制数 $(241.0625)_{10}$ 表示的是同样大小的一个数，可见用多位二进制数也能表示一个十进制数。

1.2.3　八进制数和十六进制数

根据上面十进制数和二进制数的表示规律，八进制数有 0、1、2、3、4、5、6、7 八个数码元素，计数规律是"逢八进一"。任何一个八进制数都由 0~7 这八个数码元素组合而成。如 $(205.4)_8$，用英文后缀描述时表示为 $(205.4)_O$，O 是英文八进制数（octal number）的缩写。

十六进制数的十六个数码元素除 0、1、2、3、…、9 十个外，还有 A、B、C、D、E、F 六个，分别代表十进制数的 10~15，计数规律是"逢十六进一"。任何一个十六

进制数都由 0~F 这十六个元素组合而成,如 $(582B)_{16}$,用英文后缀描述时表示为 $(582B)_H$,H 是英文十六进制数(hexadecimal number)的缩写。

表 1.2.1 列出了几种常用数制(r 为 2、8、16 和 10)的前 20 个自然数,供读者对照。

表 1.2.1 几种常用数制对照表

十进制数	二进制数	八进制数	十六进制数
0	00000	0	0
1	00001	1	1
2	00010	2	2
3	00011	3	3
4	00100	4	4
5	00101	5	5
6	00110	6	6
7	00111	7	7
8	01000	10	8
9	01001	11	9
10	01010	12	A
11	01011	13	B
12	01100	14	C
13	01101	15	D
14	01110	16	E
15	01111	17	F
16	10000	20	10
17	10001	21	11
18	10010	22	12
19	10011	23	13

1.2.4 数制间的相互转换

一、非十进制数转换成十进制数

利用式(1.2.2),可以把十进制数以外的任何进制数转换成十进制数。只要根据公式展开,然后按十进制数规律相加,就可得出转换后的等值十进制数的大小。现举例说明。

【例1.2.1】 试将二进制数$(11100001)_2$转换成等值的十进制数。

解:

$$(11100001)_2 = 1\times2^7+1\times2^6+1\times2^5+0\times2^4+0\times2^3+0\times2^2+0\times2^1+1\times2^0$$
$$= 128+64+32+1 = (225)_{10}$$

【例1.2.2】 试将带小数的二进制数$(1001.01)_2$转换成等值的十进制数。

解:

$$(1001.01)_2 = 1\times2^3+0\times2^2+0\times2^1+1\times2^0+0\times2^{-1}+1\times2^{-2}$$
$$= 8+1+0.25 = (9.25)_{10}$$

【例1.2.3】 试将八进制数$(231.4)_8$转换成等值的十进制数。

解:

$$(231.4)_8 = 2\times8^2+3\times8^1+1\times8^0+4\times8^{-1}$$
$$= 128+24+1+0.5 = (153.5)_{10}$$

【例1.2.4】 试将十六进制数$(8AE.C1)_{16}$转换成等值的十进制数。

解:

$$(8AE.C1)_{16} = 8\times16^2+10\times16^1+14\times16^0+12\times16^{-1}+1\times16^{-2}$$
$$= 2\,048+160+14+0.75+0.003\,9 = (2\,222.753\,9)_{10}$$

可见,非十进制数转换成等值十进制数的基本方法是"按权展开再相加"。

二、十进制数转换成非十进制数

将一个十进制数转换成其他进制数时,需将待转换数的整数部分和小数部分分别加以转换。下面以十进制数转换成为二进制数为例加以说明。若要转换成其他进制时,仿照十进制数转换到二进制数的转换方法即可。

(1)整数部分。

仿照式(1.2.3),一个十进制数的整数部分$(N)_{10}$转换成二进制数时,可以写成:

$$(N)_{10} = K_{n-1}\times2^{n-1}+K_{n-2}\times2^{n-2}+\cdots+K_1\times2^1+K_0\times2^0$$
$$= 2\{K_{n-1}\times2^{n-2}+K_{n-2}\times2^{n-3}+\cdots+K_2\times2^1+K_1\times2^0\}+K_0 \qquad (1.2.4)$$

将式(1.2.4)两边都除以2,可得商为$(K_{n-1}\times2^{n-2}+K_{n-2}\times2^{n-3}+\cdots+K_2\times2^1+K_1\times2^0)$,余数为$K_0$。$N$能被2整除时,$K_0$为0;不能整除时,$K_0$为1。将商再除以2,得新余数$K_1$,用这样的方法进行下去,直到最后的商为0,就可以分别求出余数$K_0,K_1,K_2,\cdots,K_{n-2},K_{n-1}$。把各次余数(**0**或**1**)按第一次余数为最低位(LSB),最后一次余数为最高位(MSB)排列,即得到转换后的二进制整数$(K_{n-1}K_{n-2}\cdots K_1K_0)$。

由以上分析,十进制数的整数部分转换成等值二进制数的基本方法是"除 2 取余"。

【例 1.2.5】 试将十进制数$(19)_{10}$转换成等值的二进制数。

解:采用除 2 取余,可以用下面的除法算式表示:

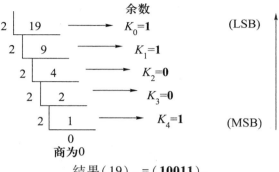

结果$(19)_{10}=(\mathbf{10011})_2$

(2)小数部分。

若要将十进制小数$(N)_{10}$转换成等值二进制数$(0.K_{-1}K_{-2}\cdots K_{-m})_2$,则可写成下列等式:

$$(N)_{10}=K_{-1}\times 2^{-1}+K_{-2}\times 2^{-2}+\cdots+K_{-m}\times 2^{-m}$$

将上式两边均乘以 2,可得

$$2(N)_{10}=K_{-1}+(K_{-2}\times 2^{-1}+K_{-3}\times 2^{-2}+\cdots+K_{-m}\times 2^{-m+1})$$

上式整数部分为K_{-1},K_{-1}要么是 **0**,要么是 **1**,小数部分为$(K_{-2}\times 2^{-1}+K_{-3}\times 2^{-2}+\cdots+K_{-m}\times 2^{-m+1})$。将小数部分再乘以 2,得新整数$K_{-2}$,如此继续下去,直至积的小数部分为 0,可以分别求出K_{-3},K_{-4},$\cdots$,K_{-m}。最后将各次取得的整数按第一次为最高位,最后一次为最低位依次排列成转换后的二进制数小数。

由以上分析,十进制数的小数部分转换成等值二进制数的基本方法是"乘 2 取整"。

【例 1.2.6】 试将十进制数$(0.375)_{10}$转换成等值的二进制数。

解:采用乘 2 取整法求取,用下面的乘法算式进行:

$$
\begin{array}{r}
0.375 \\
\underline{\times 2} \\
K_{-1}=\mathbf{0} \longleftarrow \boxed{0}.750 \\
\underline{\times 2} \\
K_{-2}=\mathbf{1} \longleftarrow \boxed{1}.500 \\
\underline{\times 2} \\
K_{-3}=\mathbf{1} \longleftarrow \boxed{1}.000 \\
全0
\end{array}
$$

11

$$结果 (0.375)_{10} = (\boldsymbol{0.011})_2$$

注意:当积的小数部分永远不等于零时,就会产生转换误差,此时可根据转换精度要求决定转换后小数的位数。

由上两个例子可见,若把 $(19.375)_{10}$ 转换成二进制数,其结果是

$$(19.375)_{10} = (\boldsymbol{10011.011})_2$$

【例 1.2.7】　试将十进制数 $(368.25)_{10}$ 转换成等值的八进制数和十六进制数。

解:$(368.25)_{10}$ 转换成八进制数:

结果为 $(K_2 K_1 K_0 . K_{-1})_8 = (560.2)_8$。

$(368.25)_{10}$ 转换成十六进制数:

结果为 $(K_2 K_1 K_0 . K_{-1})_{16} = (170.4)_{16}$。

三、二进制数、八进制数和十六进制数之间的转换

由表 1.2.1 可知,在二进制数的组合中,由于 $2^3 = 8$,可以用 3 位二进制数的 8 种组合,分别代替八进制数的一个数码;由于 $2^4 = 16$,可以用 4 位二进制数的 16 种组合,分别代替十六进制数的 16 个数码。因此,利用二进制数为桥梁,能方便地进行二进制数、八进制数和十六进制数之间的转换。

【例 1.2.8】　试将二进制数 $(10110011101.0110111)_2$ 转换成八进制数和十六进制数。

解:要转换成八进制数时,以小数点为界,整数部分按照从低位到高位的顺序 3 位一组,最高位不足 3 位则添零补足,小数部分按照从高位到低位的顺序 3 位一组,最低位不足 3 位则添零补足,然后每组代之以相应的八进制数的数码即可。转换成十六进制数时,按照同样的规则 4 位一组进行分组,每组代之以相应的十六进制数即可。

| 八进制 | 2 | 6 | 3 | 5 . | 3 | 3 | 4 |

二进制 0101100111 01 . 011011100

十六进制   5   9   D . 6   E

即（**10110011101.0110111**）$_2$ = （2635.334）$_8$ = （59D.6E）$_{16}$。

1.2.5 数字电路中的正负数表示

通常,在数值(绝对值)的前面加上符号"+"或"-"表示这个数是正数还是负数。但是机器中只能识别二进制数,因此也只能用二进制数来表示"+"或"-"这两个符号。习惯上以 **0** 表示正数符号,以 **1** 表示负数符号,加在一个数的最高位前面,就成为一个带符号的数。例如,N_1 = +**1011**,N_2 = -**1011** 在机器中分别表示为

这种将数值部分和符号部分统一用代码表示的带符号数称为机器数,如 N_1 和 N_2 的机器数就是 **01011** 和 **11011**,而把原来的数值形式称为机器数的真值,如 N_1 = +**1011** 和 N_2 = -**1011**。

在数字电路中,最常用的机器数表示方法有原码、反码和补码。

一、原码(true form)

原码表示方法是:将带符号数中的符号位用 **0** 表示正号,用 **1** 表示负号,而数值位不改变。原码的构成如下:

$$[N]_原 = \begin{cases} \mathbf{0}+原数值 & 正数 \\ \mathbf{1}+原数值 & 负数 \end{cases}$$

例如二进制数 N_1 = +**1011** 和 N_2 = -**1011**,用原码表示就是 $[N_1]_原$ = **01011** 和 $[N_2]_原$ = **11011**。

原码表示方法简单易懂,转换方便,并且在做乘法时,符号位的确定也非常方便,只要对符号位做一个简单的逻辑运算(**异或**)就可获得乘积的符号位。但是原码的加、减法运算比较复杂。例如,两数相加时,如果同号,则数值位相加,符号位不变;如果异号,则数值位就要相减,而在相减时,需要先比较两数绝对值的大小,然后用绝对值较大的数减去绝对值较小的数,差值的符号与绝对值较大

13

的数的符号一致。在机器中,为了判断两数的大小,要增加机器中的设备和降低运算速度。为了解决这一问题,可采用补码表示法。

二、反码(one's complement)

反码表示方法是:正数的反码表示方法和原码相同,负数的反码表示方法是符号位为 **1**,数值位是原码的数值按位取反的值。

$$[N]_反 = \begin{cases} \textbf{0+原数值} & \text{正数} \\ \textbf{1+原数值按位取反} & \text{负数} \end{cases}$$

例如二进制数 $N_1 = +\textbf{1011}$ 和 $N_2 = -\textbf{1011}$,用反码表示就是 $[N_1]_反 = \textbf{01011}$ 和 $[N_2]_反 = \textbf{10100}$。可见如果一个反码表示的是负数,无法直观地看出来它的数值,通常要将其转换成原码再计算。

三、补码(two's complement)

补码的表示方法是:正数的补码表示方法和原码相同,负数的补码表示方法是符号位为 **1**,数值位是原码的数值按位取反,然后在最低有效位上 **+1**,即在反码的基础上 **+1**。

$$[N]_补 = \begin{cases} \textbf{0+原数值} & \text{正数} \\ \textbf{1+原数值按位取反再+1} & \text{负数} \end{cases}$$

例如二进制数 $N_1 = +\textbf{1011}$ 和 $N_2 = -\textbf{1011}$,用补码表示就是 $[N_1]_补 = \textbf{01011}$ 和 $[N_2]_补 = \textbf{10100+1} = \textbf{10101}$。

对于负数,补码的表示方式也不直观,那补码的存在有什么意义呢? 在计算机运算中,加减乘除是最基础的运算,应该尽可能的简单,如果运算过程中需要计算机辨别计算结果的符号位,显然会让计算机的基础电路设计变得十分复杂,所以最好能让符号位也参与运算。根据运算法则,减去一个正数等于加上一个负数,即 $1-1 = 1+(-1) = 0$,可见机器可以只有加法运算而没有减法运算,这样计算机运算的设计就更简单了。于是,问题变成了怎样能让符号位参与运算,并且把减法也变成加法。补码的出现解决了这一问题。我们可以以日常生活中常见的钟表时间调整为例来理解补码的概念。

将钟表想象成是一个 1 位的 12 进制数。如果当前时间是 6 点,希望将时间设置成 4 点,我们可以:

① 往回拨 2 个小时:$6-2 = 4$;

② 往前拨 10 个小时:$6+10 = 16 = 4$。

上面的例子说明了,对时钟的 1 圈 12 小时而言,顺拨 10 小时和反拨 2 小时等价,所以钟表往回拨(减法)的结果可以用往前拨(加法)替代。这样,就解决了加法和减法统一成加法运算的问题。

现在,将焦点落在如何用一个正数来替代一个负数。

再回到时钟的问题上:

① 回拨 2 个小时 = 前拨 10 个小时;

② 回拨 4 个小时 = 前拨 8 个小时;

③ 回拨 5 个小时 = 前拨 7 个小时;

....

在舍弃进位的条件下,对于钟表这个最大数为 12 的系统来说,-2 可以用 $+10$ 来替代,-4 可以用 $+8$ 来替代,-5 可以用 $+7$ 来替代。此时,最大数 12 称为模,-2 和 $+10$ 对模 12 互为补数,-4 和 $+8$ 对模 12 互为补数,-5 和 $+7$ 对模 12 互为补数。

根据补码的概念,一个二进制负数的补码可以用最大数减该二进制数求取。也就是说,不包括符号位的有效数值为

$$[(N)_2]_{补} = 最大数 - (N)_2$$

【例 1.2.9】 试求二进制数 -1011 的补码。

解:4 位二进制数的最大数 $= 2^4 = 10000$,所以其数值部分的补码为

$$2^4 - 1011 = 10000 - 1011 = 0101$$

则　　$[-1011]_{补} = 10101$。

【例 1.2.10】 试求二进制数 -1001001 的补码。

解:$2^7 - 1001001 = 10000000 - 1001001 = 0110111$

则 $[-1001001]_{补} = 10110111$。

有两种方法可以方便地求得一个二进制负数的补码(不含符号位):一是将该二进制数按位求反再在最低有效位上加 1;二是从该二进制数的最低位开始往高位方向,在遇到第一个 1(包含这个 1)之前,原数值位保留,之后的各数值位分别取反。读者不妨分别用两种方法验证例 1.2.8 和例 1.2.9 的正确性。

补码的运算规则有:

$$[N_1]_{补} + [N_2]_{补} = [N_1 + N_2]_{补}$$

$$[[N_1]_{补}]_{补} = [N_1]_{原}$$

下面通过两个例子,说明补码运算如何使符号位参与运算,并且实现加法和减法的统一。

【例 1.2.11】 试用补码运算计算 $1100 - 0101$。

解:$1100 - 0101$ 运算可以写成补码相加运算的形式,即

$$[1100 - 0101]_{补} = [+1100]_{补} + [-0101]_{补} = 01100 + 11011 = 100111$$

丢弃最高位后,留下符号位为 0,所以计算结果为正数 0111,正数的补码和

原码的表示是一致的,即$[1100-0101]_{补}=00111=[+0111]_{补}$,所以运算的结果是 +7。

【例 1.2.12】 试用补码运算计算 0101−1100。

解: 0101−1100 可以写成补码相加的运算形式:

$$[0101-1100]_{补}=[+0101]_{补}+[-1100]_{补}=00101+10100=11001$$

可见,符号位为 1,表示计算结果为负数,即

$$[0101-1100]_{补}=11001=[-1001]_{补}$$

所以运算结果为−7。

1.3 数字电路中的代码

在日常生活中,人们常常会用一组数字来表示一个特定对象。如身份证号码、邮政编码、学生学号等,都是用一组十进制数来表示特定的对象,通过这一串数字,为连接或查找到它所代表的对象带来方便。

在数字电路中则是用一组二进制数来代替一个特定的对象,以下是常见的一些代码形式。

1.3.1 二−十进制码

凡是利用若干位二进制数码来表示 1 位十进制数码的方法,称为十进制数的二进制编码,简称二−十进制代码(binary coded decimal,BCD)。这种编码可以使数字设备用十进制数进行运算并显示运算结果。

由于 4 位二进制数有 $2^4=16$ 种不同的组合,可以按照一定的规律从中选出十个组合来表示 0~9 这十个数码。其中最简单的方案是定义 BCD 码各位的位权从高到低分别是 8、4、2、1,因此 BCD 码也被称为 8421 码,如表 1.3.1 所示,它是一种有权码。需要注意的是,对于 8421 码中的这 10 个数字,和对应的 4 位二进制数没有不同,但是 8421 码中没有 **1010 ~ 1111** 这 6 种组合。8421 码识别简单,转换方便,是目前广泛应用的一种编码。表 1.3.1 中还列出了 5421、2421、5211 等编码,它们都是有权码,注意它们并不是唯一的编码方式,例如表 1.3.1 中列出了两种 2421 编码,又如十进制数 6,采用 5421 编码时,既可以表示为 $(6)_{10}=(1001)_{5421}$,也可以表示为 $(6)_{10}=(0110)_{5421}$。这些有权码名称中的数字表示代替十进制数时,该 4 位二进制数中相应位的权值。例如表中十进制数 8,

当采用 5421 码替代时为 $(8)_{10}=(1011)_{5421}$,说明在 $(1011)_{5421}$ 中最高位的权值为 5,次低位的权值是 2,最低位的权值是 1,则 $(1011)_{5421}=(5+0+2+1)_{10}=(8)_{10}$,因此任何一组二–十进制代码都能十分明确地表明它代表的是哪一个十进制数。另外,表中的有权码和无权码分别指一组代码中的 **1** 具有权值和没有权值。例如在无权码的余 3 码中,$(1011)_{余3码}$ 同样代表十进制数 8,但是其中的 **1** 却没有十进制的权值意义了。

BCD 码可以表示多位十进制数,注意这时每一个十进制数都将用一个 BCD 码的码组代替,这时的二进制代码不再是二进制数的概念了。

表 1.3.1　常用二–十进制代码

十进制数	有权码					无权码
	8421	5421	2421	2421*	5211	余 3 码
0	0000	0000	0000	0000	0000	0011
1	0001	0001	0001	0001	0001	0100
2	0010	0010	0010	0010	0100	0101
3	0011	0011	0011	0011	0101	0110
4	0100	0100	0100	0100	0111	0111
5	0101	1000	0101	1011	1000	1000
6	0110	1001	0110	1100	1001	1001
7	0111	1010	0111	1101	1100	1010
8	1000	1011	1110	1110	1101	1011
9	1001	1100	1111	1111	1111	1100

【**例 1.3.1**】　试将十进制数 $(368)_{10}$ 分别用二进制数、8421 码、5421 码、2421 码、余 3 码表示。

解:根据二–十进制代码规律有

$$(368)_{10}=(101110000)_2$$
$$=(001101101000)_{8421}$$
$$=(001110011011)_{5421}$$
$$=(001101101110)_{2421}$$
$$=(011010011011)_{余3码}$$

1.3.2 可靠性编码

采用可靠性编码可以减少代码在形成和传输过程中的差错。

一、格雷码(Gray code)

格雷码,又叫循环码。表 1.3.2 所示分别是 3 位和 4 位格雷码。由表可见,格雷码有以下明显特征:任何相邻的两组代码之间只有 1 位码元不相同,其他码元完全相同,并具有循环的效果。这样,当格雷码从一个代码变为相邻的另一个代码时,其中只有 1 位二进制数码发生变化。例如从 7 变为 8,即由 **0100** 变到 **1100**,只有最左边的 1 位发生了改变,而如果是 8421 码,则会由 **0111** 变到 **1000**,4 位都要发生变化。显然,采用格雷码可以减少代码在变化时产生错误码。

表 1.3.2 3 位和 4 位格雷码

十进制数	3 位格雷码	4 位格雷码	4 位二进制码
0	000	0000	0000
1	001	0001	0001
2	011	0011	0010
3	010	0010	0011
4	110	0110	0100
5	111	0111	0101
6	101	0101	0110
7	100	0100	0111
8		1100	1000
9		1101	1001
10		1111	1010
11		1110	1011
12		1010	1100
13		1011	1101
14		1001	1110
15		1000	1111

格雷码是由反射性质得到的,3 位格雷码的反射如图 1.3.1 所示。1 位二进

制的格雷码和二进制数码相同,当需要位数扩充时,先将原格雷码的高位添 **0**,需添加的格雷码高位添 **1**,而后以镜面反射规律依次添加格雷码的低位数据。根据图 1.3.1,**0**、**1** 经第一次反射,得到 2 位格雷码,再经第二次反射,得到 3 位格雷码,同理可以得到 4 位格雷码。

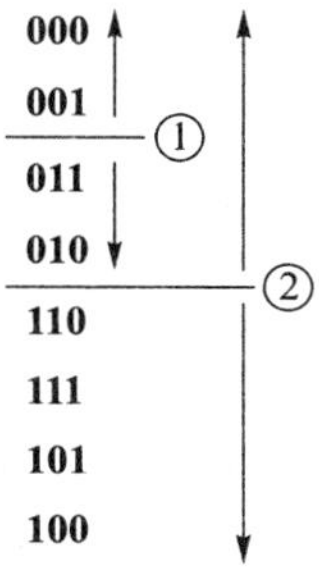

二、奇偶校验码

奇偶校验码是一种具有验错能力的简单编码,其校验编码原则是:在原信息码字的后面附加一位校验位,使得包括检验位在内的码字中 1 的个数为奇数(奇校验)或者偶数(偶校验)。例如,原信息码字(**10010001**)中有 3 个 **1**,是奇数,若用奇校验,则在校验位上加 **0**,使码字变成(**100100010**);若用偶校验,则在校验位上加 **1**,使码字变成(**100100011**)。

奇偶校验能够检测出信息传输过程中的部分误码(1 位误码能检出,2 位及 2 位以上误码不能检出)。设发送端采用偶校验,则在接收端收到的奇偶校验码中为 **1** 的个数是偶数时,说明传输正确,否则表示传输出错。奇偶校验码不能纠错,在发现错误后,只能要求重发。由于奇偶校验码实现简单,因此得到了广泛使用。

```
000
001       ①
011
010
110       ②
111
101
100
```

图 1.3.1　3 位格雷码反射图

1.3.3　ASCII 码

在数字系统中,常采用二进制代码表示 0~9 十个数字、26 个英文字母及专用符号,这种代码称字符代码,字符代码采用多位二进制代码表示。

国际标准化组织(ISO)选用美国信息交换标准代码(American Standard Code for Information Interchange)作为国际通用标准代码,简称 ASCII 码,如表 1.3.3 所示。

ASCII 码是一组 7 位的二进制代码,共有 128 组不同代码,可以代表 128 种特定对象。其中 10 组代码代表十进制数 0~9,52 组分配给 52 个英文大小写字母,32 组分配给各种标点符号及各种运算符号,另外 34 个分了文字命令。表 1.3.3 中的 7 位代码表示信息。

表 1.3.3　ASCII 码表

$b_6b_5b_4b_3$	$b_2b_1b_0$							
	000	001	010	011	100	101	110	111
0000	NUL 空白	SOH 序始	STX 文始	ETX 文终	EOT 送毕	ENQ 询问	ACK 承认	BEL 告警

$b_6b_5b_4b_3$	$b_2b_1b_0$							
	000	**001**	**010**	**011**	**100**	**101**	**110**	**111**
0001	BS 退格	HT 横表	LF 换行	VT 纵表	FF 换页	CR 回车	SO 移出	SI 移入
0010	DLE 转义	DC1 机控 1	DC2 机控 2	DC3 机控 3	DC4 机控 4	NAK 否认	SYN 同步	ETB 组终
0011	CAN 作废	EM 载终	SUB 取代	ESC 扩展	FS 卷隙	GS 群隙	RS 录隙	US 无隙
0100	SPACE 空格	!	"	#	$	%	&	'
0101	(	)	*	+	,	−	.	/
0110	0	1	2	3	4	5	6	7
0111	8	9	:	;	<	=	>	?
1000	@	A	B	C	D	E	F	G
1001	H	I	J	K	L	M	N	O
1010	P	Q	R	S	T	U	V	W
1011	X	Y	Z	[	\	]	^	_
1100	`	a	b	c	d	e	f	g
1101	h	i	j	k	l	m	n	o
1110	p	q	r	s	t	u	v	w
1111	x	y	z	{	|	}	~	DEL 删除

1.4　数字电路中的基本逻辑函数

1.4.1　三种基本逻辑函数及其表示方法

数字逻辑电路中有三种基本的逻辑关系:与(AND)、或(OR)、非(NOT)。为了便于理解这三种基本逻辑关系的含义,我们通过三个电路来一一说明。

图 1.4.1 给出了三个电灯控制电路。图（a）中，只有当开关 A、B 都合上时，电灯才会亮，其他情况下电灯都不亮。图（b）中，开关 A、B 只要有任何一只合上，电灯就会被点亮。图（c）中，只有当开关断开时，电灯才会亮，开关合上时电灯反而不亮。

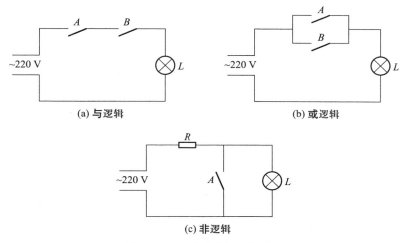

(a) 与逻辑　　　　　　　　(b) 或逻辑

(c) 非逻辑

图 1.4.1　三种基本的逻辑关系

如果以开关是否闭合作为灯能否被点亮的原因，以灯亮作为结果，图 1.4.1 中的三个电路分别代表了以下三种基本的因果关系。

1. 与逻辑关系

图 1.4.1(a) 的因果关系表明，决定一个结果成立的条件都满足时，结果才能成立，只要有一个条件不满足，结果就不成立。这种条件与结果之间的关系，逻辑上称作与逻辑关系，在逻辑运算中称为逻辑乘。

若定义开关闭合为逻辑 **1**，开关断开为逻辑 **0**，灯亮为逻辑 **1**，灯不亮为逻辑 **0**，可得到表 1.4.1 所示的与逻辑真值表。

表 1.4.1　与逻辑真值表

条件		结果
A	B	L
0	**0**	**0**
0	**1**	**0**
1	**0**	**0**
1	**1**	**1**

在数字电路中,通常把条件作为电路的输入变量,结果作为电路的输出变量,因此两个条件决定一个结果的与逻辑关系可以用逻辑函数表示为

$$L = f(A, B) = A \cdot B = AB$$

实现与逻辑的电路称为与门(AND gate)。图 1.4.2 为二极管与门电路及其工作波形,图 1.4.3 是与门的逻辑符号。

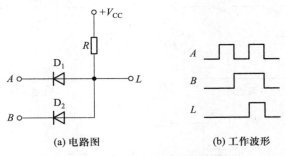

(a) 电路图　　　　　　　(b) 工作波形

图 1.4.2　二极管与门电路及其工作波形

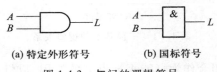

(a) 特定外形符号　　　　　(b) 国标符号

图 1.4.3　与门的逻辑符号

2. 或逻辑关系

图 1.4.1(b)的因果关系表明,在决定一个结果成立的各个条件中,只要有一个条件或一个以上的条件具备时,结果就能成立。这种结果与条件之间的关系,逻辑上称为**或逻辑关系**。在逻辑运算中称为逻辑加。同样,定义开关闭合为逻辑 **1**,开关断开为逻辑 **0**,灯亮为逻辑 **1**,灯不亮为逻辑 **0**,则有表 1.4.2 所示的**或逻辑真值表**。

表 1.4.2　或逻辑真值表

条件		结果
A	B	L
0	**0**	**0**
0	**1**	**1**
1	**0**	**1**
1	**1**	**1**

两个条件决定一个结果的**或**逻辑关系可以用逻辑函数表示为

$$L = f(A, B) = A + B$$

实现**或**逻辑的电路称为**或**门（OR gate）。图 1.4.4 为二极管**或**门电路及其工作波形，图 1.4.5 是**或**门的逻辑符号。

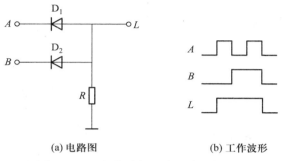

(a) 电路图　　　　　(b) 工作波形

图 1.4.4　二极管**或**门电路及其工作波形

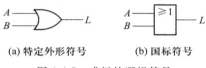

(a) 特定外形符号　　　(b) 国标符号

图 1.4.5　**或**门的逻辑符号

3. 非逻辑关系

图 1.4.1(c) 的因果关系表明，条件具备时结果不成立，而条件不具备时结果反而成立。这种结果与条件之间的关系，逻辑上称为**非**逻辑关系。**非**逻辑关系是一种在逻辑上否定或者条件与结果相反的关系，逻辑运算中也称逻辑求反。同样，定义开关闭合为逻辑 **1**，开关断开为逻辑 **0**，灯亮为逻辑 **1**，灯不亮为逻辑 **0**，非逻辑关系的真值表如表 1.4.3 所示。

表 1.4.3　**非**逻辑真值表

条件	结果
A	L
0	**1**
1	**0**

非逻辑关系可以用逻辑函数表示为 $L = \overline{A}$ 或 $L = A'$。

实现**非**逻辑的电路称为**非**门（NOT gate）。图 1.4.6 为晶体管**非**门电路，

图 1.4.7是非门的逻辑符号。

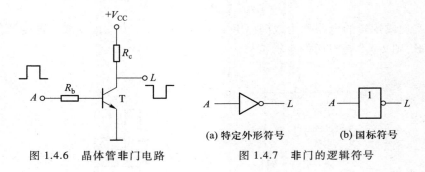

图 1.4.6　晶体管非门电路　　　　图 1.4.7　非门的逻辑符号

(a) 特定外形符号　　　　(b) 国标符号

1.4.2　复杂逻辑关系及其表示方法

实际的逻辑问题往往比与、或、非这三种基本的逻辑关系复杂得多,但是它们都可以由这三种基本逻辑关系的组合来实现。常见的复杂逻辑关系有**与非**(NAND)、**或非**(NOR)、**与或非**(AND - NOR)、**异或**(Exclusive OR)、**同或**(Exclusive NOR)等。

1. 与非逻辑关系

与非逻辑关系是逻辑与和逻辑非的串联复合关系。它表示:当决定一个结果的条件都具备时,结果不成立;反之,只要有一个或一个以上的条件不具备时,结果成立。**与非**逻辑关系的真值表如表 1.4.4 所示。

与非逻辑函数表达式为

$$L=(A,B)=\overline{A \cdot B}=\overline{AB}=(AB)'$$

表 1.4.4　与非逻辑关系真值表

条件		结果
A	B	L
0	0	1
0	1	1
1	0	1
1	1	0

实现与非逻辑的电路称为与非门,与非门的逻辑符号如图 1.4.8 所示。

2. 或非逻辑关系

或非逻辑关系是逻辑**或**和逻辑**非**的串联复合关系。它表示：在决定一个结果的各个条件中，当所有条件都不具备时，结果成立；只要有一个条件或一个以上的条件具备，结果不成立。**或非**逻辑关系真值表如表 1.4.5 所示。

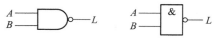

(a) 特定外形符号　　　　(b) 国标符号

图 1.4.8　**与非**门的逻辑符号

表 1.4.5　或非逻辑关系真值表

条件		结果
A	B	L
0	0	1
0	1	0
1	0	0
1	1	0

或非逻辑函数表达式为

$$L = (A, B) = \overline{A+B} = (A+B)'$$

实现**或非**逻辑的电路称为**或非**门，**或非**门的逻辑符号如图 1.4.9 所示。

3. 与或非逻辑功能

与或非逻辑关系是三种基本逻辑关系的复合，它实现多输入变量先相**与**，后相**或**，再取非的逻辑关系。**与或非**逻辑关系真值表如表 1.4.6 所示。

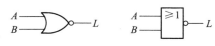

(a) 特定外形符号　　　　(b) 国标符号

图 1.4.9　**或非**门的逻辑符号

表 1.4.6　与或非逻辑关系真值表

条件				结果
A	B	C	D	L
0	0	0	0	1
0	0	0	1	1
0	0	1	0	1
0	0	1	1	0
0	1	0	0	1
0	1	0	1	1
0	1	1	0	1
0	1	1	1	0
1	0	0	0	1
1	0	0	1	1
1	0	1	0	1
1	0	1	1	0
1	1	0	0	0
1	1	0	1	0
1	1	1	0	0
1	1	1	1	0

与或非逻辑表达式为

$$L = f(A,B,C,D) = \overline{AB + CD}$$

有四个输入变量时的**与或非逻辑**关系等效电路如图 1.4.10 所示,**与或非门**的逻辑符号如图 1.4.11 所示。

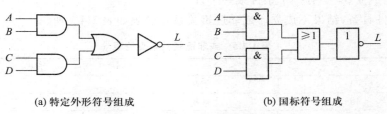

(a) 特定外形符号组成   (b) 国标符号组成

图 1.4.10 与或非逻辑关系等效电路

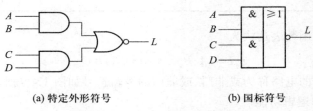

(a) 特定外形符号   (b) 国标符号

图 1.4.11 与或非门的逻辑符号

4. 异或逻辑关系

当两个条件不相同时,结果成立;两个条件相同(同时具备或同时不具备)时,结果不成立,这种逻辑关系称为**异或逻辑**。例如图 1.4.12 是由双联开关控制电灯的电路,开关 A、B 处在相反位置时回路接通,灯亮;处在相同位置时回路断开,灯灭。每当开关 A 或 B 中的一个改变位置时,电灯的状态就会发生变化。开关和电灯的这种逻辑关系就是**异或**逻辑关系。表 1.4.7 是**异或**逻辑真值表。

表 1.4.7 异或逻辑真值表

条件		结果
A	B	L
0	0	0
0	1	1
1	0	1
1	1	0

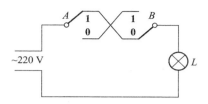

图 1.4.12　双联开关控制电灯的电路之一

异或逻辑函数表达式为

$$L = f(A,B) = \overline{A}B + A\overline{B} = A \oplus B$$

由**异或**关系的逻辑表达式可知，**异或**逻辑关系可以由三种基本逻辑关系组合而成，如图 1.4.13 所示，实现**异或**功能的电路称为**异或**门，其逻辑符号如图 1.4.14 所示。

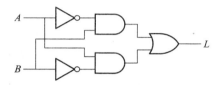

图 1.4.13　三种基本逻辑关系组成的**异或**功能电路

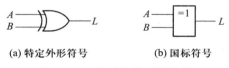

(a) 特定外形符号　　　　　(b) 国标符号

图 1.4.14　**异或**门的逻辑符号

5. 同或逻辑关系

同或逻辑关系与**异或**逻辑关系相反，当两个条件相同时，结果成立；两个条件不相同时，结果不成立。为此可将图 1.4.12 中的双联开关改接成图 1.4.15 的形式，相应地，灯亮的条件改为：当开关 A 和 B 处在相同位置时满足条件，此时开关 A 和 B 对灯 L 的控制关系就是**同或**关系。**同或**逻辑功能是**异或**的非，真值表如表 1.4.8 所示。**同或**逻辑函数表达式为

$$L = (A,B) = \overline{A}\,\overline{B} + AB = \overline{A \oplus B}$$

由**同或**关系的逻辑表达式可知，**同或**逻辑关系也可以由三种基本逻辑关系组合而成，如图 1.4.16 所示。实现**同或**功能的电路称为**同或**门，其逻辑符号如图 1.4.17 所示。

表 1.4.8　同或逻辑真值表

条件		结果
A	B	L
0	0	1
0	1	0
1	0	0
1	1	1

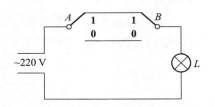

图 1.4.15　双联开关控制电灯的电路之二　　图 1.4.16　三种基本逻辑关系构成
　　　　　　　　　　　　　　　　　　　　　　　　　的同或功能电路

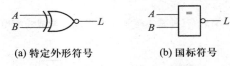

(a) 特定外形符号　　　　　　(b) 国标符号

图 1.4.17　同或门的逻辑符号

1.5　逻 辑 代 数

　　逻辑代数,也称布尔代数,由英国数学家乔治·布尔(George Boole)首先提出,最初是作为对逻辑思维法则的研究出现的,在约 100 年后的 1938 年,香农(C.E.Shannon)发表了《继电器和开关电路的符号分析》一文,为布尔代数在工程技术中的应用开创了道路,从而出现了开关代数。于是自然形成了二值布尔代数,即逻辑代数。

1.5.1　逻辑问题的描述方法

　　逻辑代数是解决逻辑问题的理想工具。逻辑问题中的变量(逻辑变量)不代表具体数值的大小,仅仅代表一个条件或者两种对立的状态,例如电平的高和低、开关的断开和闭合、晶体管的导通和截止、灯的亮和灭、事件的真和假等。

一、逻辑问题的五种表示方法

同一个逻辑问题可以用多种方法表示,下面举例说明。图 1.5.1 中,由三个开关控制一盏电灯,定义开关 A、B、C 合上为 **1**,断开为 **0**;电灯 L 亮为 **1**,灭为 **0**。试求解满足灯亮的条件。

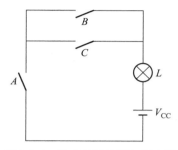

图 1.5.1　三个开关控制电灯电路

（1）真值表表示。

如表 1.5.1 所示,由真值表对逻辑问题的条件和结果进行穷举,其表达结果是唯一的。

表 1.5.1　三个开关控制灯的真值表

A	B	C	L
0	**0**	**0**	**0**
0	**0**	**1**	**0**
0	**1**	**0**	**0**
0	**1**	**1**	**0**
1	**0**	**0**	**0**
1	**0**	**1**	**1**
1	**1**	**0**	**1**
1	**1**	**1**	**1**

（2）函数式表示。

由表 1.5.1 的真值表可直接得到该控制电路的原始逻辑函数式

$$L = f(A, B, C) = A\,\overline{B}C + AB\,\overline{C} + ABC \tag{1.5.1}$$

如何由真值表得到函数式的问题后面再讨论。由式（1.5.1）可以得到多种等价的逻辑函数表达式，如

$$L = f(A, B, C) = AB + AC \qquad \text{与或表达式}$$

$$= \overline{\overline{AB} \cdot \overline{AC}} \qquad \text{与非-与非表达式}$$

$$= A(B + C) \qquad \text{或与表达式}$$

$$= \overline{\overline{A} + \overline{B + C}} \qquad \text{或非-或非表达式}$$

$$= \overline{\overline{A} + \overline{B} \cdot \overline{C}} \qquad \text{与或非表达式}$$

以上五种不同形式的函数式之间可以通过一定的方法相互转换。可见，对同一个逻辑问题，往往有多种等价的逻辑函数表达式。

（3）逻辑图表示。

当一个逻辑问题用不同的逻辑函数式表示时，意味着可以用不同的逻辑门电路的形式来实现。例如，上述逻辑关系中的**或与表达式**，可以用图 1.5.2（a）所示的**或门**和**与门**的形式表示出来。同理，用**与非门**（对应**与非-与非表达式**）、**或非门**（对应**或非-或非表达式**）、**与或非门**（对应**与或非表达式**）也可以实现同样的逻辑功能。

（4）波形图表示。

逻辑问题还可以通过波形图表示，如图 1.5.2（b）所示。波形图中逻辑变量之间的对应关系与真值表中的逻辑关系是一致的。

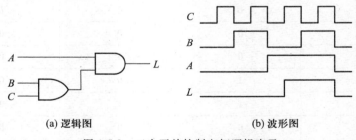

(a) 逻辑图　　　　　　　　　(b) 波形图

图 1.5.2　三个开关控制电灯逻辑表示

（5）卡诺图表示。

卡诺图和真值表具有对应的关系，对逻辑问题的表达方式也是唯一的。卡诺图将在本节稍后介绍。

二、逻辑函数的标准表达式

逻辑函数有两种标准的表达形式。

以图 1.5.1 为例，该电路中开关对灯的控制关系可由原始逻辑表达式（1.5.1）

表示。式（1.5.1）的逻辑函数有三个输入逻辑变量 A、B、C，其中每个与项都具有如下特征：

① 每个与项都包含了函数的三个输入变量 A、B、C；

② A、B、C 这三个输入变量以原变量或者反变量的形式在与项中出现。

凡符合上述特征的与项都称为最小项，最小项的概念可以推广到任一具有 n 个输入变量的逻辑函数。表 1.5.2 列出了三变量逻辑函数的所有最小项以及它们对应的变量取值，从表 1.5.2 可进一步得到最小项的性质：

① 输入变量的任何一组取值，仅对应一个值为 1 的最小项；

② 任何两个最小项相与，结果一定为 0，即 $m_i \cdot m_j = 0, i \neq j$；

③ 全部最小项的和为 1，即 $\sum_{i=0}^{2^n-1} m_i = 1$。

表 1.5.2　三变量逻辑函数的最小项

十进制数	变量取值			相应的最小项及其编号 $m_i(i=0\sim7)$							
	A	B	C	m_0 $\overline{A}\,\overline{B}\,\overline{C}$	m_1 $\overline{A}\,\overline{B}C$	m_2 $\overline{A}B\overline{C}$	m_3 $\overline{A}BC$	m_4 $A\overline{B}\,\overline{C}$	m_5 $A\overline{B}C$	m_6 $AB\overline{C}$	m_7 ABC
0	0	0	0	1	0	0	0	0	0	0	0
1	0	0	1	0	1	0	0	0	0	0	0
2	0	1	0	0	0	1	0	0	0	0	0
3	0	1	1	0	0	0	1	0	0	0	0
4	1	0	0	0	0	0	0	1	0	0	0
5	1	0	1	0	0	0	0	0	1	0	0
6	1	1	0	0	0	0	0	0	0	1	0
7	1	1	1	0	0	0	0	0	0	0	1

式（1.5.1）是最小项之和的表达式，或者称为标准的**与或**表达式。如果用 m 表示最小项，以相应的最小项取值（原变量用 1，反变量用 0 赋值）组合对应的十进制编号做下标，则式（1.5.1）可简写为

$$L = f(A,B,C) = m_5 + m_6 + m_7 = \sum m(5,6,7)$$

即任何一个逻辑函数都可以表示成最小项之和的标准形式，并且这种表示方法是唯一的。

根据表 1.5.1 的真值表，还可得到式（1.5.1）的另一种等值表示形式：

$$L = f(A,B,C) = (A+B+C)(A+B+\overline{C})(A+\overline{B}+C)(A+\overline{B}+\overline{C})(\overline{A}+B+C)$$

$$(1.5.2)$$

式(1.5.2)中的每个**或**项都具有如下特征:

① 每个**或**项都包含了函数的三个变量 A、B、C;

② A、B、C 这三个变量以原变量或者反变量的形式在**或**项中出现。

凡符合上述特征的**或**项都称为最大项。式(1.5.2)是最大项之积的表达式,或者称为标准的**或与**表达式。

为便于比较,表 1.5.3 列出了三变量函数的所有最大项和最小项以及它们对应的变量取值,从表 1.5.3 可进一步得到最大项的性质:

表 1.5.3 三变量函数的最小项和最大项

十进制数	A	B	C	最小项 m	最大项 M
0	**0**	**0**	**0**	$m_0 = \overline{A}\,\overline{B}\,\overline{C}$	$M_0 = A+B+C$
1	**0**	**0**	**1**	$m_1 = \overline{A}\,\overline{B}C$	$M_1 = A+B+\overline{C}$
2	**0**	**1**	**0**	$m_2 = \overline{A}B\,\overline{C}$	$M_2 = A+\overline{B}+C$
3	**0**	**1**	**1**	$m_3 = \overline{A}BC$	$M_3 = A+\overline{B}+\overline{C}$
4	**1**	**0**	**0**	$m_4 = A\,\overline{B}\,\overline{C}$	$M_4 = \overline{A}+B+C$
5	**1**	**0**	**1**	$m_5 = A\,\overline{B}C$	$M_5 = \overline{A}+B+\overline{C}$
6	**1**	**1**	**0**	$m_6 = AB\,\overline{C}$	$M_6 = \overline{A}+\overline{B}+C$
7	**1**	**1**	**1**	$m_7 = ABC$	$M_7 = \overline{A}+\overline{B}+\overline{C}$

① 输入变量的任何一组取值,仅对应一个值为 **0** 的最大项;

② 任何两个最大项相**或**,结果一定为 **1**,即 $M_i + M_j = 1, i \neq j$;

③ 全部最大项的积为 **0**,即 $\prod\limits_{i=0}^{2^n-1} M_i = 0$。

同时,最小项和最大项有互补关系,即

$$m_i = \overline{M_i} \qquad M_i = \overline{m_i} \qquad\qquad (1.5.3)$$

如果用 M 表示最大项,以相应的最大项取值(原变量用 **0**、反变量用 **1** 赋值)组合对应的十进制编号做下标,则式(1.5.2)可简写为

$$L = f(A,B,C) = M_0 \cdot M_1 \cdot M_2 \cdot M_3 \cdot M_4 = \prod M(0,1,2,3,4)$$

可见,任何一个逻辑函数既可以表示成最小项之和的形式,又可以表示成最大项之积的形式。这是逻辑函数的两种标准的表达形式。

【**例 1.5.1**】 将与或形式的逻辑函数

$$L = f(A,B,C) = \overline{A} \cdot \overline{B} + A \cdot B \cdot \overline{C}$$

改写成最小项之和、最大项之积的形式。

解:因为已是**与或**形式,所以只要将式中不是最小项的**与**项配上缺少的变量(利用 $N+\overline{N}=1$),整理后就是标准的**与或**表达式了,而最大项之积可以利用取值为 **0** 的最小项之和求反,整理后即为标准的**或与**表达式。

$$L = f(A,B,C) = \overline{A} \cdot \overline{B} + AB\overline{C} = \overline{A} \cdot \overline{B}(\overline{C}+C) + AB\overline{C} = \overline{A} \cdot \overline{B} \cdot \overline{C} + \overline{A} \cdot \overline{B} \cdot C + AB\overline{C}$$

$$= m_0 + m_1 + m_6 = \sum m(0,1,6)$$

$$L = f(A,B,C) = \overline{m_2 + m_3 + m_4 + m_5 + m_7} = \overline{\overline{A}B\overline{C} + \overline{A}BC + A\overline{B}\overline{C} + A\overline{B}C + ABC}$$

$$= \overline{\overline{A}B\overline{C}} \cdot \overline{\overline{A}BC} \cdot \overline{A\overline{B}\overline{C}} \cdot \overline{A\overline{B}C} \cdot \overline{ABC}$$

$$= (A+\overline{B}+C)(A+\overline{B}+\overline{C})(\overline{A}+B+C)(\overline{A}+B+\overline{C})(\overline{A}+\overline{B}+\overline{C})$$

$$= M_2 \cdot M_3 \cdot M_4 \cdot M_5 \cdot M_7 = \Pi M(2,3,4,5,7)$$

1.5.2 逻辑代数的基本定律和基本规则

一、逻辑代数的基本定律

根据三种基本的逻辑运算,可以推导出逻辑代数的公式,而这些公式反映了逻辑代数运算的基本规律。表 1.5.4 为逻辑代数的基本定律。

表 1.5.4 逻辑代数的基本定律

互补律	$A \cdot \overline{A} = 0$	$A + \overline{A} = 1$
0-1 律	$A \cdot 0 = 0$	$A + 1 = 1$
自等率	$A \cdot 1 = A$	$A + 0 = A$
重叠律	$A \cdot A = A$	$A + A = A$
交换律	$A \cdot B = B \cdot A$	$A + B = B + A$
结合律	$(A \cdot B) \cdot C = A \cdot (B \cdot C)$	$(A+B)+C = A+(B+C)$
分配律	$A \cdot (B+C) = A \cdot B + A \cdot C$	$A+(B \cdot C) = (A+B) \cdot (A+C)$
反演律(摩根定律)	$\overline{A \cdot B \cdot C} = \overline{A} + \overline{B} + \overline{C}$	$\overline{A+B+C} = \overline{A} \cdot \overline{B} \cdot \overline{C}$
复原律	$\overline{\overline{A}} = A$	

下面通过两个例子,介绍两种证明逻辑等式的方法:真值表法和公式法。

【例 1.5.2】 用真值表法证明分配律 $A+(B \cdot C) = (A+B) \cdot (A+C)$。

证明:分别列出 $A+(B \cdot C)$ 和 $(A+B) \cdot (A+C)$ 的真值表,见表 1.5.5。

表 1.5.5　$A+(B \cdot C)$ 和 $(A+B) \cdot (A+C)$ 的真值表

ABC	BC	$A+(B \cdot C)$	$A+B$	$A+C$	$(A+B) \cdot (A+C)$
000	0	0	0	0	0
001	0	0	0	1	0
010	0	0	1	0	0
011	1	1	1	1	1
100	0	1	1	1	1
101	0	1	1	1	1
110	0	1	1	1	1
111	1	1	1	1	1

由表 1.5.5 可见，A、B、C 取任何值时，$A+(B \cdot C)$ 和 $(A+B) \cdot (A+C)$ 的值都相等，因此 $A+(B \cdot C)=(A+B) \cdot (A+C)$。

真值表法简单直观，罗列了变量所有可能组合，但是当变量个数较多时，真值表将变得十分庞大。

【例 1.5.3】　用公式法证明二变量反演律(摩根定律)$\overline{A+B}=\overline{A} \cdot \overline{B}$。

证明： 假设 $X=A+B$，$Y=\overline{A} \cdot \overline{B}$，则

$$X+Y = A+B+\overline{A} \cdot \overline{B}$$

$$= (A+B+\overline{A})+(A+B+\overline{B}) \quad 分配律$$

$$= 1+1=1$$

$$X \cdot Y = (A+B) \cdot \overline{A} \cdot \overline{B}$$

$$= A \cdot \overline{A} \cdot \overline{B}+B \cdot \overline{A} \cdot \overline{B} \quad 分配律$$

$$= 0+0=0$$

根据互补律，当 $X+Y=1$ 及 $X \cdot Y=0$ 时，$\overline{X}=Y$，所以 $\overline{A+B}=\overline{A} \cdot \overline{B}$。

当然，这个二变量反演律也可以方便地用真值表方法，穷举变量所有可能取值，加以证明。

二、几个常用公式

表 1.5.6 列出了几个常用公式，这些公式都可以用基本定律获得证明，直接运用这些公式便于逻辑函数的化简。

表 1.5.6 常 用 公 式

序号	公式	说明
1	$A+AB=A,A \cdot (A+B)=A$	吸收多余项
2	$AB+\overline{A}B=B$	并项
3	$A+\overline{A}B=A+B$	消去多余变量
4	$A \cdot \overline{A \cdot B}=A \cdot \overline{B},\overline{A} \cdot \overline{A \cdot B}=\overline{A}$	吸收多余变量
5	$AB+\overline{A}C+BC=AB+\overline{A}C$ $AB+\overline{A}C+BCD+\cdots=AB+\overline{A}C$	消除冗余项
6	$\overline{A \cdot \overline{B}+\overline{A} \cdot B}=\overline{A} \cdot \overline{B}+A \cdot B$	**异或非＝同或**

下面将分别证明表 1.5.6 中的各公式。

（1）$A+AB=A$

证明： $A+AB=A \cdot 1+AB=A(1+B)=A \cdot 1=A$

$\qquad A \cdot (A+B)=A$

证明： $A \cdot (A+B)=A \cdot A+A \cdot B=A+AB=A$

（2）$AB+\overline{A}B=B$

证明： $AB+\overline{A}B=(A+\overline{A}) \cdot B=1 \cdot B=B$

（3）$A+\overline{A}B=A+B$

证明： $A+\overline{A}B=(A+\overline{A}) \cdot (A+B)=1 \cdot (A+B)=A+B$

（4）$A \cdot \overline{A \cdot B}=A \cdot \overline{B}$

证明： $A \cdot \overline{A \cdot B}=A \cdot (\overline{A}+\overline{B})=A \cdot \overline{A}+A \cdot \overline{B}=0+A \cdot \overline{B}=A \cdot \overline{B}$

$\qquad \overline{A} \cdot \overline{A \cdot B}=\overline{A}$

证明： $\overline{A} \cdot \overline{A \cdot B}=\overline{A} \cdot (\overline{A}+\overline{B})=\overline{A} \cdot \overline{A}+\overline{A} \cdot \overline{B}=\overline{A}+\overline{A} \cdot \overline{B}=\overline{A}$

（5）$AB+\overline{A}C+BC=AB+\overline{A}C$

证明： $AB+\overline{A}C+BC=AB+\overline{A}C+BC(A+\overline{A})=AB+\overline{A}C+ABC+\overline{A}BC$

$\qquad\qquad\qquad =AB+\overline{A}C$

$\qquad AB+\overline{A}C+BCD+\cdots=AB+\overline{A}C$

证明： $AB+\overline{A}C+BCD+\cdots=AB+\overline{A}C+BC+BCD+\cdots=AB+\overline{A}C+BC$

$\qquad\qquad\qquad =AB+\overline{A}C$

（6）$\overline{A \cdot \overline{B}+\overline{A} \cdot B}=\overline{A} \cdot \overline{B}+A \cdot B$

证明：$\overline{A \overline{B}+\overline{A}B}=\overline{A \overline{B}} \cdot \overline{\overline{A}B}=(\overline{A}+B)(A+\overline{B})=\overline{A}\overline{B}+AB$

上式说明**异或**和**同或**是互为反函数的关系。

从以上的证明可以看出，从基本定律入手，可以推导出多个常用公式。必须指出的是，逻辑代数中不存在减法和除法，为此等式两边相同的项不能随便消去。例如 $A+B+AB=A \overline{B}+\overline{A}B+AB$，如果消去了等式两边的共同项 AB，等式就不成立了。

三、三个运算规则

逻辑运算的基本规则有代入规则、对偶规则和反演规则。

（1）代入规则。

在任一含有变量 A 的逻辑等式中，如果用另一个逻辑函数 F 去代替所有的变量 A，则代入后的等式仍然成立。

代入规则是容易理解的，因为变量 A 只可能取 **0** 或 **1**，而另一逻辑函数 F，不管形式如何复杂，F 最终也只能是 **0** 或者 **1**。

例如，$A+\overline{A}B=A+B$，用 $F=C+D+E$ 代替式中的变量 A，则有

$$(C+D+E)+\overline{(C+D+E)}B=C+D+E+\overline{C} \cdot \overline{D} \cdot \overline{E} \cdot B=C+D+E+B$$

显然等式是成立的。

（2）对偶规则。

如果将一个逻辑函数 F 中的"·"换为"+"，"+"换为"·"，"**0**"换为"**1**"，"**1**"换为"**0**"，变换后得到的新逻辑函数 F' 称为 F 的对偶式，变换时注意保持原来的逻辑运算顺序。对偶规则是指当某个逻辑等式成立时，其对偶式也成立。

表 1.5.4 的基本运算定律中除复原律外，其他的两组运算式都具有对偶关系。

（3）反演规则。

如果将一个逻辑函数中的"·"换为"+"，"+"换为"·"，"**0**"换为"**1**"，"**1**"换为"**0**"，原变量改为反变量，反变量改为原变量，则变换后的函数是原函数的反函数。

例如，

$$L=\overline{A} \cdot \overline{B}+CD$$

根据反演规则，得到　　　　　　　　$\overline{L}=(A+B) \cdot (\overline{C}+\overline{D})$

再如，

$$\overline{L=A+B+\overline{C}+D+\overline{E}}$$

根据反演规则,得到
$$\overline{L}=\overline{A}\cdot(B+\overline{C}+D+\overline{E})$$

这里我们应把 $B+\overline{C}+D+\overline{E}$ 看作一个整体,设为 M,即 $M=B+\overline{C}+D+\overline{E}$,所以有
$$L=A+\overline{M}$$

根据反演规则

$$\overline{L}=\overline{A+\overline{M}}=\overline{A}(B+\overline{C}+D+\overline{E})$$

由此可见:在一个逻辑变量或逻辑表达式中有不止一个非号的情况下,反演时只能去掉最外层的一个非号,而把该非号下面的部分看成一个组合变量,以原变量的形式代回反演式中,不需要做任何变换。

1.6 逻辑函数的化简

在设计逻辑电路时,不仅要完成逻辑功能,而且要求所用的元器件要少,各器件之间的相互连接线也要少,这样电路的工作速度和可靠性就会较高。一般情况下,逻辑函数较简时,其逻辑电路就会比较简单。常用的逻辑函数化简方法有代数化简法和卡诺图化简法,以及适用于计算机辅助分析的 Q-M 法。

1.6.1 逻辑函数的代数化简法

代数化简法的原理就是反复使用逻辑代数的基本定律和常用公式,消去函数中多余的乘积项和变量,以求得函数的最简形式。对一个最简的**与或**表达式应该有以下两个层面要求:首先要求化简后表达式中的**与**项个数最少;其次,每个**与**项所含的变量数也最少。

代数化简法没有固定规则可循,主要采用以下的一些手段。

一、合并项法。利用 $AB+A\overline{B}=B$,根据代入规则,A 和 B 可以是任何一个复杂的逻辑关系。

【例 1.6.1】 化简逻辑函数 $L=f(A,B,C)=\overline{A}B\,\overline{C}+(A+\overline{B})\,\overline{C}$ 为最简**与或**表达式。

解: $L=f(A,B,C)=\overline{A}B\,\overline{C}+(A+\overline{B})\,\overline{C}$

$$= (\overline{AB})\,\overline{C} + \overline{(\overline{AB})\,\overline{C}}　\text{摩根定律}$$

$$= \overline{C}$$

二、吸收法。利用 $A + AB = A$ 消去 AB, A 和 B 可以是任何一个复杂的逻辑关系。

【例 1.6.2】　化简逻辑函数 $L = f(A, B, C, D) = AB + BD + ABC$ 为最简与或表达式。

解：$L = f(A, B, C, D) = AB + BD + ABC$

$$= AB(1 + C) + BD$$

$$= AB + BD$$

三、消去因子法。利用 $A + \overline{A}B = A + B$ 可消去多余的变量, A 和 B 可以是任何一个复杂的逻辑关系。

【例 1.6.3】　化简逻辑函数 $L = f(A, B, C, D, E) = A + A\,\overline{B}\,\overline{C} + \overline{A}CD + \overline{C}E + \overline{D}E$ 为最简与或表达式。

解：$L = f(A, B, C, D, E) = A + A\,\overline{B}\,\overline{C} + \overline{A}CD + \overline{C}E + \overline{D}E$

$$= A + \overline{A}CD + \overline{C}E + \overline{D}E　\text{吸收法消去 } A\,\overline{B}\,\overline{C}\text{项}$$

$$= A + CD + \overline{C}E + \overline{D}E　\text{消去}\overline{A}\text{变量}$$

$$= A + CD + E(\overline{C} + \overline{D})$$

$$= A + CD + E\,\overline{CD}　\text{摩根定律}$$

$$= A + CD + E　\text{消去}\overline{CD}\text{因子}$$

【例 1.6.4】　化简逻辑函数 $L = f(A, B, C, D) = \overline{A} \cdot \overline{C} + \overline{A} \cdot \overline{B} + BC + \overline{A} \cdot \overline{C} \cdot \overline{D}$ 为最简与或表达式。

解：$L = f(A, B, C, D) = \overline{A} \cdot \overline{C} + \overline{A} \cdot \overline{B} + BC + \overline{A} \cdot \overline{C} \cdot \overline{D}$

$$= \overline{A}(\overline{B} + \overline{C} + \overline{C} \cdot \overline{D}) + BC　\text{提取公共变量}\overline{A}$$

$$= \overline{A}(\overline{B} + \overline{C}) + BC　\text{吸收}\overline{C} \cdot \overline{D}\text{项}$$

$$= \overline{A} \cdot \overline{BC} + BC　\text{摩根定律}$$

$$= \overline{A} + BC　\text{消去}\overline{BC}\text{因子}$$

四、消去变量法。利用 $AB + \overline{A}C + BC = AB + \overline{A}C$ 及其推论, 消去多余乘积项。变量可以是任何复杂的逻辑关系。

【例 1.6.5】　化简逻辑函数 $L = f(A, B, C, D, E, F) = A + AB + \overline{A}C + BD + ACEF +$

$\overline{BE}+DEF$ 为最简与或表达式。

   解： $L=f(A,B,C,D,E,F)=A+AB+\overline{A}C+BD+ACEF+\overline{B}E+DEF$

$=A+\overline{A}C+BD+\overline{B}E+DEF$ 吸收 AB、$ACEF$ 项

$=A+C+BD+\overline{B}E+DEF$ 消去$\overline{A}$变量

$=A+C+BD+\overline{B}E$ 消去 DEF 冗余项

【例 1.6.6】 化简逻辑函数 $L=f(A,B,C,D)=ABC\overline{D}+ABD+BC\overline{D}+ABC+BD+B\overline{C}$ 为最简与或表达式。

   解：$L=f(A,B,C,D)=ABC\overline{D}+ABD+BC\overline{D}+ABC+BD+B\overline{C}$

$=B(AC\overline{D}+AD+C\overline{D}+AC+D+\overline{C})$ 提取公共变量 B

$=B(A\overline{D}+AD+\overline{D}+A+D+\overline{C})$ 吸收 C 变量，括号中$D+\overline{D}$为 **1**

$=B$

【例 1.6.7】 化简逻辑函数 $L=f(A,B,C,D,E)=ACE+\overline{A}BE+\overline{B}\,\overline{C}D+B\,\overline{C}E+\overline{C}DE+\overline{A}E$ 为最简与或表达式。

   解：$L=f(A,B,C,D,E)=E(AC+\overline{A}B+B\,\overline{C}+CD+\overline{A})+\overline{B}\,\overline{C}D$ 提取公共变量 E

$=E(C+B+D+\overline{A})+\overline{B}\,\overline{C}D$ 消去$\overline{A}B$，吸收 A 变量和$\overline{C}$变量

$=E(\overline{\overline{B}\,\overline{C}\,\overline{D}+\overline{A}})+\overline{B}\,\overline{C}D$ 摩根定律

$=E(\overline{\overline{B}\,\overline{C}\,\overline{D}})+E\,\overline{A}+\overline{B}\,\overline{C}D$

$=E+E\,\overline{A}+\overline{B}\,\overline{C}D$ 消去$\overline{B}\,\overline{C}\,\overline{D}$因子

$=E+\overline{B}\,\overline{C}D$ 吸收 $E\,\overline{A}$项

上述例子中，有不少是通过多个化简方法的综合应用得到的，在实际应用中有时可以有多种不同的化简途径，可见化简并无一定的规律可循。

五、配项法。

① 利用基本定律中的 $A+A=A$，在逻辑函数中重复写入某一项，可以使结果简化。

【例 1.6.8】 化简逻辑函数 $L=f(A,B,C)=\overline{A}\,\overline{B}\,\overline{C}+\overline{A}BC+ABC$ 为最简与或表达式。

   解：$L=f(A,B,C)=\overline{A}\,\overline{B}\,\overline{C}+\overline{A}BC+ABC$ 在原表达式中重复写入$\overline{A}BC$

$$= A\overline{B}\,\overline{C} + \overline{A}BC + \overline{A}BC + ABC$$

$$= (A\overline{B}\,\overline{C} + \overline{A}BC) + (\overline{A}BC + ABC)$$

$$= A\overline{B} + BC$$

② 利用基本定律中的 $A + \overline{A} = 1$，通过对函数中的某一项补充变量的方法，将一项拆成两项，和其他项合并，达到化简的目的。

【例 1.6.9】　化简逻辑函数 $L = f(A, B, C) = A\overline{B} + B\overline{C} + \overline{B}C + \overline{A}B$ 为最简**与或**表达式。

解：$L = f(A, B, C) = A\overline{B} + B\overline{C} + \overline{B}C + \overline{A}B$

$\quad\quad = A\overline{B}(C + \overline{C}) + (A + \overline{A})B\overline{C} + \overline{B}C + \overline{A}B$　　　　配项法，添入变量 A, C

$\quad\quad = A\overline{B}C + A\overline{B}\,\overline{C} + AB\overline{C} + \overline{A}B\overline{C} + \overline{B}C + \overline{A}B$

$\quad\quad = \overline{B}C(A + 1) + A\overline{C}(B + \overline{B}) + \overline{A}B(\overline{C} + 1)$　　　　提取公共变量

$\quad\quad = \overline{B}C + A\overline{C} + \overline{A}B$

上例是通过对前两项配项的方法完成化简的，如果选择后两项进行配项，会得到不同的结果，读者可自行验证。如果配项的位置不同、变量不同，也可能会不能奏效，因此代数法化简需要操作者能够对逻辑代数进行熟练应用，并且有一定的技巧。

代数法化简虽然简单，但有时并不直观，在一定程度上依赖于化简者的经验，卡诺图化简法则可以弥补代数法化简的不足。

1.6.2　逻辑函数的卡诺图化简法

一、卡诺图（Karnaugh map）

卡诺图是逻辑问题的基本描述方法之一，和真值表、标准表达式一样可以唯一地表示一个逻辑函数。卡诺图化简法由卡诺（M.Karnaugh）于 1953 年提出，具有几何直观性的特点，在变量个数较少的情况下比较方便。

1. 卡诺图的结构特点

卡诺图在结构上具有以下两个特点：

① n 个变量的卡诺图由 2^n 个小方格组成；

② 每个小方格代表一个最小项；

③ 卡诺图上几何位置相邻的最小项，逻辑上也是相邻的。

从卡诺图的特点可知，卡诺图的小方格和逻辑函数的最小项具有一一对应的关系，因此卡诺图可以唯一地表示一个逻辑函数。卡诺图的逻辑相邻性要求在卡诺图中保证相邻方格代表的最小项只能有一个变量不同，其他变量都相同，这就要求卡诺图中的变量按照循环码的规律排列。图 1.6.1 是二变量至五变量的卡诺图。

图 1.6.1(a)是二变量卡诺图。设两个变量为 A、B，可以构成$\bar{A}\,\bar{B}$、$\bar{A}B$、$A\,\bar{B}$和 AB 四个最小项。方格外面表示变量的排列和组合，方格内部表示两个变量的最小项。按照图中的变量排列方法，就能满足相邻方格代表的最小项只有一个变量不同的要求。通常用 **1** 表示原变量，用 **0** 表示反变量，并用最小项的十进制编号后，图(a)就可以改画成图(b)的简化形式。

三变量有 8 个最小项，画成卡诺图时有 8 个小方格。行与列的变量组合分别为 A 和 BC，同样原变量用 **1** 表示，反变量 **0** 表示，并用二进制数的十进制编号代表小方格中的最小项，则有图(c)所示的卡诺图。注意 B、C 变量是按照循环码的规律排列的。

四变量卡诺图分为 4 行 4 列，组成 16 个方格的图形，行和列分别由 AB 和 CD 组成，它们也按照循环码的规律排列。用二进制数的十进制编号代表小方格中的最小项，则有图(d)所示的卡诺图。

五变量卡诺图的行和列变量分别由 AB 和 CDE 组成，它们也按照循环码的规律排列，五变量函数的卡诺图表示为图(e)。

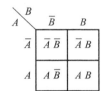

A \ B	$\bar{B}$	B
$\bar{A}$	$\bar{A}\,\bar{B}$	$\bar{A}B$
A	$A\bar{B}$	AB

(a) 二变量卡诺图

A \ B	**0**	**1**
0	m_0	m_1
1	m_2	m_3

(b) 简化的二变量卡诺图

A \ BC	**00**	**01**	**11**	**10**
0	m_0	m_1	m_3	m_2
1	m_4	m_5	m_7	m_6

(c) 三变量卡诺图

AB \ CD	**00**	**01**	**11**	**10**
00	m_0	m_1	m_3	m_2
01	m_4	m_5	m_7	m_6
11	m_{12}	m_{13}	m_{15}	m_{14}
10	m_8	m_9	m_{11}	m_{10}

(d) 四变量卡诺图

AB \ CDE	**000**	**001**	**011**	**010**	**110**	**111**	**101**	**100**
00	m_0	m_1	m_3	m_2	m_6	m_7	m_5	m_4
01	m_8	m_9	m_{11}	m_{10}	m_{14}	m_{15}	m_{13}	m_{12}
11	m_{24}	m_{25}	m_{27}	m_{26}	m_{30}	m_{31}	m_{29}	m_{28}
10	m_{16}	m_{17}	m_{19}	m_{18}	m_{22}	m_{23}	m_{21}	m_{20}

(e) 五变量卡诺图

图 1.6.1 卡诺图

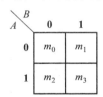

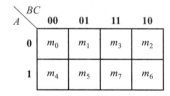

从图 1.6.1 所示的各卡诺图可以看出,卡诺图上变量的排列规律使最小项的相邻关系能在图形上清晰地反映出来。具体地说,在 n 个变量的卡诺图中,能从图形上直观、方便地找到每个最小项的 n 个相邻最小项。以四变量卡诺图为例,图中每个最小项应有 4 个相邻最小项,如 m_5 的 4 个相邻最小项分别是 m_1, m_4, m_7, m_{13},这 4 个最小项对应的小方格与 m_5 对应的小方格分别相连,也就是说在几何位置上是相邻的,这种相邻称为几何相邻。而 m_2 则不完全相同,它的 4 个相邻最小项除了与之几何相邻的 m_3 和 m_6 之外,另外两个是处在"相对"位置的 m_0(同一行的另一端)和 m_{10}(同一列的另一端)。这种相邻似乎不太直观,但只要把这个图的左、右边缘连接,卷成圆筒状,便可看出 m_0 和 m_2 在几何位置上是相邻的。同样,把图的上、下边缘连接,便可使 m_2 和 m_{10} 相邻,通常把这种相邻称为相对相邻。除此之外,还有"相重"位置的最小项相邻,如五变量卡诺图中的 m_3,除了几何相邻的 m_1, m_2, m_{11} 和相对相邻的 m_{19} 外,还与 m_7 相邻。对于这种情形,可以把卡诺图左半边的矩形重叠到右半边矩形之上来看,凡上下重叠的最小项均相邻,这种相邻称为重叠相邻。

可见,卡诺图通过循环码的排列方式,将几何相邻(相邻、相对、相重)和逻辑相邻统一起来了。

2. 卡诺图的性质

卡诺图的结构特点使卡诺图具有一个重要性质:可以从图形上直观地找出相邻的最小项合并,合并的理论依据是常用公式 $AB + A\overline{B} = A$。图 1.6.2 表示了利用卡诺图合并最小项的过程和理论依据。根据公式 $AB + A\overline{B} = A$,两个相邻最小项可以合并为一个与项并消去一个变量。例如,四变量最小项 $\overline{A}B\overline{C}D$ 和 $\overline{A}BCD$ 相邻,可以合并为 $\overline{A}BD$;$AB\overline{C}D$ 和 $ABCD$ 相邻,可以合并为 ABD;而与项 $\overline{A}BD$ 和 ABD 又为相邻与项,故按同样道理可进一步合并为 BD。

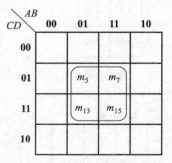

$$\overline{A}B\overline{C}D + \overline{A}BCD + AB\overline{C}D + ABCD$$
$$\overline{A}BD + ABD$$
$$BD$$

图 1.6.2　卡诺图合并最小项的过程

用卡诺图化简逻辑函数的基本原理就是把上述逻辑依据和图形特征结合起来,通过把卡诺图上表征相邻最小项的相邻小方格"圈"在一起进行合并,不断重复使用公式 $AB + A\overline{B} = A$,达到用一个简单与项代替若干最小项的目的。

二、卡诺图表示逻辑函数

画卡诺图时我们知道,一个函数中的最小项与卡诺图中的小方格有对应关系,那么就可以将该与或表达式中的最小项一一填入卡诺图中的对应小方格,表达式中出现的最小项在对应的方格中填 1,没有出现的最小项在对应的方格填 0。

【例 1.6.10】 将逻辑函数 $L=f(A,B,C)=AB+BC$ 用卡诺图表示。

解:将逻辑表达式化成标准与或表达式:

$$L=f(A,B,C)=AB+BC=AB(C+\overline{C})+(A+\overline{A})BC=ABC+AB\overline{C}+\overline{A}BC$$

画好三变量卡诺图,将式中的 $ABC=m_7$,$\overline{A}BC=m_3$,$AB\overline{C}=m_6$ 对应小方格填上 1,其他小方格填上 0,填好的卡诺图如图 1.6.3 所示。

A \ BC	00	01	11	10
0	0	0	1	0
1	0	0	1	1

图 1.6.3 函数 $L=f(A,B,C)=AB+BC$ 的卡诺图

从卡诺图可知:如果将卡诺图中的 m_6 格和 m_7 格相结合,则有 $m_6+m_7=AB\overline{C}+ABC=AB$;$m_3$ 格和 m_7 格相结合,则有 $m_3+m_7=\overline{A}BC+ABC=BC$,说明在三变量卡诺图中,一个含有两个变量的与项,占据着卡诺图中共有这两个变量的二个小方格,只有一个变量的与项将占据卡诺图中四个共有该变量的小方格。

因此,将一个函数用卡诺图来表示时,需要将该函数化为最小项之和形式,即标准与或表达式。

【例 1.6.11】 将逻辑函数

$$L=f(A,B,C,D)=\overline{B}C+BCD+AC\overline{D}+\overline{B}\cdot\overline{C}\cdot\overline{D}+\overline{A}B\overline{C}+\overline{A}\cdot\overline{B}\cdot\overline{D}$$

用卡诺图表示。

解:画出四变量卡诺图,分别在图中共有 $\overline{B}C$ 的四个小方格中填 1,共有 BCD 的两个小方格填 1,共有 $AC\overline{D}$ 的两个小方格填 1,共有 $\overline{B}\cdot\overline{C}\cdot\overline{D}$ 的两个小方格填 1,共有 $\overline{A}B\overline{C}$ 的两个小方格填 1,共有 $\overline{A}\cdot\overline{B}\cdot\overline{D}$ 的两个小方格填 1,其他方格填 0,填好的卡诺图如图 1.6.4 所示。

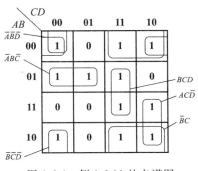

图 1.6.4 例 1.6.11 的卡诺图

三、卡诺图上最小项的合并规律

卡诺图的一个重要特征是,它从图形上直观、清晰地反映了最小项的相邻关系。当一个函数用卡诺图表示后,究竟哪些最小项可以合并呢? 下面以二、三、四变量卡诺图为例予以说明。

1. 两个几何相邻的小方格所代表的最小项可以合并,合并后可消去一个变量。

图 1.6.5 给出了二变量卡诺图上两个相邻最小项合并的典型情况,合并的结果分别为

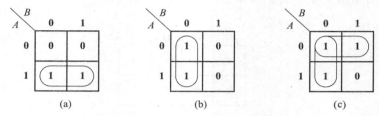

图 1.6.5　两个相邻最小项合并的情况

（a）$A\,\overline{B}+AB=A$

（b）$\overline{A}\cdot\overline{B}+A\,\overline{B}=\overline{B}$

（c）$\overline{A}B+AB+\overline{A}\,\overline{B}+A\,\overline{B}=\overline{A}+\overline{B}$

2. 四个几何相邻的小方格组成一个大方格,所代表的最小项可以合并,合并后可消去两个变量。

图 1.6.6 给出了三、四变量卡诺图上四个相邻最小项合并的典型情况,合并的结果分别为

（a）$\overline{A}\cdot\overline{B}\cdot\overline{C}+AB\overline{C}+A\cdot\overline{B}\cdot\overline{C}+AB\overline{C}=\overline{C}$

（b）$\overline{A}\cdot\overline{B}\cdot C+\overline{A}BC+A\,\overline{B}C+ABC=C$

（c）$(\overline{A}\,\overline{B}\,\overline{C}D+\overline{A}BC\,\overline{D}+A\,\overline{B}\,\overline{C}D+A\,BC\,\overline{D})+(AB\,\overline{C}D+ABCD+A\overline{B}\,\overline{C}D+\overline{A}BCD)=\overline{B}\,\overline{D}+BD$

（d）$(AB\,\overline{C}\,\overline{D}+AB\,\overline{C}D+ABC\,\overline{D}+ABCD)+(\overline{A}\,\overline{B}CD+AB\,\overline{C}D+A\,\overline{B}CD+A\,\overline{B}\,\overline{C}D)=AB+\overline{C}D$

（e）$(\overline{A}\,\overline{B}CD+\overline{A}BCD+A\,\overline{B}CD+A\,BCD)+(AB\,\overline{C}D+AB\,\overline{C}D+ABC\,\overline{D}+ABC\,\overline{D})=\overline{B}D+B\,\overline{D}$

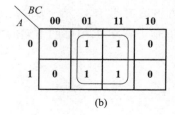

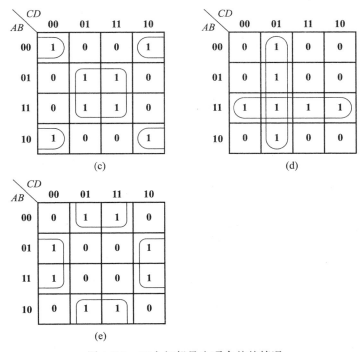

图 1.6.6 四个相邻最小项合并的情况

3. 八个几何相邻的小方格组成一个大方格,所代表的最小项可以合并,合并后可消去三个变量。

图 1.6.7 给出了四变量卡诺图上八个相邻最小项合并的典型情况,合并的结果为

（a）$\overline{D}$

（b）D

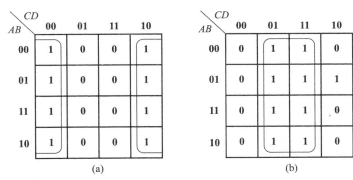

图 1.6.7 八个相邻最小项合并的情况

依此类推,n 变量的卡诺图中,最小项的合并规律如下:

(1)卡诺图包围圈中小方格的个数必须为 2^m 个,m 为小于或等于 n 的整数;

(2)卡诺图包围圈中的 2^m 个小方格有一定的排列规律,具体地说,它们含有 m 个不同变量,$(n-m)$ 个相同变量;

(3)卡诺图包围圈中的 2^m 个小方格对应的最小项可用 $(n-m)$ 个变量的与项表示,该与项由这些最小项中的相同变量构成;

(4)当 $m=n$ 时,卡诺图包围圈包围了整个卡诺图,可用 **1** 表示,即 n 个变量的全部最小项之和为 **1**。

四、用卡诺图化简逻辑函数

1. 求函数最简与或表达式

【例 1.6.12】 试将函数 $L=f(A,B,C,D)=\overline{B}C+BCD+AC\overline{D}+\overline{B}\cdot\overline{C}\cdot\overline{D}+AB\overline{C}+\overline{A}\cdot\overline{B}\cdot\overline{D}$ 化简为最简的**与或**表达式。

解:图 1.6.4 已经给出了该函数的卡诺图,只要对 **1** 方格画包围圈合并最小项就能得到最简的**与或**表达式,画包围圈后的卡诺图如图 1.6.8 所示,最简的**与或**表达式为

$$L=f(A,B,C,D)=AC+CD+\overline{B}\,\overline{D}+\overline{A}B\,\overline{C}$$

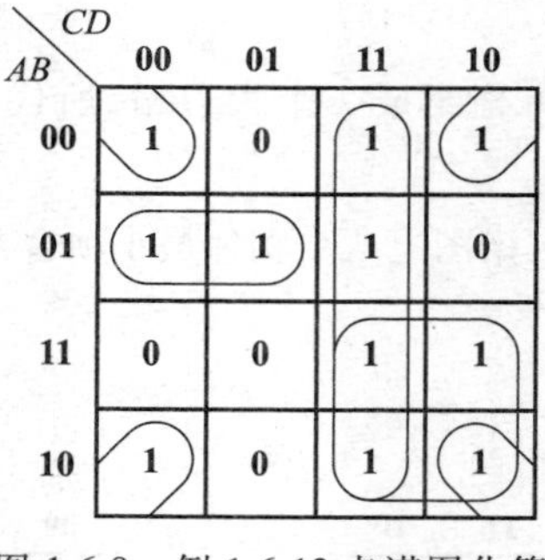

CD AB	00	01	11	10
00	1	0	1	1
01	1	1	1	0
11	0	0	1	1
10	1	0	0	1

图 1.6.8 例 1.6.12 卡诺图化简

在画包围圈的时候,要留意是否存在四个角落的最小项,它们属于相邻最小项,包围的结果是 $\overline{B}\,\overline{D}$。

【例 1.6.13】 用卡诺图化简逻辑函数 $L=f(A,B,C)=A\overline{B}+B\overline{C}+\overline{B}C+\overline{A}B$ 为最简**与或**表达式。

解:画出三变量卡诺图后,在图中对应于表达式中各最小项的小方格内填上 **1**,其余小方格内填 **0**,得到函数的卡诺图。本例中存在两种画包围圈的方法,其

复杂性相同,分别如图 1.6.9 中实线和虚线所示,得到最简的**与或**表达式为

$$L = f(A,B,C) = \overline{A}B + A\overline{C} + \overline{B}C = A\overline{B} + \overline{A}C + B\overline{C}$$

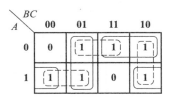

图 1.6.9 例 1.6.13 卡诺图化简

可见卡诺图包围圈的画法并不是唯一的,化简的结果也不是唯一的。

【**例 1.6.14**】 试用卡诺图化简以下逻辑函数为最简**与或**表达式。

$$L = f(A,B,C,D) = \overline{A}B\,\overline{D} + \overline{A}\,BCD + \overline{A}BC + \sum m(7,10,13,14,15)$$

解:该题给出的函数有两部分,一部分为**与或**形式,另一部分是最小项之和形式,只要把这两部分按要求填写入卡诺图中,然后结合 **1** 方格画包围圈,如图 1.6.10 所示,化简后的最简**与或**表达式为

$$L = f(A,B,C,D) = \overline{A}B\,\overline{D} + \overline{A}CD + ABD + AC\,\overline{D}$$

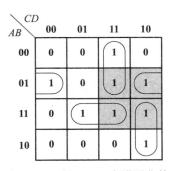

图 1.6.10 例 1.6.14 卡诺图化简

在该例题中,如果将相邻的 m_6, m_7, m_{14}, m_{15} 四个最小项实施包围,得到 BC 与项,则该与项为多余项,因为该包围圈中的四个最小项都已经被其他包围圈包围过了。

【**例 1.6.15**】 试用卡诺图化简下列逻辑函数为最简**与或**表达式。

$$L = f(A,B,C,D) = ABC + ABD + \overline{A}\,\overline{C}D + \overline{C}\,\overline{D} + A\overline{B}C + \overline{A}C\,\overline{D}$$

解:画出四变量卡诺图,如图 1.6.11 所示。包围 **1** 小方格合并最小项,并按尽可能多的相邻最小项进行包围,其结果为

$$L=f(A,B,C,D)=A+\overline{D}$$

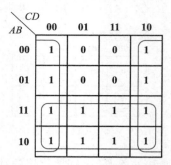

图 1.6.11 例 1.6.15 卡诺图化简

从图 1.6.8、图 1.6.9 和图 1.6.11 都可以看出,在结合 **1** 画包围圈的过程中,有些小方格被重复包围了,如图 1.6.11 中的 m_8、m_{10}、m_{12} 和 m_{14} 四个最小项。这是依据 $A+A=A$,在合并最小项的过程中允许重复使用函数式中的最小项,以利于得到更加简单的化简结果。

归纳起来,卡诺图化简的原则是:

① 在覆盖函数中的所有最小项的前提下,包围圈的个数达到最少;

② 在满足合并规律的前提下(即只能对 2^m 个相邻小方格实施包围),包围圈应尽可能大;

③ 每一个包围圈都必须有专属的最小项,否则该包围圈就是多余的;

④ 根据合并的需要,每个最小项可以被多个包围圈包围。

2. 求函数的最简**或与**表达式

【例 1.6.16】 试用卡诺图化简逻辑函数

$$L=f(A,B,C)=AB+\overline{BC}+AC$$

为最简**与或**表达式和最简**或与**表达式。

解:如图 1.6.12 所示,最简**与或**表达式可以通过结合 **1** 小方格画包围圈得到(虚线框),最简**或与**表达式可通过结合 **0** 方格画包围圈得到(实线框)。

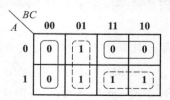

图 1.6.12 例 1.6.16 卡诺图化简

包围 **1** 小方格得： $L=f(A,B,C)=AB+\overline{B}\,\overline{C}$

包围 **0** 小方格先得到反函数的最简**与或**表达式,即原函数的最简**与或非**表达式,然后对该表达式进行两次反演,最终得到最简**或与**表达式:

$$L=f(A,B,C)=\overline{\overline{A}B+\overline{B}\,\overline{C}}=(A+\overline{B})(B+C)$$

该结果可以运用最大项的概念一次性得到。

从该例可知,卡诺图化简可以得到原函数和反函数的最简**与或**表达式,也可以推演出各种形式的最简逻辑表达式:

① 包围卡诺图中的 **1** 小方格,得到最简**与或**表达式,再两次求反后,得到**与非-与非**表达式。

② 包围卡诺图中的 **0** 小方格,得到最简**与或非**表达式,进一步可得**或与**表达式,再两次求反后,得到**或非-或非**表达式。

五、具有约束条件的逻辑函数化简

在一些逻辑问题中,存在着对决定某结果成立的条件具有一定的制约、限定和约束关系的情况,这种条件与结果成立之间具有约束的逻辑函数就称为具有约束条件的逻辑函数。

例如 8421 码,在 4 位二进制数的 16 种组合中选用了 10 组,还有 **1010**、**1011**、**1100**、**1101**、**1110**、**1111** 这 6 种组合未被选用,这 6 组就成了伪码,在 8421 的二-十进制编码电路中,这 6 组 4 位二进制数将被约束,始终不会出现。如果用变量表示,这 6 种组合即为 $A\,\overline{B}C\overline{D}$、$A\,\overline{B}CD$、$AB\,\overline{C}\,\overline{D}$、$AB\,\overline{C}D$、$ABC\,\overline{D}$、$ABCD$,是四变量逻辑函数的 6 个最小项。

这些受约束的最小项,被称为约束项。在具有约束项的逻辑函数中,把这些项的值取作 **1** 或者 **0**,并不会影响 8421 的编码结果,所以这些约束项又被称作为无关项、任意项等。

具有约束项的逻辑函数可以用如下两种形式表示:

① $\begin{cases} L=f(A,B,C)=\overline{A}\,\overline{B}C+A\,\overline{B}\,\overline{C} \\ \overline{A}BC+A\,\overline{B}C+AB\,\overline{C}+ABC=0,约束条件 \end{cases}$

② $L=f(A,B,C)=\sum m(1,4)+\sum d(3,5,6,7)$,式中 m_3、m_5、m_6、m_7 为约束项。

在具有约束条件的逻辑函数化简中,应当充分利用约束项。为使化简后的逻辑函数最简,可以把约束项当作 **1** 或者 **0** 处理,由于这些项受约束,它的取值是 **1** 还是 **0** 不会影响最终的逻辑功能。

【例 1.6.17】 试用卡诺图化简具有约束项的逻辑函数

$$L=f(A,B,C,D)=\sum m(2,3,5,9,10,15)+\sum d(0,1,6,8,11,12,13)$$

为最简**与或**表达式。

解：画出四变量卡诺图，并在函数对应最小项的小方格内填上 **1**，对应约束项的小方格内填上"×"，如图 1.6.13 所示。

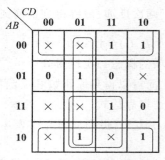

图 1.6.13　例 1.6.17 卡诺图化简

利用了约束项 $\overline{A}\,\overline{B}\,\overline{C}\,\overline{D}(m_0)$、$\overline{A}\,\overline{B}\,\overline{C}D(m_1)$、$A\,\overline{B}\,\overline{C}\,\overline{D}(m_8)$、$A\,\overline{B}CD(m_{11})$、$AB\,\overline{C}D(m_{13})$ 后，得到最简**与或**表达式：

$$L = f(A,B,C,D) = \overline{B} + AD + \overline{C}\,\overline{D}$$

显然，约束项 $\overline{A}BC\,\overline{D}(m_6)$ 和 $AB\,\overline{C}\,\overline{D}(m_{12})$ 被当作 **0** 处理了。

可见，无关项被当作 **0** 还是 **1** 处理，以得到的逻辑函数是否最简为原则。另外，具有约束条件的逻辑函数需要圈 **0** 化简时，由于无关项的利用情况不同，其反函数的最简式和原函数的最简式之间不存在互补的关系。

习　题　1

题 1.1　试画出下列二进制数的数字波形，设逻辑 **1** 的电压为 5 V，逻辑 **0** 的电压为 0 V。

（1）**11011101**　（2）**00110011**

题 1.2　一数字波形如题图 1.2 所示，时钟频率为 10 kHz，试求出：

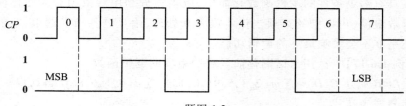

题图 1.2

（1）它所表示的二进制数。

（2）串行方式传送 8 位数据所需要的时间。

（3）并行方式传送 8 位数据所需要的时间。

题 1.3 将下列十进制数转换为二进制数、八进制数和十六进制数（要求转换误差不大于 2^{-4}）。

（1）43　（2）127　（3）254.25　（4）2.718

题 1.4 将下列二进制数转换为十进制数。

（1）$(01101)_2$　（2）$(10010111)_2$　（3）$(0.1001)_2$　（4）$(0.101101)_2$

题 1.5 将下列二进制数转换为十进制数。

（1）$(101.011)_2$　（2）$(110.101)_2$　（3）$(1101.1001)_2$　（4）$(1011.0101)_2$

题 1.6 将下列二进制数转换为八进制数和十六进制数。

（1）$(101001)_B$

（2）$(11.01101)_B$

题 1.7 将下列十六进制数转换为二进制数。

（1）$(23F.45)_H$

（2）$(A040.51)_H$

题 1.8 将下列十进制数转换成 8421 码和余 3 码。

（1）$(468.32)_{10}$

（2）$(127)_{10}$

题 1.9 将下列数码作为自然二进制码和 8421 码时，分别求出相应的十进制数。

（1）**100010010011**

（2）**00110110.1001**

题 1.10 写出下列二进制数的原码、反码和补码。

（1）$X_1 = +10011$

（2）$X_2 = -01010$

题 1.11 用二进制补码运算下列各式，式中的 4 位二进制数是不带符号位的绝对值，如果和为负数，请求出负数的绝对值。（提示：所用补码的有效位数应足够表示代数和的最大绝对值）

（1）**1010+0011**　（2）**1010−0011**　（3）**0011−1010**　（4）**−0011−1010**

题 1.12 用二进制补码运算下列各式。（提示：所用补码的有效位数应足够表示代数和的最大绝对值）

（1）12+5　（2）6−9　（3）15−9　（4）−8−7

题 1.13 试用二进制数写出下列字符的 ASCII 码。

（1）@　（2）25　（3）welcome　（4）+

题 1.14　在题图 1.14 中,已知输入信号 A、B 的波形,画出各门电路输出 L 的波形。

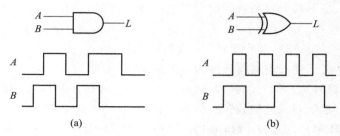

题图 1.14

题 1.15　试证明以下的逻辑关系成立。

（1）$A \oplus 0 = A$　（2）$A \oplus 1 = \overline{A}$　（3）$A \oplus A = 0$　（4）$A \oplus \overline{A} = 1$

题 1.16　用真值表证明下列等式成立。

（1）$A + BC = (A + B)(A + C)$

（2）$A\,\overline{B} + B\,\overline{C} + C\,\overline{A} = \overline{A}B + \overline{B}C + \overline{C}A$

题 1.17　求下列函数的对偶式和反函数式。

（1）$(\overline{B} + A + C + \overline{D})(A + B + \overline{C\,\overline{D}})$

（2）$A + B + C\,\overline{D} + \overline{A D \overline{B}\,\overline{C}}$

题 1.18　试证明下列**异或**等式成立。

（1）$\overline{A} \oplus B \oplus C = \overline{A \oplus B} \oplus C = A \oplus B \oplus \overline{C}$

（2）$(A \oplus B) \odot (AB) = \overline{A}\,\overline{B}$

题 1.19　试根据题表 1.19 中的真值表写出 L 的逻辑函数表达式。

题表 1.19

A	B	C	L	A	B	C	L
0	0	0	0	1	0	0	1
0	0	1	1	1	0	1	0
0	1	0	1	1	1	0	0
0	1	1	0	1	1	1	1

题 1.20　已知逻辑电路图如题图 1.20 所示,试写出它的输出逻辑函数表达

式,并列出真值表。

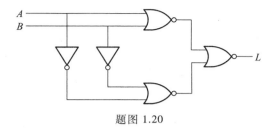

题图 1.20

题 1.21 用代数法将下列函数化简为最简**与或**表达式。

（1）$\overline{A}BCD+CD+A\,\overline{B}CD$

（2）$AD+A\,\overline{D}+AB+\overline{A}C+BD+A\,\overline{B}EF+\overline{B}EF$

（3）$A(\overline{B}C+\overline{A}D)+A(B\,\overline{C}+A\,\overline{D})$

（4）$(\overline{A}+\overline{B}+\overline{C})(B+\overline{B}C+\overline{C})(\overline{D}+DE+\overline{E})$

（5）$AB(BC+A)$

（6）$A+ABC+A\,\overline{B}\,\overline{C}+BC+\overline{B}C$

（7）$\overline{\overline{A+B}+\overline{A+B}+\overline{A}B+A\,\overline{B}}$

（8）$\overline{A}\,\overline{B}E+\overline{C}E(B\,\overline{E}+A\,\overline{C}E)+A\,\overline{E}+A\,\overline{E}C$

（9）$\overline{A}D(A+\overline{D})+ABC+CD(B+C)+AB\,\overline{C}$

（10）$\overline{A\oplus B+\overline{B\oplus C}}$

题 1.22 求出下列函数的最小项之和和最大项之积的表达式。

（1）$Z_1(A,B,C,D)=AB\,\overline{D}+AC\,\overline{D}+AB\,\overline{C}$

（2）$Z_2(A,B,C,D)=\overline{ACD+A\,\overline{C}D+\overline{A}D+B\,\overline{C}+BC}$

题 1.23 用卡诺图将下列函数化简为最简**与或**表达式。

（1）$Z=A\,\overline{B}+\overline{A}B+AB$

（2）$Z=\overline{A}\,\overline{B}\,\overline{C}+A+B+C$

（3）$Z=\overline{\overline{A}D(A+\overline{D})+ABC+CD+(B+C)+AB\,\overline{C}}$

（4）$Z=\overline{A}\,\overline{B}E+\overline{C}E(B\,\overline{E}+A\,\overline{C}E)+A\,\overline{E}+AC\,\overline{E}$

（5）$Z(A,B,C,D)=\sum m(0,2,5,6,7,8,9,10,11,14,15)$

（6）$Z(A,B,C,D)=\sum m(1,2,3,5,6,7,8,9,10,11,12,13)$

（7）$Z(A,B,C)=A\,\overline{C}+\overline{A}C+B\,\overline{C}+\overline{B}C$

（8）$Z(A,B,C,D)=ABC+ABD+A\,\overline{C}D+\overline{C}\,\overline{D}+A\,\overline{B}C+\overline{A}C\,\overline{D}$

（9）$Z(A,B,C,D)=\sum m(0,1,2,3,4,6,8,9,10,11,14)$

（10）$Z(A,B,C,D)=(\overline{A}+\overline{B})D+(\overline{A}\,\overline{B}+BD)\overline{C}+\overline{A}CBD+\overline{D}$

题 1.24　用卡诺图将下列具有约束条件的逻辑函数化简为最简**与或**表达式。

（1）$Z(A,B,C,D)=\sum m(1,5,6,7,9)+\sum d(11,12,13,14,15)$

（2）$Z(A,B,C,D)=\sum m(0,1,2,5,6)+\sum d(4,11)$

（3）$Z(A,B,C,D)=\sum m(0,1,2,4,5,6,12)+\sum d(3,8,10,11,14)$

（4）$Z(A,B,C,D)=B\,\overline{C}D+\overline{A}BC\,\overline{D}+A\,\overline{B}CD$，约束条件为 $C\odot D=0$

题 1.25　已知逻辑函数 X 和 Y 满足：

$$X(A,B,C,D)=AB\,\overline{C}+\overline{C}D+\overline{A}C\,\overline{D}+BC\,\overline{D}$$

$$Y(A,B,C,D)=(A+B+\overline{C}+D)(\overline{B}+\overline{C}+D)(\overline{A}+C+\overline{D})$$

用卡诺图求函数 $Z=XY$ 的最简**与或**表达式。

题 1.26　已知逻辑函数 $Z(A,B,C,D)=\overline{A}B\,\overline{D}+\overline{B}\,\overline{C}D+\overline{A}BD$ 的简化表达式为 $Z(A,B,C,D)=\overline{B}D+B\,\overline{D}$，试问：化简过程中至少利用了哪些无关项？

题 1.27　化简并画出实现下列逻辑函数的逻辑电路图。

（1）用最少量的**与非**门实现 $Z=(A+B+C)(\overline{A}+\overline{B}+\overline{C})$。

（2）用最少量的**或非**门实现函数 $Z=\overline{A}+B\,\overline{C}+\overline{B}C$。

（3）用最少量的**与或非**门实现函数 $Z=\overline{A}B+\overline{B}C+C\,\overline{D}+DA$。

第2章 数字电路中的基本门电路

2.1 集成逻辑门电路的一般特性

在第 1 章介绍的各种逻辑关系,都是由集成逻辑门电路来实现的。因此,这些集成门电路应该具有一系列的技术指标,才能保证各逻辑功能的实现和可靠性要求。本章将着重介绍采用 NMOS 和 PMOS 场效应管组成的互补型 CMOS 集成门电路以及采用双极型晶体管组成的 TTL 门电路的基本特性。

一、电压传输特性

在数字逻辑电路中,半导体器件在绝大多数的情况下,都要求工作在开关状态,因此门电路的输入应为脉冲信号(二进制信息),而输出应该是高电平或低电平,从而构成二值的二进制信息。也就是说门电路也要求工作在"开关"状态,当门电路关门时,输出为高电平(逻辑 1);门电路开门时,输出为低电平(逻辑 0)。为此,门电路的输出电压和输入电压之间应该有图 2.1.1 所示的电压传

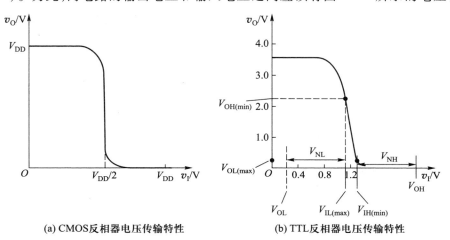

(a) CMOS反相器电压传输特性　　(b) TTL反相器电压传输特性

图 2.1.1　CMOS 和 TTL 门电路(反相器)电压传输特性

输特性,其中图(a)是 CMOS 反相器门电路的电压传输特性,图(b)是 TTL 反相器门电路的电压传输特性。

二、输入和输出逻辑电平

从图 2.1.1 可知,当输入电压 v_I 小于某个电压值(通常定义为 $V_{IL(max)}$)时,门电路的输出为高电平 **1**,定义为 V_{OH};当输入电压大于某个电压值(通常定义为 $V_{IH(min)}$)时,门电路的输出为低电平 **0**,定义为 V_{OL}。在数字电路中,通常由多级门电路连接而成。为了保证各级逻辑门电路都能正常工作,对门电路的输入电平和输出电平都有一定的要求。例如,在两级门电路连接时,前一级门电路的输出电平就是后一级门电路的输入电平(通常前级门电路称为驱动门,后级门电路称为负载门)。

集成逻辑门电路的种类主要有 CMOS 门电路和 TTL 门电路,CMOS 集成门电路产品有 4000 系列、HC/HCT 系列、AHC/AHCT 系列等,TTL 集成门电路产品有 74 系列、74LS 系列、74AS 系列等,不同系列的电气性能参数是不同的。以 CMOS 的 74HC00 和 TTL 的 74LS00 为例,列出门电路的输入电平和输出电平,见表 2.1.1 所示。

表 2.1.1 门电路的输入和输出电平

	种类 电平 V	CMOS 门电路 74HC00 (+4.5 V 电源)	TTL 门电路 74LS00 (+5 V 电源)
输出 电平	输出高电平最小值 $V_{OH(min)}$/V	4.4	2.7
	输出低电平最大值 $V_{OL(max)}$/V	0.1	0.5
输入 电平	输入高电平最小值 $V_{IH(min)}$/V	3.15	2.0
	输入低电平最大值 $V_{IL(max)}$/V	1.35	0.8

三、输入信号噪声容限

在门电路的连接中,当输入为低电平或输入为高电平时,都有可能会串入干扰信号电压。那么门电路能承受多大的干扰电压而不至于破坏原逻辑关系呢? 图 2.1.1(b)中可以清楚地得出这个信号噪声电压的大小。逻辑电路中,通常采用同一类型的逻辑门电路实现某些逻辑功能,也就是说在同一个逻辑电路中,驱动门和负载门是同一种电路类型。因此,当负载门的输入为低电平 V_{IL} 时,驱动门的输出也为低电平 V_{OL};当负载门的输入为高电平 V_{IH} 时,则驱动门的输出也为高电平 V_{OH}。将驱动门的输出高低电平画在传输特性的输入坐标上后(图 2.1.1(b)),低、高电平输入时的输入信号噪声容限分别为:

低电平输入时的输入信号噪声容限:

$$V_{NL} = V_{IL(max)} - V_{OL(max)}$$

高电平输入时的输入信号噪声容限:

$$V_{NH} = V_{OH(min)} - V_{IH(min)}$$

四、灌电流和拉电流负载

一个逻辑门电路应该能驱动一定数量的负载门,能驱动的负载门的最大数目体现了一个门电路的扇出能力,它是衡量门电路带负载能力的一个重要指标。图 2.1.2 中给出某 TTL 门电路的负载特性图。

当驱动门输出高电平时,负载门的输入电流将从驱动门流出,这种负载性质称为拉电流负载,如图 2.1.2 中的第二象限所示。当负载门增加,负载电流增加时,驱动门的输出高电平将下降(详细机理将结合后续的具体门电路内部结构加以分析)。手册规定当输出高电平下降至高电平下限值所对应的负载电流,即为该门电路能拉出的最大负载电流 $I_{OH(max)}$,如果已知每个负载门的输入电流 I_{IH}(高电平输入电流),就可以计算出高电平输出时的带负载门的个数了,即有

$$n_H = \frac{I_{OH(max)}}{I_{IH}} \quad (\text{取整数})$$

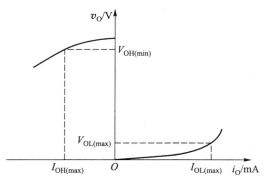

图 2.1.2　TTL 门电路的负载特性

图 2.1.2 中第一象限内的曲线为驱动门输出低电平时的负载特性,此时负载门的输入电流将流入驱动门,这种负载性质称为灌电流负载。当负载门增加时,驱动门的输出低电平会升高(详细机理将结合后续的具体门电路内部结构加以分析),当输出低电平升高至低电平上限时的相应负载电流就是能灌入的最大电流。因此,低电平输出时的带负载门数为

$$n_L = \frac{I_{OL(max)}}{I_{IL}} \quad (\text{取整数})$$

式中,I_{IL} 是负载门的低电平输入电流,其方向为流向驱动门。

所谓扇出系数,就是指一个门电路能驱动同类门的最多数目。它取决于以上分析中的 n_H 和 n_L 中的数值小者。通常由 TTL 门电路中的参数特性可得 $n_L < n_H$,所以在相关的手册中给出的扇出系数总是指 n_L。

五、传输延迟时间 t_{pd}

由于门电路中半导体器件从截止状态到完全导通,或从导通到截止状态,都需要时间,同时电路中存在分布电容。因此,当输入脉冲信号从低电平跳变到高电平或者从高电平跳变为低电平时,门电路的输出电平将在时间上产生延迟,其延迟波形如图 2.1.3 所示。定义一个门电路的平均传输延迟时间为

$$t_{pd} = \frac{t_{PHL} + t_{PLH}}{2}$$

其中,t_{PHL} 和 t_{PLH} 如图 2.1.3 所示。

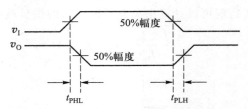

图 2.1.3　门电路的平均传输延迟时间 t_{pd}

2.2　CMOS 集成门电路

CMOS 门电路是采用 NMOS 和 PMOS 场效应管组成的互补型逻辑门电路,它在许多性能指标上比 TTL 门电路优越,是目前数字逻辑电路中的主流产品。

2.2.1　CMOS 反相器

CMOS 非门(即反相器)电路如图 2.2.1 所示,由增强型 NMOS 管和 PMOS 管组成,其中两管的栅极相连作输入 v_I,漏极相连作输出 v_o,PMOS 管的源极接正电源 V_{DD},NMOS 管的源极接地(或负电源)。为使电路正常工作,电源电压应大于两管的开启电压之和,即 $V_{DD} > V_{TN} + |V_{TP}|$。其中,$V_{TN}$ 为增强型 NMOS 管的开

启电压,V_{TP} 为增强型 PMOS 管的开启电压。

CMOS 反相器电压传输特性如图 2.1.1(a) 所示。

对电路稳态时作定性分析,工作原理为:

当输入 v_I 为高电平(通常为电源电压 $+V_{DD}$)时,因该电压大于 T_N 的开启电压,T_N 导通,沟道等效电阻为 r_{DSN},比较小,而 T_P 的 V_{GS} 电压为 0 V,T_P 截止,电路输出为低电平 0V,等效电路如图 2.2.2(a) 所示。如果输入电压为低电平($v_I = 0$ V),此时的输入电压满足 T_P 导通要求,沟道电阻为 r_{DSP},比较小,而 T_N 截止,输出为高电平 $+V_{DD}$,等效电路如图 2.2.2(b) 所示。

可见,不管 v_I 为高电平或低电平,由于互补两管中总有一个 MOS 管导通,另一个 MOS 管截止,因此 CMOS 门电路的功耗极小,并实现了输入和输出之间的反相关系。

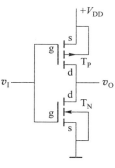

图 2.2.1　CMOS 反相器电路

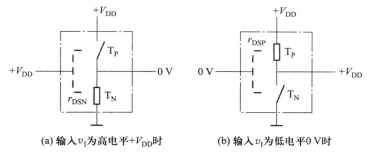

(a) 输入 v_I 为高电平 $+V_{DD}$ 时　　(b) 输入 v_I 为低电平 0 V 时

图 2.2.2　CMOS 反相器稳态工作等效电路

2.2.2　CMOS 逻辑门电路

从 CMOS 反相器的电路结构可知,电路中 NMOS 管和 PMOS 管将成对出现,而输入和输出的高低电平就近似是电源电压 V_{DD} 和 0 V。CMOS **与非门和或非门**电路如图 2.2.3 所示(电路中 N 沟道 MOS 管衬底接地,P 沟道 MOS 管衬底接电源电压)。

当输入 A、B 及输出 L 的高低电平用逻辑 **1** 和逻辑 **0** 表示后,它们的逻辑关系如表 2.2.1 所示。不难得到,图(a)的电路实现了输入和输出间的**与非逻辑关系** $L_a = \overline{A \cdot B}$,图(b)的电路实现了输入和输出间的**或非逻辑关系** $L_b = \overline{A + B}$。

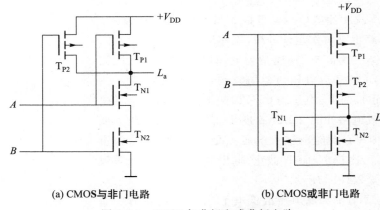

(a) CMOS与非门电路　　　　　　(b) CMOS或非门电路

图 2.2.3　CMOS 与非门和或非门电路

表 2.2.1　CMOS 与非门电路和或非门电路的逻辑功能表

输入	与非门电路				或非门电路				输出	
A　B	T_{P1}	T_{P2}	T_{N1}	T_{N2}	T_{P1}	T_{P2}	T_{N1}	T_{N2}	L_a	L_b
0　0	导通	导通	截止	截止	导通	导通	截止	截止	**1**	**1**
0　1	导通	截止	截止	导通	导通	截止	截止	导通	**1**	**0**
1　0	截止	导通	导通	截止	截止	导通	导通	截止	**1**	**0**
1　1	截止	截止	导通	导通	截止	截止	导通	导通	**0**	**0**

2.2.3　CMOS 漏极开路门和三态输出门电路

一、CMOS 漏极开路门

在 CMOS 电路中,为了满足输出电平变换、吸收大负载电流以及实现**线与**连接等需要,有时将输出级电路结构改为一个漏极开路输出的 MOS 管,构成漏极开路输出门电路,简称 OD 门,电路仍能实现**与非**逻辑功能。

图 2.2.4(a)是 OD 输出与非门 74HC03 的电路结构示意图。它的输出电路是一个漏极开路的 N 沟道增强型 MOS 管 T_N。图 2.2.4(b)是它的逻辑符号。

OD 门工作时必须将输出端经上拉电阻 R_L 接到电源上,如图 2.2.4(a)所示,实现逻辑功能 $L = \overline{A \cdot B}$。设 T_N 的截止内阻和导通内阻分别为 R_{OFF} 和 R_{ON},只要满足 $R_{OFF} \gg R_L \gg R_{ON}$,则 T_N 截止时 $v_o = V_{OH} \approx V_{DD2}$,$T_N$ 导通时 $v_o = V_{OL} \approx 0\ \text{V}$。因为 V_{DD2} 可以选为不同于 V_{DD1} 的数值,所以该门电路可以很方便地实现电平的转换。

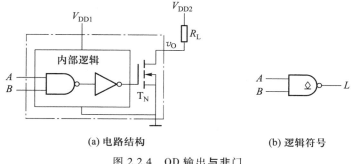

(a) 电路结构　　　　　　　(b) 逻辑符号

图 2.2.4　OD 输出与非门

　　OD 门另一个重要应用是可以将几个 OD 门的输出端直接相连,实现**线与**逻辑。

　　图 2.2.5 是用两个 OD 门 G_1 和 G_2 接成**线与**逻辑的例子。由图 2.2.5(a) 可见,当 L_1 与 L_2 任何一个为低电平时,L 都为低电平;只有 L_1 与 L_2 同时为高电平时,L 才为高电平,所以 L_1、L_2 和 L 之间是**与逻辑**关系,即

$$L = L_1 \cdot L_2 = \overline{AB} \cdot \overline{CD} = \overline{AB + CD}$$

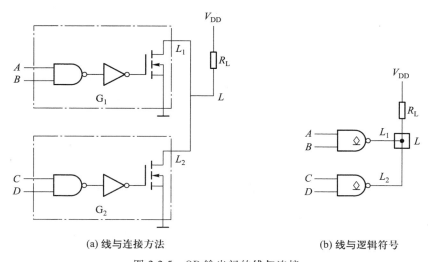

(a) 线与连接方法　　　　　　　　(b) 线与逻辑符号

图 2.2.5　OD 输出门的**线与**连接

二、三态输出的 CMOS 门电路

　　三态输出门电路的输出除了有高、低电平这两个状态以外,还有第三个状态——高阻态。当输出处于高阻态时,相当于该门电路与其他门电路之间的连接处于断开状态。图 2.2.6(a) 是三态输出反相器的电路结构。因为这种电路结

61

构总是接在集成电路的输出端,所以也将这种电路称为输出缓冲器。

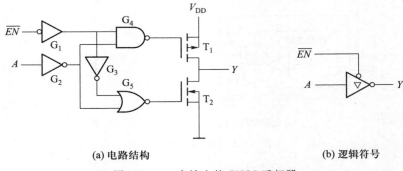

(a) 电路结构   (b) 逻辑符号

图 2.2.6 三态输出的 CMOS 反相器

从电路图中可以看出,为了实现三态输出,除了原有的输入端 A 以外,又增加了一个三态控制端 $\overline{EN}$。当 $\overline{EN}=0$ 时,若 $A=1$,则 G_4、G_5 的输出都为高电平,T_1 截止、T_2 导通,$Y=0$;若 $A=0$,则 G_4、G_5 的输出都为低电平,T_1 导通、T_2 截止,$Y=1$。因此,$Y=\overline{A}$,反相器处于正常工作状态。而当 $\overline{EN}=1$ 时,不管输入量 A 的状态如何,G_4 输出高电平而 G_5 输出低电平,T_1、T_2 同时截止,输出呈现高阻态。

图 2.2.6(b) 是三态输出反相器的逻辑符号。反相器符号内的倒三角形记号表示三态输出结构,$\overline{EN}$ 输入端处的小圆圈表示使能输入为低电平时,电路处于正常工作状态;使能输入为高电平时,电路输出为高阻态。在实际系统中,应特别注意三态输出门电路的逻辑符号:使能控制端标有非号和符号边上有小圆圈时表示低电平有效使能,反之为高电平有效使能。图 2.2.7 是用三态门实现信号传输的两种应用电路。

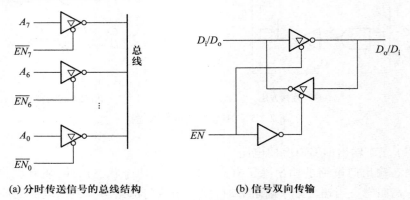

(a) 分时传送信号的总线结构   (b) 信号双向传输

图 2.2.7 三态输出门电路的两种应用

图 2.2.7(a)中,控制各个三态输出门的使能端 $\overline{EN}$ 轮流等于 **0**,而且任何时候仅有一个使能端为 **0**,就可以轮流地把各个反相器的输出信号送到公共的传输线——总线上,而互不干扰。这种连接方式称为总线结构。图 2.2.7(b)电路可以实现信号的双向传输,读者可自行分析其工作机理。

为了能正确地选择和使用 CMOS 门电路,必须对 CMOS 门电路的主要参数有一个基本了解。表 2.2.2 给出 CMOS 反相器 74HC00 在电源电压+4.5 V 下测量的主要技术指标。

表 2.2.2　CMOS 门电路 74HC00 的主要参数

参数名称		符号	参数	单位
低电平输出电流最大值		$I_{OL(max)}$	5.2	mA
高电平输出电流最大值		$I_{OH(max)}$	−5.2	mA
输出低电平电压最大值		$V_{OL(max)}$	0.1	V
输出高电平电压最小值		$V_{OH(min)}$	4.4	V
平均传输延迟时间		t_{pd}	9	ns
功耗	静态	P_S	0.01	mW
	动态	P_M	1(1 MHz)	mW

2.2.4　CMOS 传输门

CMOS 传输门,又称 TG(transmission gate)门,可起到模拟开关作用,实现信号的传输。常用于构成多路开关,电路如图 2.2.8 所示,图(a)为其内部电路,图(b)为其逻辑符号。图中 NMOS 管和 PMOS 管的栅极为互补控制端,v_I 和 v_O 分别为输入和输出。V_{TN}、V_{TP} 分别为 NMOS 管和 PMOS 管的开启电压,电源电压 $V_{DD} > V_{TN} + |V_{TP}|$。

令互补控制端 C、$\overline{C}$ 的高、低电平分别为 V_{DD} 和 0 V,输入电压 v_I 在 0~+V_{DD} 之间变化。

当 $C = V_{DD} = 1, \overline{C} = 0\ V = 0$,输入信号 v_I 在 0~+V_{DD} 范围变化,T_N 在 v_I 为 0~($V_{DD} - V_{TN}$)时导通,工作在可变电阻区,沟道电阻小,T_P 在输入电压 v_I 为 $|V_{TP}|$~V_{DD} 时导通,工作在可变电阻区,沟道电阻小。当输入电压为 $|V_{TP}|$~($V_{DD} - V_{TN}$)时,两管都导通,两管的沟道导通电阻并联,等效电阻更小。因此,当 $C = V_{DD} = 1, \overline{C} = 0\ V = 0$ 时,通常称 TG 门为接通状态,输入信号几乎全部传输到输出端,即 $v_O = v_I$。

如果 $C = 0\ V = 0, \overline{C} = V_{DD} = 1$,则在输入信号为 0 V~$V_{DD}$ 的整个范围内,T_N、T_P

63

都截止,输入和输出之间相当于断开状态,输入信号不能传送到输出端。

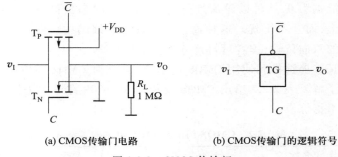

(a) CMOS传输门电路　　　(b) CMOS传输门的逻辑符号

图 2.2.8　CMOS 传输门

由于 MOS 管源极、漏极结构的对称性,所以源极、漏极可互换使用,因而 CMOS 传输门属于双向器件,它的输入端和输出端也可以互换使用。

图 2.2.9 是用 TG 门组成的单刀单掷和双刀双掷开关电路。

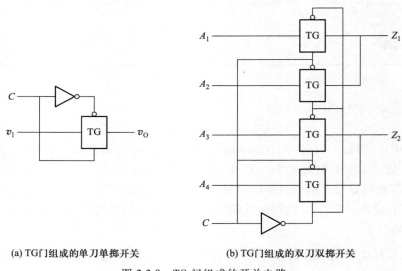

(a) TG门组成的单刀单掷开关　　　　(b) TG门组成的双刀双掷开关

图 2.2.9　TG 门组成的开关电路

2.3　TTL 集成门电路

TTL(transistor transistor logic)是集成门电路中的一大系列电路,主要由半导体晶体管组成,在 20 世纪 80 和 90 年代普遍使用。

2.3.1 TTL 集成门电路

以下简要介绍 TTL 集成与非门电路的结构和工作原理。

图 2.3.1 是 TTL 集成门电路的典型结构。它由四只半导体晶体管和一只二极管等组成。

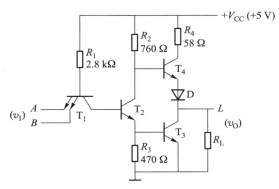

图 2.3.1 TTL 集成门电路

电路可看成由三部分组成:① 输入级:由多发射极管 T_1 和 R_1 组成,实现与功能。② 中间级:由 T_2、R_2、R_3 组成,T_2 的集电极和发射极输出两个逻辑相反的信号,使 T_3、T_4 轮流导通。③ 输出级:由 T_4、D、T_3 组成,T_4、D 和 T_3 轮流导通。下面简要介绍其工作原理。

（1）输入至少有一个为低电平,设 $V_A = 0.3$ V。

此时 T_1 发射结 A 抢先导通,电源 V_{CC} 经 R_1 向下提供基极电流,T_1 深饱和,若 V_{CES1} 取 0.1 V,则 $v_{C1} = V_A + V_{CES1} = (0.3+0.1)$ V $= 0.4$ V,所以 T_2 截止,T_3 也截止。电源 V_{CC} 通过 R_2 向 T_4 提供基极电流,从而使 T_4 和二极管 D 导通,输出电压 $v_O = V_{OH} = V_{CC} - i_{B4} \cdot R_2 - v_{BE4} - v_D \approx 3.6$ V ,输出为高电平。

（2）输入全为高电平,设 $V_A = V_B = 3.6$ V。

若 T_1 发射结导通,则 $v_{B1} = 4.3$ V,这时 T_2、T_3 的 be 结和 T_1 的 bc 结将串联导通,此时 $v_{B1} = v_{BE3} + v_{BE2} + v_{BC1} = 2.1$ V,所以 T_1 的基极电位被箝位在 2.1 V,而 $V_A = V_B = 3.6$ V,所以这时 T_1 发射结反偏,集电结正偏,处在倒置工作状态,相当于 T_1 的集电极作为发射极,而发射极作为集电极。电源 V_{CC} 经 R_1、T_1 集电结流入 T_2 基极,使 T_2 饱和,T_3 饱和。$v_{C2} = V_{CES2} + v_{BE3} \approx (0.3+0.7)$ V $= 1$ V,所以 T_4 和 D 截止,输出为低电平 $V_{OL} \approx 0.3$ V（即为 T_3 的饱和压降）。

由此可见该电路实现了输入输出间的**与非**逻辑关系 $L = \overline{A \cdot B}$。

当 A、B 并联在一起作为一个输入端时,该电路成为非门,具有图 2.1.1(b) 所示的电压传输特性。

【例 2.3.1】　分析图 2.3.2 所示 TTL **与非门**输入端的负载特性:**与非门**输入端接电阻 R_1,当 R_1 变化时,输入端电压 v_1 如何变化?

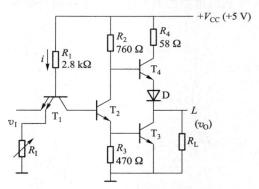

图 2.3.2　输入端接电阻的 TTL **与非门**

解:当 R_1 较小时,T_1 发射结导通,电流 i 通过电阻 R_1、发射结、电阻 R_1 到地,输入端 v_1 较小,相当于输入接低电平,此时 T_1 深度饱和,T_2、T_3 截止,T_4 和二极管 D 导通,输出为高电平。

随着 R_1 增加,输入端 v_1 增加,当 v_1 增加到 1.4 V 时,各管子工作状态发生变化。由下式可推算出 R_1 多大时 v_1 为 1.4 V:

$$v_1 = (5\text{ V} - v_{BE}) \cdot \frac{R_1}{R_1 + R_1} = (5\text{ V} - 0.7\text{ V}) \cdot \frac{R_1}{2.8\text{ k}\Omega + R_1} = 1.4\text{ V}$$

由上式可推出 $R_1 = 1.4$ kΩ 时,v_1 为 1.4 V。

这时 $v_{B1} = (1.4 + 0.7)\text{ V} = 2.1$ V,使得 T_1 集电结正偏,T_2、T_3 发射结正偏,这时 T_1 进入倒置工作状态,使 T_2、T_3 深度饱和导通,这时 T_4 和 D 截止,输出为低电平。

随着 R_1 继续增加,因为 T_1 的基极电位被箝位在 2.1 V,所以 v_1 被箝位在 1.4 V,即 R_1 再增加,v_1 不再增加,这时同样保证 T_2、T_3 进入饱和,T_4 和二极管 D 截止,输出为低电平。得到输入端的负载特性如图 2.3.3 所示,即对 TTL 门电路,当输入端通过大电阻(通常大于 10 kΩ)接地时,相当于输入端接高电平;当输入端通过小电阻(通常小于 1 kΩ)接地时,相当于输入端接低

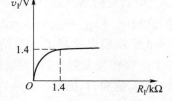

图 2.3.3　输入端的负载特性

电平。

2.3.2 抗饱和 TTL 电路

为了改善门电路的性能,提高门的传输速度和抗干扰能力,增大扇出门数(提高带负载能力)等,在典型的 TTL 集成门电路中又采取了一些措施,使其性能更完善。图 2.3.4 所示电路是 TTL 集成门中的 74S 系列**与非门**电路,它与图 2.3.1所示电路相比,增加了如下电路:

(1) 电路中凡需要工作在饱和区的晶体管(T_1、T_2、T_3、T_5、T_6)都采用了肖特基晶体管,使这些管子进入饱和时的饱和深度降低,以便尽可能减少载流子的存储时间,从而缩短门的平均传输延迟时间,提高开关速度。

(2) 增加了由 T_6、R_3、R_6组成的有源泄放电路,改善门电路的传输特性,提高了门的输入低电平上限值,加快 T_2、T_5从饱和到截止的时间,提高开关速度。

(3) 采用 T_3、T_4构成的复合管,提高电路的带负载能力(增大输出电流)。

(4) 增加了输入保护二极管 D_1、D_2、D_3,提高电路可靠性。

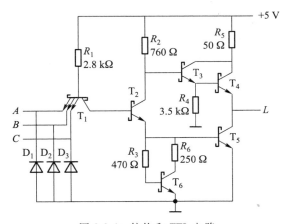

图 2.3.4 抗饱和 TTL 电路

2.3.3 TTL OC 门和三态门电路

一、TTL 集电极开路与非门(OC 门)

和前面讲的 OD 门类似,如果将图 2.3.1 中的 T_3集电极回路元件(T_4、D)除去,就成为集电极开路**与非门**电路了,图 2.3.5(a)所示为实现**与非逻辑**的 OC 门电路,图(b)是集电极开路**与非门**的逻辑符号。配上外接电阻 R_L 和电源 V_{CC1},电路仍能实现与非逻辑功能。

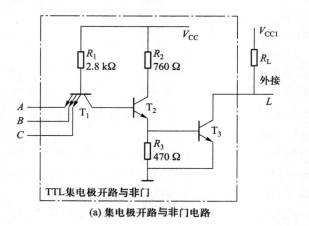

（a）集电极开路与非门电路

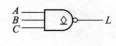

（b）集电极开路与非门逻辑符号

图 2.3.5　集电极开路与非门

用集电极开路与非门后，外接负载所用的电源 V_{CC1} 可以和门电路的供电电源 V_{CC} 一致，也可采用高于 V_{CC} 的另一组电源，以便提高输出高电平值，从而有效地提高了电路的抗干扰能力。同时，该 OC 门还能方便地实现多个输出端的直接连接（通常称**线与连接**），实现**与或非**逻辑功能，如图 2.3.6 所示。

$$L = L_1 \cdot L_2 = \overline{A \cdot B} \cdot \overline{C \cdot D} = \overline{AB + CD}$$

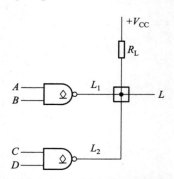

图 2.3.6　两个集电极开路与非门实现的**线与**连接

普通与非门输出端是不允许直接并联的，如图 2.3.7 所示，两个与非门输出端连接在一起，若门 1 处在 T_4 导通、T_3 截止的状态，门 2 处在 T_4 截止、T_3 导通的状态，这时会有很大的电流 i 经门 1 到门 2，这一大电流在门输出内阻上的压降较大，可能使输出既非高电平又非低电平，产生逻辑混乱，并可能烧坏门电路。

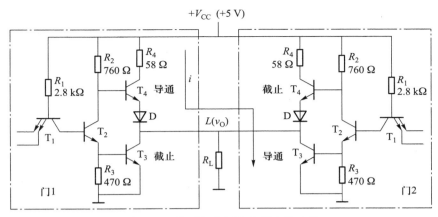

图 2.3.7　普通与非门输出端直接连接

二、TTL 三态输出门电路

和三态输出的 CMOS 门电路一样,TTL 三态输出门电路除了输出高电平 **1** 和低电平 **0** 以外,还可以输出高阻态。实现三态输出的电路如图 2.3.8(a)所示,图(b)是它的电路符号。

图(a)中,$\overline{EN}$是电路工作的使能控制端,$\overline{EN}=0$电路处于使能(即工作)状态,两只二极管 D_1、D_2 都截止。如果此时 A 输入为高电平($A=1$),晶体管 T_2、T_5 饱和导通,T_3 导通,T_4 截止,输出为低电平 **0**;反之 A 输入为低电平($A=0$),则 T_2、T_5 截止,T_3、T_4 导通,输出为高电平 **1**。

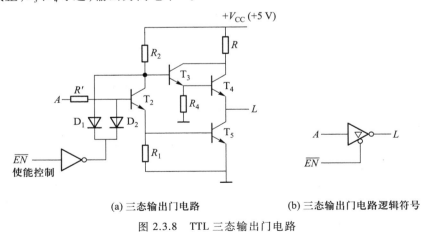

(a) 三态输出门电路　　　　　　　　(b) 三态输出门电路逻辑符号

图 2.3.8　TTL 三态输出门电路

如果 $\overline{EN}=1$,两只二极管 D_1、D_2 都导通,使 T_2 的基极和集电极电位约为 1 V,

T_2、T_3 都导通，扣除导电管 $v_{BE2} = v_{BE3} \approx 0.7\ V$ 后，T_4、T_5 的基极电位约为 $0.3\ V$，从而使 T_4、T_5 都截止。结果输出端 L 与电路内部之间处于高阻状态。如果输出端此时连接有其他电路，则相当于该输出端与其他电路之间处于断开状态。表 2.3.1 列出了图 2.3.8 三态输出门的真值表。

表 2.3.1　图 2.3.8 三态输出门的真值表

使能控制 $\overline{EN}$	输入 A	输出 L
0	1	0
	0	1
1	0 或 1（×）	高阻态

2.4　集成门电路的实际应用问题

以上重点讨论了 CMOS 和 TTL 两种电路。选用各种门电路时，要能保证整体电路的逻辑功能，在一般的逻辑电路中，不要盲目追求速度等指标，所用器件应考虑兼容、可替代和通用性。下面对几个实际问题进行讨论。

2.4.1　门电路多余输入端的处理

实际应用中，为保证正确的逻辑关系，且使电路工作稳定可靠，通常把多余的输入端作以下处理：

（1）对于**与非门**电路，应把多余输入端接正电源或者与有用端并联使用。

（2）对于**或非门**电路，应把多余输入端接地或与有用端并联使用。

特别应该注意的是，不能把多余输入端悬空。对 TTL 电路，悬空虽相当于高电平，但易引入干扰信号；而对 CMOS 电路，悬空无电位，使相应 MOS 管截止，不但破坏了逻辑关系，同样也会引入干扰信号，所以 CMOS 电路使用时绝对不允许输入端悬空。

对 TTL 电路，输入端通过大电阻（通常大于 $10\ k\Omega$）接地，相当于输入端接高电平；输入端通过小电阻（通常小于 $1\ k\Omega$）接地，相当于输入端接低电平。对 CMOS 电路，输入端通过电阻接地，不论电阻大小，均相当于输入端接低电平。

2.4.2 不同门电路之间的接口问题

如果系统选用多种类型的门电路时,应该考虑两种逻辑门电路之间驱动能力的配合。它们包括:灌电流和拉电流的负载能力配合、高低电平的驱动能力配合。如有必要,应该在两种门电路之间增加接口电路。图 2.4.1 所示是驱动门与负载门之间的连接电路,它们必须满足下列几个关系式:

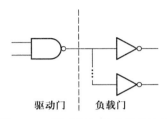

图 2.4.1 驱动门与负载门的连接

$$\text{驱动门} \qquad\qquad \text{负载门}$$

输出高电平下限 $V_{\text{OH(min)}}$ $\geq$ 输入高电平下限 $V_{\text{IH(min)}}$

输出低电平上限 $V_{\text{OL(max)}}$ $\leq$ 输入低电平上限 $V_{\text{IL(max)}}$

最大拉电流 $\quad I_{\text{OH(max)}} \quad \geq N_{\text{OH}} I_{\text{IH(max)}}$

最大灌电流 $\quad I_{\text{OL(max)}} \quad \geq N_{\text{OL}} I_{\text{IL(max)}}$

一、TTL 门驱动 CMOS 门

目前用得最多的两种门电路是 CMOS 和 TTL 门电路,表 2.4.1 列出了 CMOS 和 TTL 门电路的主要性能参数。

表 2.4.1 CMOS 和 TTL 逻辑门电路的技术参数

参数名称	类别(系列)	TTL			CMOS	
		74	74LS	74ALS	74HC	74HCT
输入电流	$I_{\text{IH(max)}}$/mA	0.04	0.02	0.02	0.001	0.001
	$I_{\text{IL(max)}}$/mA	1.6	0.4	0.1	0.001	0.001
输出电流	$I_{\text{OH(max)}}$/mA	0.4	0.4	0.4	4	4
	$I_{\text{OL(max)}}$/mA	16	8	8	4	4
输入电压	$V_{\text{IH(min)}}$/V	2.0	2.0	2.0	3.5	2.0
	$V_{\text{IL(max)}}$/V	0.8	0.8	0.8	1.0	0.8

续表

参数名称	类别（系列）	TTL			CMOS	
		74	74LS	74ALS	74HC	74HCT
输出电压	$V_{OH(min)}$/V	2.4	2.7	2.7	4.9	4.9
	$V_{OL(max)}$/V	0.4	0.5	0.4	0.1	0.1
电源电压	V_{CC} 或 V_{DD}/V	4.75～5.25			2.0～6.0	4.5～5.5
平均传输延迟时间	t_{pd}/ns	9.5	8	2.5	10	13
功耗	P_D^*/mW	10	4	2.0	0.8	0.5
扇出数	N_0^{**}/个	10	20		4 000	4 000
噪声容限	V_{NL}/V	0.4	0.3	0.4	0.9	0.7
	V_{NH}/V	0.4	0.7	0.7	1.4	2.9

注：* $P_D = [P_{D(静)} + P_{D(动)}]/2$。

** N_0 指带同类门的扇出数。74HC 和 74HCT 的 N_0 均为 4 000 个,实际上不可能有这么大的数,因 CMOS 门的输入电容较大,约为 10 pF。测量条件为 $V_{CC} = 5$ V,$C_L = 15$ pF,$R_L = 500$ Ω,$T_a = 25$ ℃。

对于 74HC 和 74HCT,测试频率为 1MHz。更详细的参数,可查阅有关器件的数据手册。

查数据可知,TTL 门驱动 CMOS 门时,TTL 门的输出高电平下限一般不满足 CMOS 门的输入高电平下限要求,其他都满足。因此,应将 TTL 电路输出的高电平提升到 CMOS 的输入高电平下限值以上。常用方法是接上拉电阻 R_x 和接带电平偏移的门电路实现电平转换,分别如图 2.4.2(a)(b)所示。

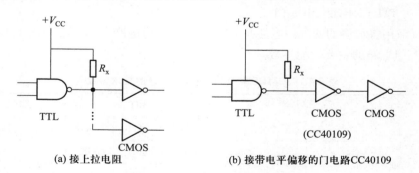

(a) 接上拉电阻　　　　　　　(b) 接带电平偏移的门电路CC40109

图 2.4.2　提高驱动门输出高电平

二、CMOS 门驱动 TTL 门

CMOS 门驱动 TTL 门时,CMOS 电路的最大灌电流太小,一般不满足要求,其他都满足。常用方法是采用带一级 CMOS 电流驱动器或先经同相电流放大器后再驱动 TTL 电路,如图 2.4.3(a)(b)所示。

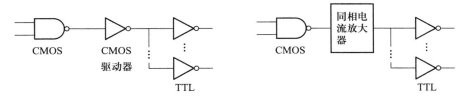

(a) 采用CMOS电流驱动器　　　　　　(b) 采用同相电流放大器

图 2.4.3　增大驱动门输出电流

2.4.3　门电路延迟时间的配合

在前面讨论的集成逻辑门电路中,只研究电路输入和输出之间的稳态逻辑关系,没有考虑门电路的传输延迟时间。实际上,由于门电路存在传输延迟时间(t_{pd}),输入信号又经过不同的传输途径,到达一个门电路输入端的时间会有早有迟,这些时间不一致的信号可能影响门电路的输出结果,因此在实际应用中,应该注意到这一点。

图 2.4.4 是到达门电路输入端的几种可能波形和输出情况。图(a)**与**门的两个输入端信号和图(b)**或**门的两个输入端信号 A、B 都互为反相,信号存在传输延迟时间,从而影响输出结果波形。

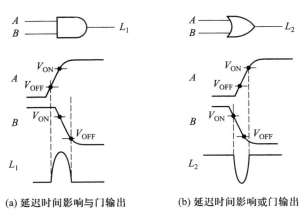

(a) 延迟时间影响与门输出　　　　(b) 延迟时间影响或门输出

图 2.4.4　门电路延时影响输出的说明

如果不计传输延迟时间,因为输入端信号 A、B 互为反相,所以 L_1 输出应该处于低电平,L_2 输出处于高电平。考虑了实际的传输延迟时间后,对于**与**门电路,输出 L_1 不全是低电平,而出现了一个高电平窄脉冲。而对于**或**门电路,输出

L_2出现了一个低电平窄脉冲,而在其他时间内输出全为高电平。这两个窄脉冲都是由传输延迟时间引起的。但如果 A 信号的上升沿推后或 B 信号的延迟时间非常短,L_1 不会出现高电平窄脉冲;同理 B 信号下降沿推后,或门的低电平窄脉冲也不会出现。由此可见,延迟时间的存在不一定会产生窄脉冲,应根据电路的具体情况进行分析。

在实际应用中,传输时间及门电路延迟时间引起的窄脉冲破坏了电路的逻辑关系,就是所谓的竞争-冒险问题,相关的分析以及如何消除数字电路中的竞争-冒险现象将在后续第 4 章中详细描述。

2.4.4　数字门的抗干扰措施

数字电路系统往往由多片逻辑门电路构成,它们是由一公共的直流电源供电的。数字电路在脉冲工作时,由于电路中晶体管交替工作,会产生脉冲尖峰电流,该电流在电源内阻上产生的压降可能影响正常的逻辑关系。一种常用的处理方法是采用耦合滤波器,用 $10 \sim 100 \ \mu F$ 的大电容与直流电源并联以滤除不需要的频率成分。对每个集成电路芯片电源的引脚端再加接一只 $0.01 \sim 0.1 \ \mu F$ 的电容。

正确的接地技术对于降低电路噪声很重要。可将电源地与信号地分开,先将信号地汇集在一点,然后将两者用最短的导线连接在一起,以避免含有多种脉冲波形(含尖峰电流)的大电流引到数字器件的输入端而引起逻辑错误。此外,当系统中兼有模拟和数字两种器件时,同样需将两者的地分开,然后再选用一个合适的共同点接地,以免除两者的影响。必要时,也可设计模拟和数字两块电路板,各备直流电源,然后将两者的地恰当连接在一起。在印刷电路板的设计或安装中,要注意连线尽可能短,以减少接线电容导致的寄生反馈可能引起的寄生振荡。有关这方面技术问题的详细介绍,可参阅有关文献。

习　题　2

题 2.1　在题图 2.1 所示电路中,D_1、D_2 为硅二极管,设导通压降为 0.7 V。试回答以下问题:

（1）B 接地,A 接 5 V 时,V_0 等于多少伏?

（2）B 接 10 V,A 接 5 V 时,V_0 等于多少伏?

（3）B 悬空，A 接 5 V 时，V_0 等于多少伏？

（4）A 接 10 kΩ 电阻，B 悬空时，V_0 等于多少伏？

题 2.2 在题 2.1 的电路中，若在 A、B 端加如题图 2.2 所示波形时，试画出 V_0 端对应的波形，并标明相应的电平值。

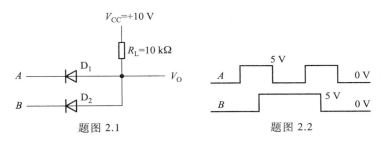

题图 2.1   题图 2.2

题 2.3 试写出题图 2.3 所示 CMOS 逻辑电路的输出表达式（P，F），输入变量为 A、B、C，并画出相应的逻辑符号。（电路中 N 沟道 MOS 管衬底接地，P 沟道 MOS 管衬底接电源电压）

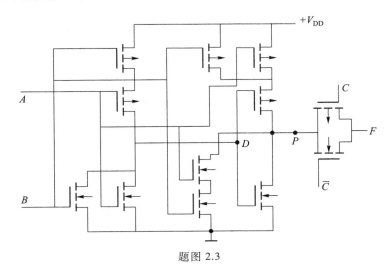

题图 2.3

题 2.4 试写出题图 2.4 所示 CMOS 逻辑电路的输出表达式（P、Q），输入变量为 A、B、C、D 及 E；并画出相应逻辑符号。（电路中 N 沟道 MOS 管衬底接地，P 沟道 MOS 管衬底接电源电压）

题 2.5 CMOS 漏极开路门电路如题图 2.5 所示，写出该电路输出端的逻辑表达式。

题 2.6 数字系统电路中，当某一线路作为总线使用时，接到该总线的所有

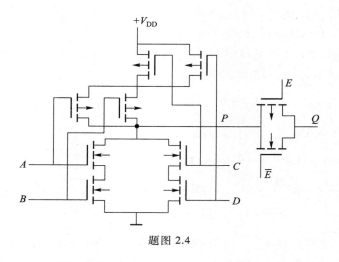

题图 2.4

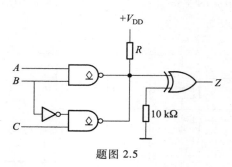

题图 2.5

输出器件必须具有_____结构,否则会产生数据冲突。

（A）集电极开路　　　　　　（B）漏极开路

（C）三态门　　　　　　　　（D）反相器

题 2.7　若将 CMOS 或非门改接成非门,则或非门的多余输入端接法正确的是_____。

（A）接电源　　　　　　　　（B）与输入端并接

（C）接地　　　　　　　　　（D）悬空

题 2.8　CMOS 传输门电路如题图 2.8 所示,写出该电路输出的逻辑表达式。

题 2.9　已知 TTL 反相器的电压参数为:输入低电平上限 $V_{IL(max)} = 0.8$ V,输入高电平下限 $V_{IH(min)} = 1.8$ V,输出高电平 $V_{OH} = 3$ V,输出低电平 $V_{OL} = 0.3$ V,阈值电平 $V_{TH} = 1.4$ V,电源电压 $V_{CC} = 5$ V。试计算该反相器的高电平输入信号噪声容限 V_{NH} 和低电平输入信号噪声容限 V_{NL}。

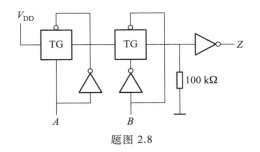

题图 2.8

题 2.10 在以下集成门电路的性能指标中,衡量集成门电路抗干扰能力强弱的指标是_____。

(A)平均传输延迟时间 　　　　　(B)扇出系数

(C)噪声容限 　　　　　　　　　(D)电源功耗

题 2.11 TTL 与非门电路多余输入端的以下接法中,正确的是_____。

(A)直接接电源 　　　　　　　　(B)通过 100 Ω 电阻接地

(C)悬空 　　　　　　　　　　　(D)与有用输入端并接

题 2.12 TTL 门电路如题图 2.12 所示,已知门电路的高低电平输入电流分别为 $I_{IH} = 25$ μA, $I_{IL} = -1.5$ mA,在规定的输出高电平下限和低电平上限的条件下,拉电流负载和灌电流负载电流分别为 $I_{OH} = -500$ μA 和 $I_{OL} = 12$ mA。要求:

(1)求门电路的扇出系数 N_0。

(2)若电路中的扇入系数 N_I(4 个输入端)为 4,则门的扇出系数 N_0 又应为多少?

题 2.13 与非门组成的电路如题图 2.13 所示,若输入为方波。试求:

(1)若不考虑门的平均传输延迟时间,画出输出 v_0 的波形。

(2)若门的平均传输时间为 t_{pd},且相等,试画出输出 v_0' 和 v_0 的波形。

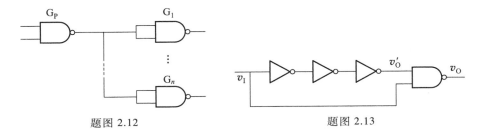

题图 2.12 　　　　　　　　　　　　題图 2.13

题 2.14 对题图 2.14 所示两种 TTL 门电路,画出它们在所示 A、B、C 输入信号作用下的输出波形。

题 2.15 题图 2.15 是两个用 74 系列门电路(参数可参见表 2.4.1)驱动发

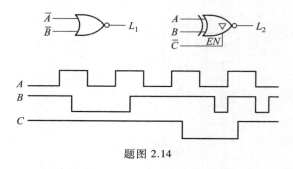

题图 2.14

光二极管的电路,要求 $V_I = V_{IH}$ 或 $V_I = V_{IL}$ 时发光二极管 D 导通并发光 。已知发光二极管的导通电流为 10 mA,试问应选用图(a)(b)中的哪一个电路? 请说明理由。

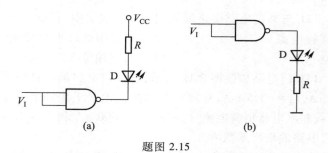

题图 2.15

题 2.16　在题图 2.16 所示的由两个反相器输出端直接连接构成的逻辑电路中,若输入 A、B 相互交替地为逻辑 **1**、**0**,并驱动晶体管饱和导通,则晶体管 T_1、T_2 导通时的集电极电流为

（A）0 A　　　　（B）V_{CC}/R_c　　　　（C）$2V_{CC}/R_c$　　　　（D）$V_{CC}/2R_c$

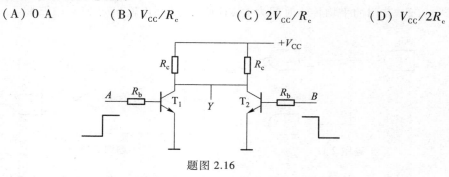

题图 2.16

题 2.17　写出题图 2.17 所示门电路的输出表达式 Y,并画出相应的逻辑符号。

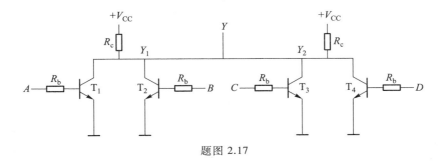

题图 2.17

题 2.18 写出题图 2.18 所示逻辑门电路的输出表达式 F,并画出相应的逻辑符号。

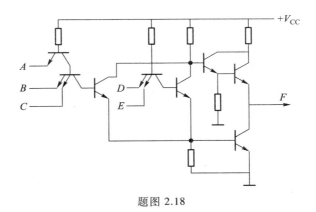

题图 2.18

题 2.19 对题图 2.19 所示标准 TTL **与非**门,若 B 端分别接电压 0 V、0.2 V、3.6 V 及 5 V,试问 A 端上电压表的读数各为多少?

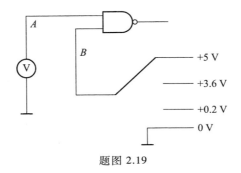

题图 2.19

题 2.20 题图 2.20 所示为两种门电路的电压传输特性,是在相同电源电压下（+5 V）测得的。实线所示的是什么门电路？而虚线所示的是什么门电路？

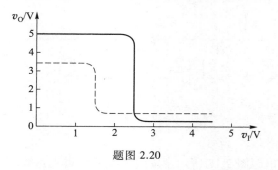

题图 2.20

题 2.21　对于题图 2.21 所示逻辑电路，当用 TTL 器件构成时，其输出逻辑关系为 $Y=$_____;当用 CMOS 器件构成时，输出 $Y=$_____。

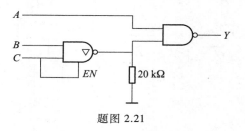

题图 2.21

题 2.22　试分析题图 2.22（a）（b）所示电路的逻辑功能。写出 Y_1、Y_2 的逻辑表达式。图中的门电路均为 CMOS 门电路，这种连接方式能否用于 TTL 门电路？

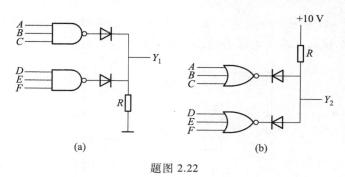

(a)　　　　　　　　　　(b)

题图 2.22

题 2.23　门电路组成的逻辑电路如题图 2.23 所示，请写出 F_1、F_2 的逻辑表达式。当输入图示电压信号波形时，画出 F_1、F_2 的输出波形。

题 2.24　写出题图 2.24 所示逻辑电路输出 Z 的逻辑表达式。

题 2.25　CMOS 器件 4007 的内部电路和引出端如题图 2.25 所示，请用 4007

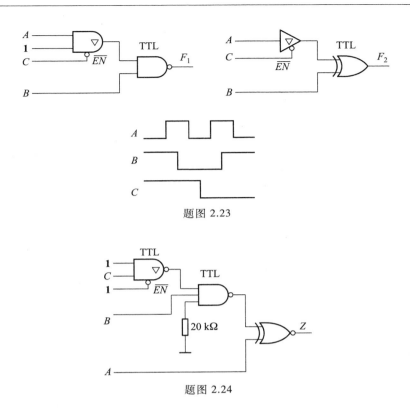

题图 2.23

题图 2.24

电路接成:(1) 3 个反相器;(2) 一个 3 输入端的**或非门**;(3) 一个 3 输入端的**与非门**;(4) 传输门。

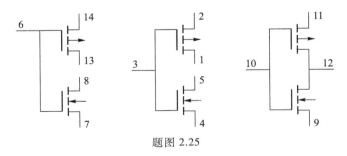

题图 2.25

第3章 数字信号的存储

数字信号的存储是数字系统的重要功能。根据不同应用场合,存储功能的需求有所不同,采用的存储方式也有区别。本章包括了具有记忆功能的单元电路——锁存器/触发器、具有暂存功能的寄存器,以及大量二进制信息的存放"仓库"——存储器。

3.1 二进制存储单元

锁存器能记忆(寄存)1位二进制数信息。由于具备记忆 0(也称置 0)或记忆 1(也称置 1)的基本功能,因此可作为二进制的基本存储单元。

本节以基本 RS 锁存器为基础,分析各种常见的锁存器的逻辑功能,以及不同类型电路的功能转换。

3.1.1 基本 RS 锁存器

一、基本 RS 锁存器的结构

图 3.1.1(a)是由两个与非门构成的基本 RS 锁存器。电路连接的特点是两个与非门的输入和输出交叉连接,这样能确保记忆 0 或记忆 1 数据。图 3.1.1(b)是基本 RS 锁存器的逻辑符号。

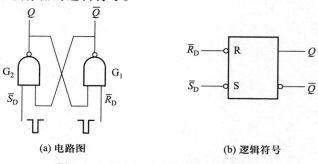

(a) 电路图 (b) 逻辑符号

图 3.1.1 与非门构成的基本 RS 锁存器

基本 RS 锁存器的两个数据输入端是 $\overline{R}_\mathrm{D}$ 和 $\overline{S}_\mathrm{D}$，$\overline{R}_\mathrm{D}$ 端称为直接复位端，$\overline{S}_\mathrm{D}$ 端称直接置位端。非号表示低电平有效，输出是互补的 Q 和 $\overline{Q}$ 端，通常 Q 端状态代表锁存器的输出。从电路结构可以看出，基本 RS 锁存器的主要特点体现在其输出到输入的"反馈"式连接。

二、基本 RS 锁存器的逻辑功能

当 $\overline{R}_\mathrm{D} = \overline{S}_\mathrm{D} = 1$，如果原 $Q = 0$，$\overline{Q} = 1$，则 G_2 输出低电平，G_1 输出高电平，锁存器保持原来状态不变。如果原 $Q = 1$，$\overline{Q} = 0$，则 G_2 输出高电平，G_1 输出低电平，锁存器仍然保持原来状态不变。此时称锁存器为"保持"功能（或称"不变"功能）。

当 $\overline{R}_\mathrm{D} = 0$，$\overline{S}_\mathrm{D} = 1$，此时不管原锁存器的状态是 1 还是 0，$G_1$ 输出为高电平，而 G_2 输出为低电平，输出状态为 $Q = 0$，$\overline{Q} = 1$，锁存器实现了置 0（也称复位）功能。

当 $\overline{R}_\mathrm{D} = 1$，$\overline{S}_\mathrm{D} = 0$ 时，不管原锁存器状态是 1 还是 0，G_2 输出为高电平，G_1 输出低电平，输出状态为 $Q = 1$，$\overline{Q} = 0$。此时，锁存器实现了置 1（也称置位）功能。

当 $\overline{R}_\mathrm{D} = \overline{S}_\mathrm{D} = 0$ 时，与非门 G_1 和 G_2 均被封锁，输出都为高电平，即 $Q = 1$、$\overline{Q} = 1$，违背了 Q 和 $\overline{Q}$ 的互补原则。尤其是当 $\overline{R}_\mathrm{D} = \overline{S}_\mathrm{D} = 0$ 同时跳变成 $\overline{R}_\mathrm{D} = \overline{S}_\mathrm{D} = 1$ 时，锁存器的输出状态将不能明确决定。此时 Q 端状态将由 G_1 与 G_2 的延迟时间决定，当不知道延迟时间的情况下，Q 端状态就无法确定。例如，若 G_1 的延迟时间短，当 $\overline{R}_\mathrm{D} = \overline{S}_\mathrm{D} = 0$ 同时转变成 $\overline{R}_\mathrm{D} = \overline{S}_\mathrm{D} = 1$ 时，G_1 首先开通，使 $\overline{Q}$ 首先变为低电平 0，然后 G_2 的输出再变为高电平 1，致使 $Q = 1$。反之，若 G_2 的延迟时间短，则当 $\overline{R}_\mathrm{D} = \overline{S}_\mathrm{D} = 0$ 同时跳变成 $\overline{R}_\mathrm{D} = \overline{S}_\mathrm{D} = 1$ 时，G_2 输出首先变为低电平，即 $Q = 0$，然后 G_1 输出变成高电平，使 $\overline{Q} = 1$。分析说明，在 $\overline{R}_\mathrm{D} = \overline{S}_\mathrm{D} = 0$ 同时跳变成 $\overline{R}_\mathrm{D} = \overline{S}_\mathrm{D} = 1$ 的情况时，锁存器的状态究竟是 0 还是 1 无法确定，因此在实际应用中应尽量避免这一情况的出现，或禁用它。

根据上述分析，将基本 RS 锁存器的功能用特性表描述后，如表 3.1.1 所示。

表 3.1.1　基本 RS 锁存器特性表

$\overline{R}_\mathrm{D}$	$\overline{S}_\mathrm{D}$	Q	$\overline{Q}$	功能说明
0	0	×	×	禁用（不确定）
0	1	0	1	置 0
1	0	1	0	置 1
1	1	不变	不变	保持

基本 RS 锁存器除用**与非门**实现以外,还可以用**或非门**和**与或非门**电路实现。

【**例 3.1.1**】　图 3.1.2(a)是用**或非门**构成的基本 RS 锁存器,S_D、R_D 端的输入波形如图(b)所示,试画出该输入波形作用下 Q 和 $\overline{Q}$ 端的对应波形。假定加入 S_D、R_D 前,锁存器 Q 端状态为高电平 1。

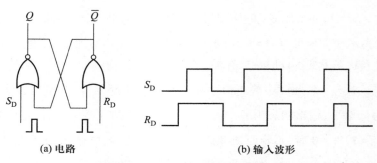

(a) 电路　　　　　　　(b) 输入波形

图 3.1.2　**或非门**组成的 RS 锁存器

解:或非门组成的基本 RS 锁存器功能分析,和由**与非门**实现的基本 RS 锁存器功能分析方法相同,只是**或非门**是由输入高电平改变输出状态。当 $R_D = S_D = 0$ 时,锁存器的状态不会改变;$R_D = 0$,$S_D = 1$ 时,锁存器状态置 1,即 $Q = 1$,$\overline{Q} = 0$;$R_D = 1$,$S_D = 0$ 时,锁存器状态置 0,即 $Q = 0$,$\overline{Q} = 1$;而当 $R_D = S_D = 1$ 同时跳变为 $R_D = S_D = 0$ 时,锁存器的状态不能确定(类似由**与非门**组成的基本 RS 锁存器,当 $\overline{R}_D = \overline{S}_D = 0$ 同时跳变为 1 时的情况)。因此,画出的波形如图 3.1.3 所示,其中的阴影部分表示状态不能确定的区域。

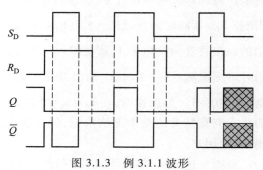

图 3.1.3　例 3.1.1 波形

三、基本 RS 锁存器的动态特性

锁存器的动态特性是指锁存器的输入数据和锁存器状态改变之间的时间配合。为了使锁存器的状态翻转稳定、可靠,对基本 RS 锁存器的直接置 0、置 1 脉冲宽度有一定的要求。假设图 3.1.1 所示锁存器的初始状态为 1,即 $Q = 1$,$\overline{Q} = 0$,而置 0、置 1 端的输入为 $\overline{R}_D = \overline{S}_D = 1$,此时锁存器的状态不变,而且是稳定的。当

$\overline{R}_D = 0$、$\overline{S}_D = 1$ 时，经过 G_1 延迟后 $\overline{Q}$ 首先变为高电平，再经过 G_2 的延迟 Q 再变成 **0**，实现了置 **0** 功能，同时 G_2 输出又送回到 G_1 的一个输入端，封锁**与非门**，此时若再改变 $\overline{R}_D$ 的数据也不再影响输出。设一个**与非门**的平均传输延迟时间为 $1t_{pd}$，则由上述分析可知，要完成一次数据存储（置 **0** 或置 **1** 功能），$\overline{R}_D$ 数据存在的有效时间（最小脉宽）应该为两个门的延迟时间，即 $2t_{pd}$。

四、基本 RS 锁存器应用例子

图 3.1.4 是应用基本 RS 锁存器消除机械开关弹跳的逻辑电路。当开关从 $\overline{S}_D$ 位置切换至 $\overline{R}_D$ 位置时，使 $\overline{R}_D = 0$、$\overline{S}_D = 1$，基本 RS 锁存器输出为 **0** 状态。但由于开关的机械弹性，开关触点会在 $\overline{R}_D$ 位置处发生小幅弹跳，如图 3.1.4(b) 中 $\overline{R}_D$ 信号的变化，当开关弹跳离开 $\overline{R}_D$ 位置时，使得 $\overline{R}_D = 1$，此时基本 RS 锁存器处于保持状态，输出状态 **0** 保持不变。因此，每拨动一次开关，即使发生弹跳，经过基本 RS 锁存器处理后，锁存器的状态仅改变一次，输出波形如图 3.1.4(b) 所示。为此，利用基本 RS 锁存器可以消除采用机械开关直接切换造成的信号抖动。

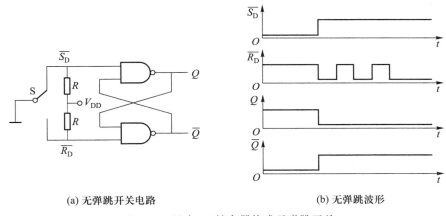

(a) 无弹跳开关电路　　　　　　　(b) 无弹跳波形

图 3.1.4　基本 RS 锁存器构成无弹跳开关

基本 RS 锁存器有直接置 **0**、置 **1** 和状态"保持"功能，但没有时钟控制，因此不能实现多个同类锁存器的同步工作，同时还存在抗干扰能力差的问题。

3.1.2　同步锁存器

一、同步 RS 锁存器（时钟控制电平触发 RS 锁存器）

图 3.1.5(a) 所示为典型的同步 RS 锁存器原理电路图，它在基本 RS 锁存器

的基础上增加了两个**与非门**,将 RS 输入移至新增加的**与非门**输入端,并和时钟脉冲 CP(clock pulse)形成**与**逻辑关系;同时,保留原基本 RS 锁存器的直接复位端 $\overline{R}_D$ 和置位端 $\overline{S}_D$(这两端通常称控制端)。当时钟脉冲 $CP = 0$ 时,这两端用于决定锁存器的初始状态,若初始状态已经确定时,这两端应该处于无效状态,图示电路中应该置于高电平。

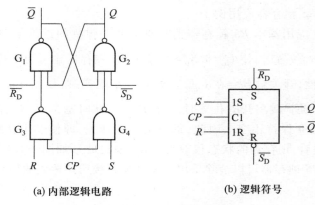

(a) 内部逻辑电路　　　　　　(b) 逻辑符号

图 3.1.5　同步 RS 锁存器

同步 RS 锁存器的工作原理如下:

当 $CP = 0$ 时,由于 G_3、G_4 被封锁,输出全为高电平,锁存器的状态不会改变,保持着由 $\overline{R}_D$ 和 $\overline{S}_D$ 决定的初始状态,通常称为当前状态(或现态),当前状态常用 Q^n 表示。如果 R 和 S 状态确定之后,加入时钟脉冲 CP,即 $CP = 1$,锁存器的状态将发生变化,变化后的锁存器状态称为次态(或下一态),用 Q^{n+1} 表示。

当 $CP = 1$ 时,G_3 输出为 $\overline{R}$,G_4 输出为 $\overline{S}$。因此,电路功能与基本 RS 锁存器完全相同。表 3.1.2 为同步 RS 锁存器的特性表。

表 3.1.2　同步 RS 锁存器特性表

同步输入		初态	次态	锁存器状态
R	S	Q^n	Q^{n+1}	
0	**0**	**0**	**0**	保持不变
		1	**1**	
0	**1**	**0**	**1**	置 1
		1	**1**	

续表

同步输入		初态	次态	锁存器状态
R	S	Q^n	Q^{n+1}	
1	0	0	0	置 0
1	0	1	0	置 0
1	1	0	×	禁用(不确定)
1	1	1	×	禁用(不确定)

由上述分析可知,图 3.1.5 所示同步 RS 锁存器仅在 $CP=1$ 期间改变锁存器的状态,因此又称为时钟控制高电平触发同步 RS 锁存器。图 3.1.5(b)是该锁存器的电路符号,符号框内的 1R、1S 和 C1 表示输入和时钟脉冲相关联,因此又称 1R、1S 为同步输入端。功能表可由上述分析归纳后得出。

如果将功能表中锁存器的次态 Q^{n+1} 作为输出变量,R、S 和初态 Q^n 作为输入变量,画出次态 Q^{n+1} 的卡诺图,如图 3.1.6 所示。

从卡诺图简化得到同步 RS 锁存器的次态逻辑函数为

$$Q^{n+1} = S + \bar{R} \cdot Q^n$$
$$R \cdot S = 0 \quad (约束条件) \qquad (3.1.1)$$

上述方程又称为同步 RS 锁存器的特性方程。

图 3.1.5 所示同步 RS 锁存器的动态特性分析如下:

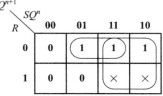

图 3.1.6 同步 RS 锁存器的次态卡诺图

设锁存器的初始状态 $Q^n=0$,数据端状态 $R=0$、$S=1$,每个与非门的平均传输延迟时间为 $1t_{pd}$。从时钟脉冲 CP 跳变为高电平算起,到锁存器状态翻转为 $Q^{n+1}=1$,必须经过两个门的延迟时间,而 $\overline{Q^{n+1}}$ 再经过 1 个门的延迟后,才由原来的 1 翻转成 0,工作波形如图 3.1.7(a)所示。图(b)是锁存器由初始状态 1 翻转为次态 0 时的工作波形,读者可自行分析。

为使锁存器触发翻转可靠,图 3.1.7 还必须有以下的时间配合:

(1)R 和 S 状态必须比 CP 脉冲高电平提前到达。

(2)时钟脉冲的高电平持续时间必须大于 $3t_{pd}$。

(3)锁存器 Q 端状态由 0 翻转为 1 的时间为 $t_{pdLH}=2t_{pd}$。

(4)锁存器 Q 端状态由 1 翻转为 0 的时间为 $t_{pdHL}=3t_{pd}$。

(5)R 和 S 端的状态交换应该在时钟脉冲低电平时完成。

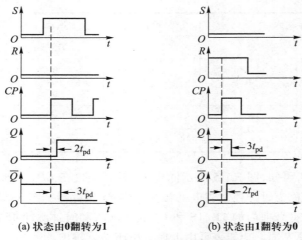

(a) 状态由0翻转为1　　　　(b) 状态由1翻转为0

图 3.1.7　同步 RS 锁存器动态波形

二、D 锁存器

同步 RS 锁存器在 $CP=1$ 期间,相当于基本 RS 锁存器的功能,输入 R、S 状态仍需要满足 $R \cdot S = 0$ 的约束条件。如果在原电路中的 S、R 之间增加一个**非门**,如图 3.1.8 所示,则自然满足了约束条件。

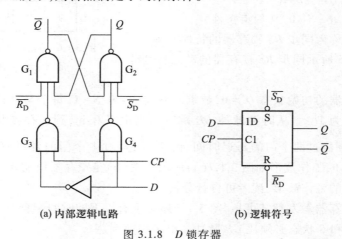

(a) 内部逻辑电路　　　　(b) 逻辑符号

图 3.1.8　D 锁存器

将同步 RS 锁存器特性方程中的 S 和 R 分别用 D 和 $\overline{D}$ 代入,就能方便地得到 D 锁存器的特性方程。

$$Q^{n+1} = S + \overline{R}Q^n = D + \overline{\overline{D}}Q^n = D \qquad (3.1.2)$$

88

当 D 端状态为 **1**,时钟脉冲为高电平时,锁存器次态 $Q^{n+1} = \mathbf{1}$;D 端状态为 **0**,时钟脉冲变为高电平后,次态 $Q^{n+1} = \mathbf{0}$。显然,这种锁存器只有置 0 和置 1 功能。表 3.1.3 是 D 锁存器的特性表。

表 3.1.3 D 锁存器特性表

输入	初态	次态	锁存器状态
D	Q^n	Q^{n+1}	
0	**0**	**0**	置 0
	1	**0**	
1	**0**	**1**	置 1
	1	**1**	

时钟控制电平触发的锁存器(例上述的同步 RS 锁存器和 D 锁存器),在时钟脉冲高电平期间,即 $CP = \mathbf{1}$ 期间,外界的干扰信号将会影响输入端 R、S 或 D 端的状态,使锁存器的状态发生不应有的改变,这说明采用电平(高电平或低电平)触发的锁存器抗干扰能力较差。

3.1.3 边沿触发器

为了解决前述同步锁存器在时钟脉冲高电平或低电平期间,容易接收干扰信号等问题,在锁存器电路设计时,应该尽量减小锁存器状态翻转对时钟脉冲 CP 高电平或低电平所要求的时间宽度。或者设想,只有在时钟脉冲 CP 的边沿(上升沿或下降沿)接收锁存器的输入信号,并且完成状态翻转,这种触发器称为边沿触发器。下面的几种触发器就是在这一思想指导下出现的。

一、主从型 D 触发器

图 3.1.9(a)由两个 D 锁存器串联而成,前者为主触发器,后者为从触发器,受同一个时钟脉冲 CP 触发,形成了主从型结构的 D 触发器。

由图(a)可知,当时钟脉冲为高电平,即 $CP = \mathbf{1}$ 时,主 D 触发器工作,$Q_M^{n+1} = D$,从 D 触发器状态保持不变;一旦时钟脉冲 CP 跳变为低电平,立刻封锁了主触发器 D 端的输入信号,并保持主触发器 Q_M 的状态不变。在此同时从 D 触发器接收主触发器 Q_M 状态,即 $Q^{n+1} = Q_M^{n+1} = D$。从整体而言,其功能仍为 D 锁存器功能。而触发器的状态改变只是发生在时钟脉冲由高电平变为低电平后的瞬间(即下降沿),所以电路具有较强的抗干扰能力。

为了可靠地捕捉 D 触发器的输入端信号,仍要求主触发器在时钟脉冲 CP

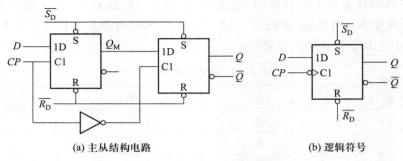

(a) 主从结构电路　　　　　　(b) 逻辑符号

图 3.1.9　主从型 D 触发器

下降沿到来前的一段时间内,可靠地接收 D 信号并保持状态稳定,这段时间通常称为触发器的建立时间 t_{set}(setup time)。

图 3.1.9(b)是主从型 D 触发器的逻辑符号,图中时钟脉冲输入端的"＞"标记表示时钟脉冲边沿触发,而 CP 外框的小圆圈表示下降沿。

图 3.1.10 是采用 CMOS 传输门和**或非门**构成的主从型 D 触发器。

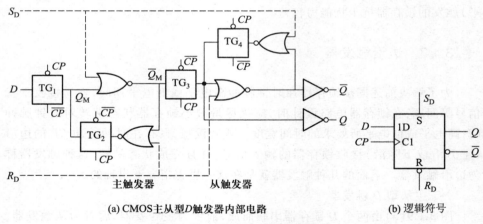

(a) CMOS主从型D触发器内部电路　　　　　(b) 逻辑符号

图 3.1.10　CMOS 主从型 D 触发器

CMOS 主从型 D 触发器电路的特点是:

(1)复位和置位功能不受 CP 脉冲的电平限制,而且是高电平复位和置位。当 $R_D = 1$、$S_D = 0$ 时,触发器复位,$Q^n = 0$;当 $R_D = 0$、$S_D = 1$ 时,触发器置位,$Q^n = 1$。初始状态决定后,使 $R_D = S_D = 0$,也就是使复位端和置位端无效,相当于图中虚线未连接。

假设 $CP = 1$,即 $\overline{CP} = 0$,此时传输门 TG_2、TG_3 为接通状态,TG_1、TG_4 处于断开

状态。若 $S_D=1,R_D=0$，则有 $\overline{Q}_M=0,Q_M=1,\overline{Q}=0,Q=1$，实现了异步置位。若 $CP=0$，传输门 TG_1、TG_4 为接通状态，同样设定 $S_D=1,R_D=0$，可分析得触发器仍将被置位。可见，该电路的置位不受 CP 脉冲的电平限制。可用同样方法分析复位情况。

（2）$CP=0,\overline{CP}=1$ 时，传输门 TG_1、TG_4 接通而 TG_2、TG_3 断开，主触发器接收 D 端状态，$\overline{Q}_M=\overline{D}$，从触发器状态保持不变；当时钟脉冲 $CP=1$、$\overline{CP}=0$ 后，传输门 TG_2、TG_3 为接通状态，TG_1、TG_4 处于断开状态，触发器状态 $Q^{n+1}=\overline{\overline{Q}_M}=D$，可见，电路在 CP 脉冲从低电平跳变为高电平后（上升沿）实现了 D 触发器的功能。

二、维持阻塞型 D 触发器

维持阻塞型触发器简称维阻触发器，它是利用维持和阻塞线同时起作用来实现边沿触发的。图 3.1.11(a) 是由 6 个与非门连接而成的维阻 D 触发器。图中有 4 根反馈线：维持线①、②和阻塞线①′、②′。图(b)是它的逻辑符号。

由于时钟脉冲 CP 连接在 G_3 和 G_4 的一个输入端，所以当 $CP=0$ 时，G_3、G_4 被封锁，输出为高电平，此时的触发器等效为由 G_1、G_2 构成的一个基本 RS 触发器，输出状态无法改变。$\overline{R}_D$、$\overline{S}_D$ 实现异步置 0、置 1 功能。初始状态决定后，使 $\overline{R}_D=1$、$\overline{S}_D=1$，也就是使复位端和置位端无效，相当于图中虚线未连接。

在时钟脉冲 CP 由 0 变为 1 之前，加入 D 信号，使 G_5 和 G_6 输出状态稳定，然后时钟脉冲 CP 由低电平跳到高电平，即上升沿到达后将 G_5、G_6 稳定的输出状态送到触发器输出，可见触发器是时钟脉冲上升沿触发翻转的。

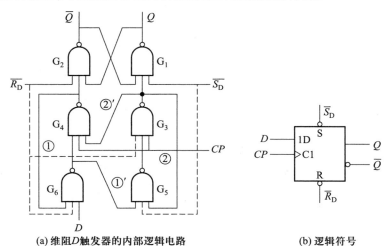

(a) 维阻 D 触发器的内部逻辑电路　　　　(b) 逻辑符号

图 3.1.11　维持阻塞型 D 触发器

当 $D=0$、$CP=0$ 时,则 G_6 输出高电平,G_5 输出低电平。时钟脉冲 CP 上升沿到达后,G_4 输出首先变为低电平,G_3 输出仍为高电平,使触发器的次态翻转为 $Q^{n+1}=0$。此时,若 CP 脉冲仍维持在高电平,但由于 G_4 输出已为低电平,经置 0 维持线①将 G_6 封锁,G_6 的输出为高电平,经置 1 阻塞线①′阻止 G_5 输出,产生置 1 信号。此时 D 的任何变化或干扰信号都无法进入触发器。

当 $D=1$,$CP=0$,则 G_6 输出为低电平,G_5 输出为高电平。时钟脉冲 CP 上升沿到达后,此时 G_3 输出首先变为低电平,G_4 输出仍是高电平,所以触发器的次态翻转为 $Q^{n+1}=1$。此时,若 CP 脉冲同样维持在高电平,但由于 G_3 输出已为低电平,经置 0 阻塞线②′将 G_4 封锁,经置 1 维持线②将 G_5 封锁,因此 D 端的任何变化或干扰信号同样无法进入触发器。

从以上的分析可见,触发器在时钟脉冲 CP 上升沿的短暂时间内,接收信号并完成状态翻转,使得电路的抗干扰能力很强,而且在时钟脉冲 CP 高电平期间,具有维持置 0、阻塞置 1 或维持置 1、阻塞置 0 的作用,使翻转后的触发器状态不可能再被改变。

【例 3.1.2】　设图 3.1.8 所示 D 锁存器和图 3.1.11 所示上升沿触发 D 触发器的时钟脉冲 CP、复位端 $\overline{R}_D$、置位端 $\overline{S}_D$ 和数据输入端 D 的波形如图 3.1.12(a)所示,试分别画出这两种触发器 Q 端的输出波形。

解:图 3.1.8 和图 3.1.11 所示两种触发器功能相同,异步复位和置位信号都是低电平起作用(图 3.1.8 所示触发器只有在 $CP=0$ 时起作用,图 3.1.11 所示触发器不管 CP 在什么状态下都起作用),但由于电路结构不同,触发器的触发翻转条件不同。因此,在分析时应充分注意到这一点。图 3.1.8 所示触发器(锁存器)在 $CP=1$ 的整个时段都接收 D 信号,使得 $Q^{n+1}=D$;而图 3.1.11 所示触发器只是在时钟脉冲 CP 上升沿到达瞬间接收 D 信号,并完成状态翻转。据此画出的波形如图 3.1.12(b)所示。

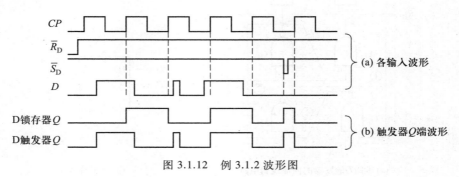

图 3.1.12　例 3.1.2 波形图

三、下降沿触发的(负边沿)JK 触发器

JK 触发器利用了门电路的传输延迟时间不同,达到时钟脉冲边沿触发的目的,电路如图 3.1.13 所示。图中 G_1、G_2 是两个**与或非门**,它的传输延迟时间比**与非门** G_3、G_4 短。时钟脉冲 CP 连接在 4 个门的输入端,虚线是异步复位 $\overline{R}_D$ 和置位 $\overline{S}_D$ 连接线。

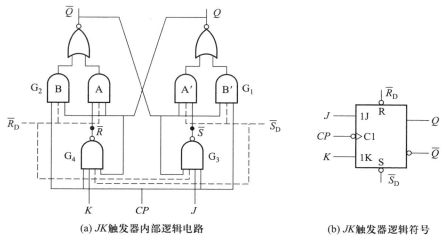

(a) JK触发器内部逻辑电路　　　　　(b) JK触发器逻辑符号

图 3.1.13　边沿触发 JK 触发器

触发器的功能和时钟脉冲 CP 触发的过程分析如下:

不管触发器的初始状态是 **0** 还是 **1**,当时钟脉冲 CP = **1** 时,两个**与或非门**中总有一组**与门**的输入全为高电平,因而使得这个**与或非门**的输出为低电平 **0**,从而封锁了另一个**与或非门**的两个**与门**,该**与或非门**的输出状态锁定为 **1**。可见,时钟脉冲 CP = **1** 时,触发器处于保持状态,次态和初态是一致的,无法改变。

在时钟脉冲 CP = **0** 时,**与非门** G_3、G_4 被封锁,$\overline{R}$、$\overline{S}$ 为高电平,此时**与或非门**的 B 和 B′ 两组**与门**被封锁,因此触发器的状态由 A 和 A′ 两组**与门**互锁,等效电路如图 3.1.14 所示,触发器的状态同样不会改变。

当时钟脉冲 CP 由低电平跳变为高电平时,考虑到 G_3、G_4 的延时,它们的输出 $\overline{R}$、$\overline{S}$ 还保持 CP = **0** 状态,$\overline{R}$、$\overline{S}$ 为高电平,还来不及变化,触发器处于保

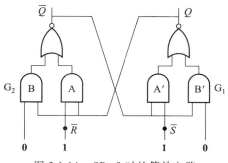

图 3.1.14　CP = **0** 时的等效电路

持状态,输出不会改变。

在时钟脉冲 CP 从高电平跳变为低电平的短暂瞬间(下降沿),由于 G_3、G_4 的延迟时间长,**与或非门**中的 B 和 B′两组与门虽已被封锁,但 $\overline{R}$、$\overline{S}$ 端的状态仍然是 CP 脉冲高电平时决定的状态,即有 $\overline{R} = \overline{K \cdot Q^n}$、$\overline{S} = \overline{J \cdot \overline{Q^n}}$,此时的等效电路如图 3.1.15 所示。

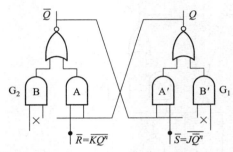

图 3.1.15　CP 脉冲从高电平 **1** 跳变为低电平 **0** 时的等效电路

利用 RS 触发器的特性方程,将 $\overline{R}$ 和 $\overline{S}$ 关系代入后得

$$Q^{n+1} = S + \overline{R} \cdot Q^n = (J \cdot \overline{Q^n}) + \overline{K \cdot Q^n} \cdot Q^n = J \cdot \overline{Q^n} + \overline{K} \cdot Q^n \qquad (3.1.3)$$

由以上分析可知,JK 触发器仅在 CP 下降沿时才接收 J、K 端的信号变化,相应发生状态改变。根据特性方程列出的特性表如表 3.1.4 所示,它具有保持、置 **0**、置 **1** 和翻转 **4** 种功能。

表 3.1.4　JK 触发器特性表

同步输入		初态	次态	触发器状态
J	K	Q^n	Q^{n+1}	
0	0	0	0	保持不变
		1	1	
0	1	0	0	置 0
		1	0	
1	0	0	1	置 1
		1	1	
1	1	0	1	翻转(计数)
		1	0	

【例 3.1.3】 设图 3.1.13 触发器的初始状态为 **0**,异步复位端 $\overline{R}_D$ 和置位端 $\overline{S}_D$ 为高电平,若时钟脉冲 CP 和同步输入端 J、K 的电压波形如图 3.1.16 所示,试画出触发器 Q 端的波形。

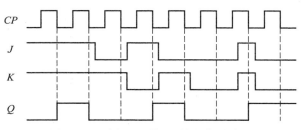

图 3.1.16 例 3.1.3 输入、输出信号波形

解: 因为图 3.1.13 所示为一个 JK 触发器,只有在 CP 脉冲下降沿到达时接收 J、K 信号,并完成状态翻转。所以在画波形时,只要以 CP 脉冲的下降沿为时间基准,根据表 3.1.4 就可以画出 Q 端的波形,如图 3.1.16 所示。

四、触发器功能描述

在触发器功能的描述中,除用特性表和特性方程描述外,还可以采用状态转换图和激励表进行描述。

以 JK 触发器为例,触发器有两种状态:状态 **0** 和状态 **1**。根据 JK 触发器特性表 3.1.4,这两种状态之间具有 4 种可能的转换,即 **0→0**、**0→1**、**1→0** 和 **1→1**。JK 触发器的输出状态转换和输入端 J、K 信号之间的关系如图 3.1.17 所示。

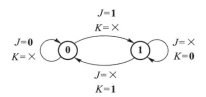

图 3.1.17 JK 触发器状态转换图

把状态转换图用表格形式表示时,得到表 3.1.5 所示的 JK 触发器激励表。它表示触发器要实现现态到次态的状态转换,对触发器输入端的状态要求。

表 3.1.5 JK 触发器激励表

现次态状态转换	现次态转换对输入端的状态要求	
$Q^n \rightarrow Q^{n+1}$	J	K
0→0	**0**	×
0→1	**1**	×
1→0	×	**1**
1→1	×	**0**

3.1.4　触发器功能转换

除上述讨论的 RS 触发器、D 触发器和 JK 触发器以外,还有 T' 触发器(或称计数触发器)、T 触发器等。它们可以由 RS、D、JK 触发器经过适当的连接来实现。

一、T' 触发器(计数触发器)

T' 触发器只有一种功能,即每加一个触发脉冲 CP,触发器状态只改变一次。如果原状态为 **0**,加了触发脉冲后,次态翻转为 **1**;如果原状态为 **1**,则加触发脉冲后,次态翻转成为 **0**;因此,T' 触发器的特性方程为

$$Q^{n+1} = \overline{Q^n} \tag{3.1.4}$$

图 3.1.18(a)是 T' 触发器的逻辑符号,图(b)为翻转波形。

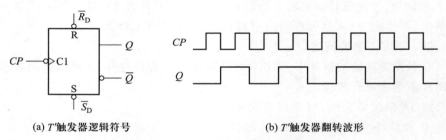

(a) T'触发器逻辑符号　　　　　　　　　　(b) T'触发器翻转波形

图 3.1.18　下降沿触发的 T' 触发器输出波形

由 RS、D 和 JK 触发器连接成的 T' 触发器电路分别如图 3.1.19(a)(b)和(c)所示。

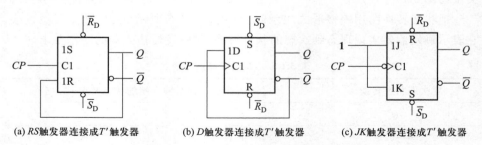

(a) RS触发器连接成T'触发器　　(b) D触发器连接成T'触发器　　(c) JK触发器连接成T'触发器

图 3.1.19　由 RS、JK 触发器连接成 T' 触发器

二、T 触发器

T 触发器是一种可控的计数型触发器。其逻辑功能为:当 T 端为高电平 **1** 时,每来一个时钟脉冲 CP,触发器状态翻转一次;当 $T=0$ 时,触发器的状态保持

不变。表 3.1.6 是 T 触发器的特性表,图 3.1.20(a) 是 T 触发器的逻辑符号。

表 3.1.6　T 触发器特性表

同步输入	初态	次态	触发器状态
T	Q^n	Q^{n+1}	
0	0	0	保持不变
	1	1	
1	0	1	计数(翻转) 功能
	1	0	

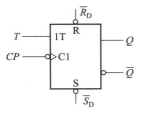 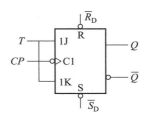

(a) T 触发器逻辑符号　　(b) JK 触发器连接成 T 触发器

图 3.1.20　T 功能触发器逻辑符号

由特性表 3.1.6,写出 T 触发器特性方程为

$$Q^{n+1} = \overline{T} \cdot Q^n + T \cdot \overline{Q^n} = T \oplus Q^n \qquad (3.1.5)$$

如果将上式和 JK 触发器的特性方程作比较,就可以发现,当 $J = K = T$ 时,电路实现的就是保持和计数功能。因此,只要将 JK 触发器的 J、K 端连接在一起作为 T 控制端,就得到了 T 功能触发器(图 3.1.20(b))。

3.2　寄　存　器

寄存器在触发脉冲的作用下能够实现多位二进制数信息寄存和移位等功能。

3.2.1　数码寄存器

数码寄存器用于寄存二进制数信息。根据寄存二进制数的方式不同,有单节拍数码寄存器(也称并行寄存)和双节拍数码寄存器等。图 3.2.1 是中规模集成的 4 位并行数码寄存器 74HC451 的逻辑电路图。CR 是清零控制端,高电平有效,LE 是锁存控制端,高电平时寄存数据。二进制数 $D_3D_2D_1D_0$ 的寄存过程读者可以自行分析。

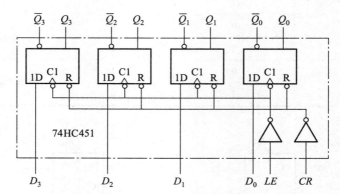

图 3.2.1　4 位并行数码寄存器 74HC451 内部电路图

图 3.2.2 是应用数码寄存器 74HC175(实际上是一片集成有四个 D 触发器的芯片)构成四人智力竞赛抢答的控制逻辑电路。

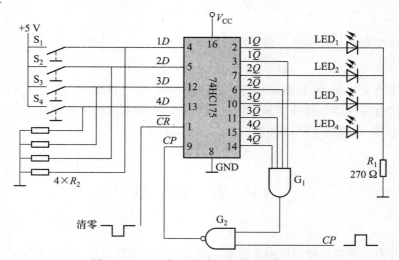

图 3.2.2　四人智力竞赛抢答控制逻辑电路

S_4、S_3、S_2、S_1 四只开关由四位抢答者控制,CP 脉冲是 500 kHz 以上的时钟信号,CR 是主持人控制的总清零端。

开始抢答前,加"清零"脉冲,各触发器清零,四只发光二极管均不亮。抢答开始后,假设 S$_1$ 先按,1D 为逻辑 **1**,当 CP 脉冲上升沿出现时,LED$_1$ 发光二极管被点亮,在此同时,1 $\overline{Q}$ 输出低电平,将 G$_2$ 封锁,阻止了 CP 脉冲再次加入,使所有触发器保持当前状态不变,说明控制 S$_1$ 的抢答者抢答成功。当主持人再清零后,宣布下一次抢答开始。

3.2.2　移位寄存器

移位寄存器主要实现串入并出(SIPO)(串行输入并行输出)或并入串出(PISO)(并行输入串行输出)操作,当然还有串入串出(SISO)和并入并出(PIPO)操作。数码寄存器属于并行输入寄存器,当待寄存的二进制数位较长时,需要较多的数据输入线。在一些场合为了满足该要求,需要付出较大的代价。例如,常见 IC 卡的内置芯片中存储着用户信息,IC 卡与读卡器的连接需要通过一组数据线相连,为保证连接可靠性,其接口线采用 18 K 镀金引脚,若采用并行读写方式,对于 16 位数据宽度,仅数据线就需要 16 个镀金引脚,这不但增加了成本,而且增加了 IC 卡的体积。移位寄存器能较好地解决这个问题。

图 3.2.3 是 4 位右向移位寄存器的逻辑电路。

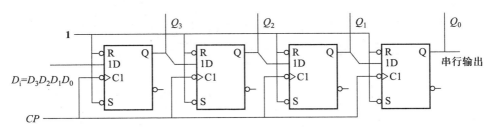

图 3.2.3　4 位右向移位寄存器

图 3.2.3 中各触发器之间没有反馈,高低位触发器间顺序连接,因此可以通过画时序图的方法分析。当移位寄存器中要寄存一组串行输入的 4 位数据时,需要通过 4 个 CP 脉冲才能将 4 位数字移入寄存器。移出一组数据时同样需要 4 个 CP 脉冲。例如,要寄存 $D_3D_2D_1D_0$ = **1011** 数据时,D_0 位数据先行,并相继以 D_1、D_2、D_3 的顺序,每加 1 位数据送 1 个 CP 脉冲,第 4 个 CP 下降沿后,4 位数据 **1011** 存入了数码寄存器中。若要将存入的数据 **1011** 移出移位寄存器,同样需要加 4 个 CP 脉冲。存入 **1011** 和移出这 4 位数据的时序图如图 3.2.4 所示。

市场上有各种不同功能、不同性能的集成中规模移位寄存器可供用户选择。图 3.2.5 是集成移位寄存器 HCC40194 的内部逻辑电路和引脚排列图。

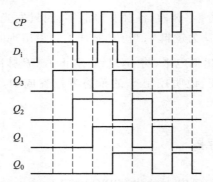

图 3.2.4　存入 **1011** 和移出该数据的时序图

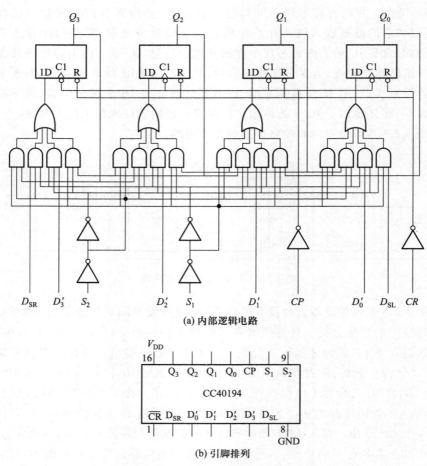

(a) 内部逻辑电路

(b) 引脚排列

图 3.2.5　HCC40194 型中规模集成双向移位寄存器

电路主要由 4 位 D 触发器组成，$\overline{CR}$ 是异步清零控制端。4 位 D 触发器的 D 端信息由一个**与或**门组成的 4 选 1 数据选择器提供，各触发器 D 端的驱动方程是

$$D_0 = \overline{S_2}\,\overline{S_1}Q_0 + \overline{S_2}S_1Q_1 + S_2\overline{S_1}D_{SL} + S_2S_1D_0'$$

$$D_1 = \overline{S_2}\,\overline{S_1}Q_1 + \overline{S_2}S_1Q_2 + S_2\overline{S_1}Q_0 + S_2S_1D_1'$$

$$D_2 = \overline{S_2}\,\overline{S_1}Q_2 + \overline{S_2}S_1Q_3 + S_2\overline{S_1}Q_1 + S_2S_1D_2'$$

$$D_3 = \overline{S_2}\,\overline{S_1}Q_3 + \overline{S_2}S_1D_{SR} + S_2\overline{S_1}Q_2 + S_2S_1D_3'$$

当 $S_2S_1 = \mathbf{00}$ 时，$D_0 = Q_0, D_1 = Q_1, D_2 = Q_2, D_3 = Q_3$，实现保持功能；

当 $S_2S_1 = \mathbf{01}$ 时，$D_0 = Q_1, D_1 = Q_2, D_2 = Q_3, D_3 = D_{SR}$，实现串行右移功能；

当 $S_2S_1 = \mathbf{10}$ 时，$D_0 = D_{SL}, D_1 = Q_0, D_2 = Q_1, D_3 = Q_2$，实现串行左移功能；

当 $S_2S_1 = \mathbf{11}$ 时，$D_0 = D_0', D_1 = D_1', D_2 = D_2', D_3 = D_3'$，实现并行寄存功能。

集成移位寄存器 HCC40194 的功能如表 3.2.1 所示。

表 3.2.1　集成双向移位寄存器 HCC40194 的功能表

输入					输出	功能
$\overline{CR}$	CP	S_2S_1	$D_{SR}D_{SL}$	$D_3D_2D_1D_0$	$Q_3^{n+1}\,Q_2^{n+1}\,Q_1^{n+1}\,Q_0^{n+1}$	
0	×	××	××	××××	**0 0 0 0**	异步清零
1	**0**	××	××	××××	$Q_3Q_2Q_1Q_0$	状态保持
1	↑	**1 1**	××	$D\ C\ B\ A$	$D\ C\ B\ A$	并行输入
1	↑	**0 0**	××	××××	$Q_3Q_2Q_1Q_0$	状态保持
1	↑	**0 1**	D×	××××	$DQ_3Q_2Q_1$	右移（高→低）
1	↑	**1 0**	×D	××××	$Q_2Q_1Q_0D$	左移（低→高）

图 3.2.6 是中规模 8 位移位寄存器 74HC595 的内部逻辑电路。

图 3.2.6 中，左边 8 位寄存器实现移位功能，SHIFT CLOCK（SCK）是移位时钟，RESET（$SCLR$）是异步清零端，SERIAL DATA INPUT（SER）是串行输入数据端，SERIAL DATA OUTPUT 是串行输出数据端。右边 8 位寄存器实现锁存功能，锁存时钟是 LATCH CLOCK（$MCLK$）。电路采用三态门输出，OUTPUT ENABLE 是输出使能端，低电平有效。

利用集成中规模移位寄存器的串入并出、并入串出操作，可以实现信息传输的并行–串行以及串行–并行转换，以适应不同传输速度要求的场合。也可用移位寄存器构成计数器。

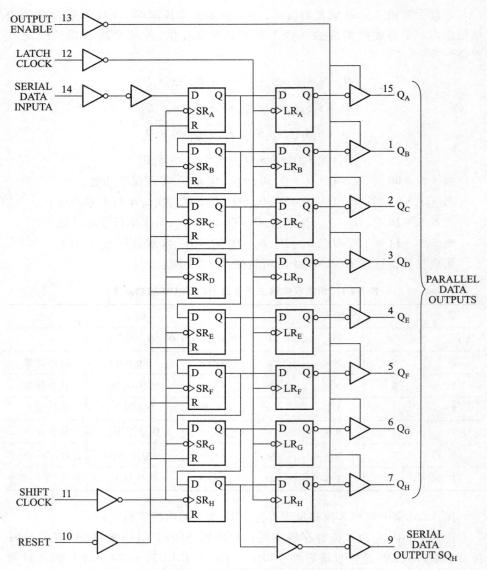

图 3.2.6　74HC595 型中规模集成移位寄存器内部电路

1. 数字延迟线

数字延迟线利用串行送数的方法实现,电路组成框图如图 3.2.7 所示。具体操作是,当 D_{SR} 端送入一个高电平 **1** 以后,每来一个 *CP* 脉冲,高电平 **1** 右移 1 位,即延迟了一个 T_{CP} 周期。*n* 位移位寄存器将可延迟 $(n-1)T_{CP}$ 周期时间。

2. 序列脉冲发生器

将移位寄存器的最低位 Q_0 与串行右移输入端 D_{SR} 相连（或者最高位与串行左移输入端 D_{SL} 相连），如图 3.2.8 所示。然后，用并行寄存数据功能存入所要产生序列脉冲的代码，然后依次加入 CP 脉冲，在序列脉冲输出端将得到所要求的序列脉冲。

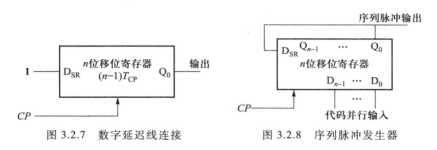

图 3.2.7　数字延迟线连接　　　　图 3.2.8　序列脉冲发生器

3. 串入并出功能的应用

图 3.2.9 是应用 74HC595 控制 16 只发光二极管（LED）的原理图。控制信号仅需 $SCK, SER, MCLR, MCLK$ 共 4 个。

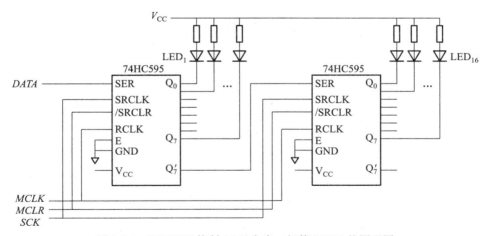

图 3.2.9　74HC595 控制 16 只发光二极管（LED）的原理图

更新 LED 状态的过程如下：

（1）锁存控制脉冲 $MCLK$ 置成无效（恒定高电平或低电平），保持 LED 原状态不变。

（2）将控制各 LED 状态的数据在 SCK 的作用下移入移位寄存器。移入时，先准备好数据，然后发 SCK 移位时钟。

（3）将锁存控制脉冲 *MCLK* 置成有效,将移位寄存器中的值移入锁存器,并通过三态门控制 LED 状态。

（4）锁存控制脉冲 *MCLK* 置成无效,保持 LED 原状态不变。

直接用移位寄存器的并行输出控制 LED,在移位过程中 LED 会产生闪烁,74HC595 中增加一级锁存电路,可以保证移位过程中 LED 的状态不会改变。在控制信号个数不变的条件下,增加一片 74HC595 就可增加 8 位锁存输出,利用移位寄存器的串入并出功能可以很方便地扩展输出端的位数。

可以设想,将二极管以不同的方式排列成一定的图案,控制某些二极管亮或不亮,就能组成简单的彩灯控制电路。

4. 应用移位寄存器构成的乘法器

图 3.2.10 是用移位寄存器构成的 4 位无符号数的二进制乘法器的逻辑电路。

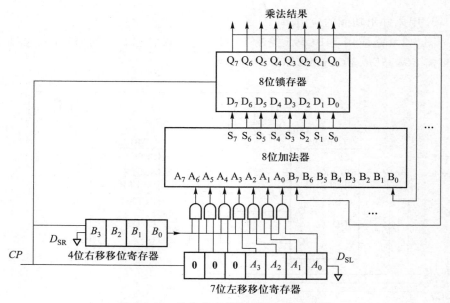

图 3.2.10　移位寄存器构成的 4 位乘法器

由乘法原理可得:

$$Y = A \times B = A \times (B_3 2^3 + B_2 2^2 + B_1 2^1 + B_0 2^0)$$
$$= (A \times 2^0) \times B_0 + (A \times 2^1) \times B_1 + (A \times 2^2) \times B_2 + (A \times 2^3) \times B_3$$

其中,$A \times 2^i$ 等效为 A 左移 i 位。可见,两数相乘可以通过左移相加来实现。

电路的工作原理简述如下:首先,*CP* 脉冲未加入前,将 8 位乘积寄存器置于

初始状态 **00000000**，两个移位寄存器经**与**门后计算 $(A\times 2^0)\times B_0$，8 位二进制加法器计算 $SUM0=(A\times 2^0)\times B_0+$**00000000**，其结果 $SUM0$ 出现在 8 位锁存器的输入端；第 1 个 CP 脉冲加入后，第 1 次的部分乘积 $SUM0$ 被锁存器锁存，乘数和被乘数经 7 个**与**门计算 $(A\times 2^1)\times B_1$，8 位加法器计算后，得到第二次部分乘积 $SUM1=(A\times 2^1)\times B_1+SUM0$；第 2 个 CP 脉冲后，第 2 次部分乘积被锁存，7 个**与**门和两个移位寄存器计算 $(A\times 2^2)\times B_2$，经 8 位加法器计算后，得到第 3 次部分乘积 $SUM2=(A\times 2^2)\times B_2+SUM1$；第 3 个 CP 脉冲后，8 位锁存器锁存 $SUM2$，7 个**与**门和 2 个移位寄存器计算 $(A\times 2^3)\times B_3$，8 位加法器计算 $SUM3=(A\times 2^3)\times B_3+SUM2$；第 4 个 CP 后，8 位锁存器锁存最后一次的部分乘积 $SUM3$，完成一次乘法运算。

5. 应用移位寄存器构成整数除法器

除法是通过一系列的重复减法来完成的。从被除数中不断地减去除数，所减的次数就是商，剩下的值就是余数。余数为零时，能整除；余数不为零时，不能整除。例如十进制数 20 除以 5 时，$20\div 5=20-5-5-5-5=0$ 共减 4 次，故商是 4，余数为 0。

图 3.2.11 是根据上述原理构成的 4 位二进制数除法电路（未考虑符号位）。

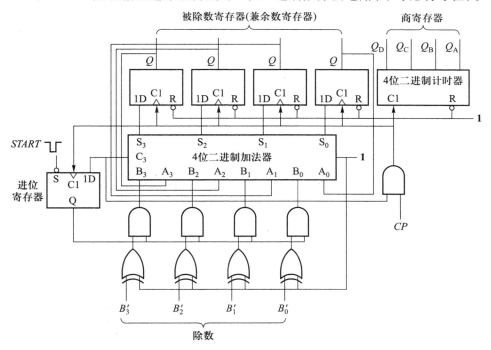

图 3.2.11　4 位二进制数除法电路

被除数寄存器兼作余数寄存器,初始化后存入被除数。将被减数和减数转化成补码(减数求反加 **1**)后,减法运算通过加法实现。图 3.2.11 中**异或**门实现减数的求反,低位进位加 **1** 后实现了求补运算。

图中进位寄存器用以实现除法电路的启动并存储加法器的进位信息 C_3,该信息用以标识被除数(余数)是否还大于除数。进位寄存器和商寄存器的初始状态均为 **0**,减法器的 B 输入为 **0**。开始工作时,启动信号 $START$ 加以负脉冲逻辑电平,使进位寄存器置 **1**,加法器做第一次减法运算,如果被除数 $A_3A_2A_1A_0$ 大于或等于除数,余数为正(或为 0,正好能整除),则进位 C_3 输出高电平 **1**,得到第一次相减的结果 $S_3S_2S_1S_0$,并送至余数寄存器的各 D 输入端。第一个 CP 脉冲到达之后,将第一次相减后的余数存入余数寄存器,商计数器加 **1**。

之后,第一次相减后的余数再减除数。若余数仍大于除数时,C_3 为 **1**,其结果(第二次余数)又送到 4 位二进制加法器的 $S_3 \sim S_0$ 端。第二个 CP 脉冲到达之后,第二次相减后的余数存入余数寄存器,商计数器再加 **1**。

重复上述过程,直至余数小于除数(不能整除),4 位二进制加法器的 C_3 进位输出为低电平 **0**,封锁了 CP 脉冲的加入。此时,商计数器中所累计的次数就是商,而被除数寄存器中保存的数就是余数。

6. 移位寄存器型计数器

图 3.2.12 是用 HCC40194 构成的环形计数器,HCC40194 工作在串入右移状态。

分析移位寄存器型计数器,可根据移位功能直接列出其状态真值表。首先按自然顺序列出所有状态组合,然后求出各状态右移后的次态。例如,当 $Q_3Q_2Q_1Q_0 = $ **1011** 时,时

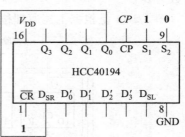

图 3.2.12　HCC40194 构成环形计数器电路

钟脉冲有效后,次态 $Q_3^{n+1}Q_2^{n+1}Q_1^{n+1}Q_0^{n+1} = $ **1101**,完整的状态真值表如表 3.2.2 所示。

表 3.2.2　4 位环形计数器真值表

CP	Q_3	Q_2	Q_1	Q_0	Q_3^{n+1}	Q_2^{n+1}	Q_1^{n+1}	Q_0^{n+1}
↑	**0**	**0**	**0**	**0**	**0**	**0**	**0**	**0**
↑	**0**	**0**	**0**	**1**	**1**	**0**	**0**	**0**
↑	**0**	**0**	**1**	**0**	**0**	**0**	**0**	**1**
↑	**0**	**0**	**1**	**1**	**1**	**0**	**0**	**1**
↑	**0**	**1**	**0**	**0**	**0**	**0**	**1**	**0**

续表

CP	Q_3	Q_2	Q_1	Q_0	Q_3^{n+1}	Q_2^{n+1}	Q_1^{n+1}	Q_0^{n+1}
↑	0	1	0	1	1	0	1	0
↑	0	1	1	0	0	0	1	1
↑	0	1	1	1	1	0	1	1
↑	1	0	0	0	0	1	0	0
↑	1	0	0	1	1	1	0	0
↑	1	0	1	0	0	1	0	1
↑	1	0	1	1	1	1	0	1
↑	1	1	0	0	0	1	1	0
↑	1	1	0	1	1	1	1	0
↑	1	1	1	0	0	1	1	1
↑	1	1	1	1	1	1	1	1

由状态真值表得到状态转换图如图 3.2.13 所示。

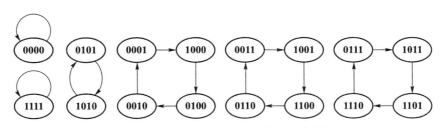

图 3.2.13 图 3.2.12 4 位环形计数器状态转换图

该移位寄存器型计数器共有五个独立循环。若选定其中之一作为主循环,还必须考虑自启动设计。简单的自启动设计是通过并行输入,在上电后将移位寄存器的状态强制置成主循环中的某个状态。但是,在运行过程中,因为干扰等原因,一旦状态跳出主循环,采用这种自启动方法就再也不可能重新回到主循环。

3.3 半导体存储器

数字信号一个很大的优点是信息容易存储,且可以不失真地读出(复原)。

存储大量二进制信息的设备和器件有软磁盘、硬磁盘、磁带机、光盘及半导体存储器等。其中,半导体存储器具有存取速度快、集成度高、体积小、功耗低、容量扩充方便等优点,是微处理器系统中不可缺少的一个部分。半导体存储器通常与微处理器直接相连,用于存放微处理器的指令和数据。微处理器在工作过程中,不断对半导体存储器中的数据进行存取操作。

3.3.1　随机存取存储器(RAM)

随机存取存储器(random access memory,RAM)的功能和操作特点是:① 操作者可以任意选中存储器中的某地址单元,并对该地址单元的信息进行读出操作和写入操作(读/写操作)。读出操作时原信息保留,写入操作时新信息将旧信息取代。② 电路一旦失电,信息消失,恢复供电后,存储器中的原信息(**0** 或 **1**)不能恢复。

一、RAM 的一般结构和读/写过程

1. RAM 的一般结构

图 3.3.1 是随机存取存储器的基本结构图。

存储体:存储体是存放大量二进制信息的"仓库","仓库"由成千上万个存储单元组成,存储单元以二维形式排列。每个存储单元存放着一个二进制字(一个二进制字,可能是 1 位的,也可能是多位的),如图 3.3.2 所示。存储体或RAM 的容量由存储单元的个数和每个存储单元中数据的位数来决定,通常将存

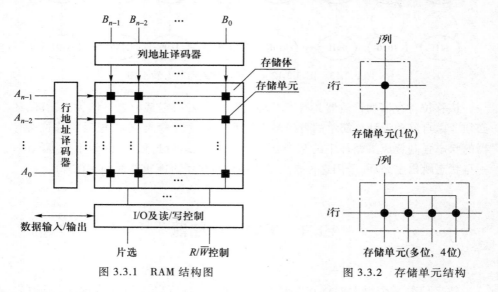

图 3.3.1　RAM 结构图　　　　　图 3.3.2　存储单元结构

储容量表示为字数×位数。例如,一个 10 位地址的 RAM,共有 2^{10} 个存储单元,若每个存储单元存放 1 位二进制信息,则该 RAM 的容量就是 2^{10}(字)×1(位)= 1 024 字位,简称 1 K 字位。

行、列地址译码器:RAM 将地址分成行和列两部分,由行或列地址译码器分别对行或列地址进行译码。行地址译码器决定选通哪一行,列地址译码器决定选通哪一列,行列交叉处决定了选通的存储单元。例如,若存储器总共有 10 位地址,行地址是 **00110**,列地址是 **10000**,则选通第 6 行和第 16 列处的交叉存储单元。

读/写控制及 I/O 缓冲器:读/写控制决定是读出存储体中数据,还是将数据写入存储体中。I/O 缓冲器起数据锁存作用,一般采用三态输出结构,因此它可与外面的数据总线直接连接,方便地实现信息交换和传递。

2. RAM 的读/写过程

读出 RAM 信息和写入新信息的操作过程是:

片选有效。选中某片 RAM,使其处于工作状态。

访问某地址单元的地址码有效,使行、列地址译码器的某些输出为高电平,另一些为低电平,以此选通读/写存储单元。

进行读/写操作。当 $R/\overline{W}$ 为高电平 **1** 时,对 RAM 中的信息进行读出操作;$R/\overline{W}$ 为低电平 **0** 时,RAM 将写入新的信息内容。

二、RAM 中的存储单元

按照存储数据的方式不同,RAM 存储单元可分为静态存储单元和动态静态存储单元两种。

1. 静态存储单元(SRAM)

图 3.3.3 是 NMOS 六管静态存储单元(static memory)电路。其中,T_3、T_4 构成一个基本 RS 触发器,是主存储电路,T_1、T_2 分别是 T_3、T_4 的漏极负载。门控管 T_5、T_6 受行地址译码器输出的行选线控制,并与位线(数据线)相连。门控管 T_7、T_8 受列地址译码器控制。T_7、T_8 串联在位线中,与输入输出电路相连接。

写入信息之前,存储单元中的信息内容是随机的(**0** 或 **1**)。假定要写入信息 **1**,则① 地址有效,对应存储单元的行地址译码器输出 X 和列地址译码器输出 Y 同时为高电平,T_5、T_6、T_7、T_8 导通;② 片选控制有效(低电平 **0**),读/写控制线 $R/\overline{W}$ 为写入有效(低电平 **0**),此时 G_4 输出低电平,G_5 输出高电平,三态输出门 G_2、G_3 为工作状态,G_1 处于高阻态;③ 假定输入数据 D_i 是高电平 **1**,D_i 经过 G_2、G_3 两个三态门以及导通的 T_7、T_8、T_5、T_6,使 Q 为高电平 **1**,$\overline{Q}$ 为低电平 **0**。信息 **1** 就写入了存储单元之中。

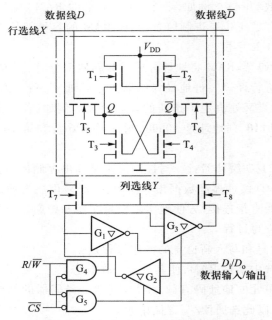

图 3.3.3　NMOS 静态存储单元和读/写控制

当要读出某个存储单元的内容时,只要在地址和片选信号有效后,读/写控制端置为读有效($R/\overline{W}$高电平 **1**),此时三态门 G_2、G_3 处于高阻态,三态门 G_1 为工作状态,RS 触发器中的数据经 T_5、T_7、G_1 读出。

在 RAM 的读/写控制电路中,通过三态门的作用,实现了数据线输入输出复用。若读/写控制电路中的片选信号$\overline{CS}$无效(为高电平),则 G_1、G_2 均为高阻态,此时存储单元的数据线悬空,呈现高阻态。利用这个特性,RAM 的数据输出可以直接与数字系统的数据总线相连,方便地实现数据信息的传送。

除上述 NMOS 结构的静态存储单元外,还有 CMOS 结构和双极型结构的静态存储单元。其中,CMOS 结构 SRAM 的特点是存储容量大,功耗相对较低;双极型结构 SRAM 的特点为存取速度快。详细内容可参阅相关文献。

2. 动态存储单元(DRAM)

静态 RAM 存储单元的主要缺点是存在静态功耗。图 3.3.3 中,即使不对某个存储单元进行读/写操作,T_3、T_4、T_1、T_2 构成的主存储电路仍需消耗一定的电能,几万个存储单元的静态功耗就是一个很大的数目。正是这个缺点,导致 SRAM 的容量不可能做得很大。

后来出现了利用 MOS 管的栅极高阻抗及栅极电容来存储信息的动态

RAM。由于消除了静态功耗,存储容量可做得更大。在 1990 年就已经出现 4 M 字位容量的动态 RAM(4 M 字位 = 4 194 304 = 2^{22})。常见的动态 RAM 存储单元有四管、三管和单管等电路结构。

图 3.3.4 是一个四管动态 RAM 存储单元电路。电路中的 C_1、C_2 是 MOS 管栅极输入电容,C_1、C_2 上的电荷量决定着保存的二进制信息,T_1、T_2 栅极和漏极互连,锁存住该二进制值。当 C_2 被充电,C_1 不充电时,保存的二进制值为 **1**,反之为 **0**。当没有读/写信号时,T_3、T_4 不导通,T_1、T_2 与电源隔离,不消耗任何电能,故动态 RAM 存储单元的静态功耗极小。图中 C_{01}、C_{02} 是位线上的分布电容,其电容量远大于 C_1、C_2。

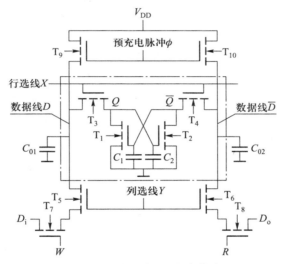

图 3.3.4 四管动态 RAM 存储单元

动态 RAM 存储单元的读/写操作过程分三步:

(1)访问某存储单元的地址有效,即行选线 X、列选线 Y 都为高电平 **1**。

(2)片选有效。

(3)发出读/写控制信号,进行读/写操作。

如果动态 RAM 存储单元中原有信息为 $Q = 0$,$\overline{Q} = 1$,则读出操作过程为:行选线 X、列选线 Y 有效(高电平 **1**),读出控制端有效(即 $R = 1$,$W = 0$)。此时,电路中的 MOS 管 T_3、T_4、T_6、T_8 导通,MOS 管 T_7 截止。所以,C_1 上的信息($\overline{Q} = 1$)经导通的 T_4、T_6、T_8 读出。

写入信息时(假定原信息为 **0**,写入信息为 **1**),行选线 X 和列选线 Y 有效(高电平 **1**),写入控制端有效(即 $R = 0$,$W = 1$)。此时,T_3、T_4、T_5、T_7 导通,T_8 截止,

D_i 端的信息 **1** 经导通的 T_7、T_5、T_3 对 C_2 电容充电。同时，T_2 导通，使 C_1 放电，T_1 截止。因此，Q 端为高电平 **1**，$\overline{Q}$ 为低电平 **0**，信息 **1** 写入存储单元中。如果写入的信息是 **0**，则原 C_1、C_2 上的电荷保持。

动态 RAM 存储单元中的信息靠电容上存储的电荷保存，而电容上的电荷不可避免地会因放电而损失，一旦损失过多就造成存储数据的丢失。动态 RAM 补充电荷的过程称为"刷新"或"再生"（reflash）。"刷新"过程如下：

T_9、T_{10} 是同一列中共用的预充电管。在每次读出操作之前，加预充电脉冲，即 φ 为高电平 **1**，MOS 管 T_9、T_{10} 导电，位线上的 C_{01}、C_{02} 电容充电至电源电压 V_{DD}。预充电脉冲消失后，C_{01}、C_{02} 电容上的电荷保持。然后进行读出操作，行选线 X、位选线 Y 为高电平，读出控制有效。如果单元中原信息 $Q = 0$，$\overline{Q} = 1$，说明 T_1 导通、T_2 截止，C_1 电容上有电荷，C_2 无电荷。此时位线上 C_{01} 电容的电荷经导通的 T_3、T_1 放电至 0，而 C_{02} 电容上的电荷经导通的 T_4 对电容 C_1 进行补充充电（刷新），结果读出的信息仍然是 $\overline{Q} = 1$，$Q = 0$。反之，若存储单元中原信息为 **1**，则电容 C_2 上有电荷，C_1 无电荷，T_2 导通，T_1 截止。读出时，电容 C_{02} 经导通的 T_4、T_2 放电，C_{01} 将对 C_2 补充充电（刷新），读出的信息为 $\overline{Q} = 0$，$Q = 1$。

实际操作时，在每进行一次读出操作之前，必须对动态 RAM 存储单元进行一次刷新。这样既可以保证读到幅度较大的数据信号，又能对 C_1 或 C_2 进行补充充电。

三、SRAM 容量的扩展

SRAM 通常与各种微处理器直接相连。微处理器的数据总线宽度一般为 8 位、16 位或 32 位等，地址线宽度一般是 16 位或 24 位等。当 SRAM 的数据线宽度和地址线宽度不符合微处理器的要求时，可采用扩展的方法加以解决。

1. 位扩展

例如，RAM 2114 是一个 1 024×4 字位（4 K 字位）容量的 SRAM。它有 10 根地址线，每个地址对应的存储单元存放着 4 位宽度的一个字。图 3.3.5 是 RAM 2114 的引脚图和功能说明。

如要将 RAM 2114 扩展成一个 1 024×8 字位容量（8 K 字位）的 RAM，由于地址宽度不变，只需进行位扩展。扩展后的存储容量和单片 RAM 2114 的容量之比是（1 024×8）/（1 024×4）= 2，因此需要选用两片 RAM 2114。

将两片 RAM 2114 的地址线并联在一起，片选控制 $\overline{CS}$ 连在一起，读/写使能控制线连在一起，然后把第一片 RAM 的 4 位数据线作扩展后的低 4 位，第二片的 4 位数据线作为扩展后的高 4 位，组成扩展后的 8 位数据线。图 3.3.6 是扩展后的电路连接。

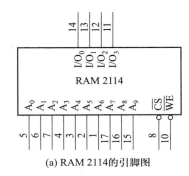

地址	$\overline{CS}$	$\overline{WE}$	$I/O_3 \sim I/O_0$
有效	1	×	高阻态
有效	0	1	输出
有效	0	0	输入

(a) RAM 2114的引脚图　　　　　　　(b) 功能表

图 3.3.5　RAM 2114

2. 字(地址)扩展

若需要用 RAM 2114 扩展成 2 048×4 字位容量(8 K 字位)的 RAM,数据宽度不变,地址线由 10 位(1 024 = 2^{10})变成 11 位(2 048 = 2^{11})。

字扩展电路如图 3.3.7 所示。将 2 片 RAM 2114 的低 10 位地址线并联在一起,读/写使能控制线连在一起。第 11 位地址 A_{10} 和 $\overline{A}_{10}$ 分别作为两片 RAM 2114 的片选端,保证两片 RAM 不同时选通。由于 RAM 2114 数据线采用三态输出方式,当两片 RAM 2114 不同时选通时,它们的数据线就可以并接在一起。

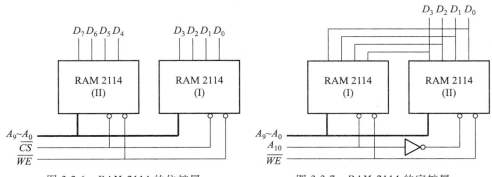

图 3.3.6　RAM 2114 的位扩展　　　　　　图 3.3.7　RAM 2114 的字扩展

当 $A_{10} = 0$ 时,RAM(Ⅰ)工作,地址范围为

$$A_{10}A_9 \cdots A_1A_0 = (00000000000)_2 \sim (01111111111)_2 = (000)_H \sim (3FF)_H$$

当 $A_{10} = 1$ 时,RAM(Ⅱ)工作,地址范围为

$$A_{10}A_9 \cdots A_1A_0 = (10000000000)_2 \sim (11111111111)_2 = (400)_H \sim (7FF)_H$$

3. 字位扩展

假定仍用 RAM 2114,要求将其扩展成 4 096×8 字位的容量(32 K 字位)。

扩展后存储器的数据线宽度是 8 位,地址线宽度是 12 位($4\,096 = 2^{12}$)。扩展存储容量和单片 RAM 2114 的容量之比是($4\,096 \times 8$)/($1\,024 \times 4$)$= 8$,因此需要选用八片 RAM 2114。

　　每两片 RAM 2114 编成一组实现位扩展,将 4 位数据线宽度扩展成 8 位,八片 RAM 2114 共分 4 组。字扩展或地址扩展由译码器实现,高 2 位地址(A_{11} 和 A_{10})经过 2-4 译码器译码后的 4 个输出分别选通 4 组 RAM 2114。扩展后的电路如图 3.3.8 所示。

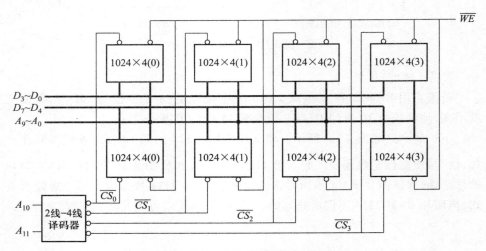

图 3.3.8　RAM 2114 扩展成 4 096×8 字位

3.3.2　只读存储器(ROM)

一、只读存储器的结构及基本电路

　　半导体只读存储器(ROM)中的信息一旦写入,只能读出。即使掉电,原存储内容仍然不变。图 3.3.9 是 ROM 的基本结构。图 3.3.10 是一个 4×4 字位容量的只读存储器,图(a)为电路图,图(b)为位线 D_0 的**或**门结构,即 $D_0 = W_0 + W_2 + W_3$。

　　当 $A_1 A_0 = 00$ 时,译码输出 $W_0 = 1$,$W_1 = W_2 = W_3 = 0$,数据 $D_3 D_2 D_1 D_0$ 的值由数据线与 W_0 的连接关系确定。W 与 D 之间有二极管连接时,$D = 1$,否则 $D = 0$。图 3.3.10 结构中不同地址存储的信息内容如表 3.3.1 所示。

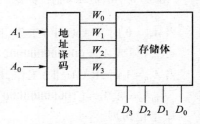

图 3.3.9　ROM 的基本结构

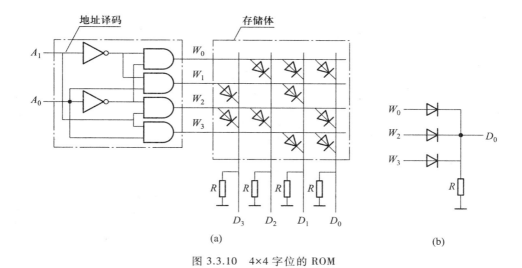

图 3.3.10 4×4 字位的 ROM

表 3.3.1 4×4 ROM 地址和内容对应关系

A_1	A_0	$W_3 W_2 W_1 W_0$	D_3	D_2	D_1	D_0
0	0	0 0 0 1	0	1	1	1
0	1	0 0 1 0	1	0	1	0
1	0	0 1 0 0	1	1	0	1
1	1	1 0 0 0	0	0	1	1

观察 ROM 电路结构,ROM 中的存储体与 RAM 的不完全一样,ROM 没有输入输出控制及输入输出缓冲级,结构相对简单。

ROM 结构中包含不可编程与阵列及可编程或阵列。其中,**与**阵列由译码器构成,N 位地址 ROM 的**与**阵列共有 2^N 个**与**项(在这里称为"字")。每个**与**项对应地址输入的一个最小项,且不可编程。存储矩阵部分构成了可编程**或**阵列,每个**或**门的输出在此称为"位"。ROM 的**或**阵列在器件制造时进行固定编程或由用户编程。图 3.3.11 是 4×4 字位 ROM 器件的简化逻辑图。

二、只读存储器 ROM 的种类

ROM 中的**与**阵列对地址进行完全译码,一般不可编程。而**或**阵列(存储体内容)可由用户编程(设置)。根据不同半导体制造工艺,**或**阵列的编程方式有多种,按照 ROM 的编程工艺,存储器 ROM 可分为:

115

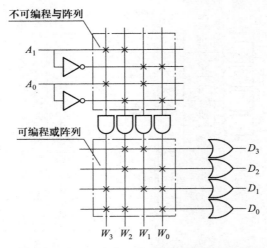

图 3.3.11　4×4 字位 ROM 器件的简化逻辑图

1. 掩膜型只读存储器

存储矩阵中相应字位线交叉处用掩膜技术制作或不制作半导体器件,使得出厂时,该只读存储器 ROM 内容就固定不变,只能读出。图 3.3.10 所示由二极管构成的只读存储器就属于这种 ROM。

2. 可一次编程(改写)的只读存储器(PROM)

图 3.3.12(a)是熔丝式 ROM,出厂时所有熔丝都存在,存储器中的内容全为 **1**。如果需要将某一交点上的内容改写为 **0**,则在编程时对它加大电流脉冲将其中的熔丝熔断,而正常工作电流不会烧断熔丝。由于熔丝的不可逆转性,熔丝式ROM 只能实现一次性编程。

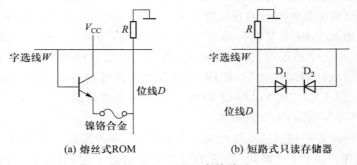

(a) 熔丝式ROM　　　　　　　　(b) 短路式只读存储器

图 3.3.12　PROM 存储单元

图 3.3.12(b)是短路式只读存储器。出厂时每个交叉点的两只二极管背靠

背,不能导电,存储器中的内容全为 **0**。如果需要将某一交点上的内容改写为 **1**,则在编程时对它加脉冲将反向二极管击穿即可。

3. 紫外线擦除式可编程只读存储器(UVEPROM)

位于 UVEPROM(简称 EPROM)存储单元字位线交叉点上的半导体器件采用叠栅注入型 MOS 管(satcked-gate injunction MOS,SIMOS)。

图 3.3.13 是 SIMOS 管。它有两个栅极,栅极 G_1 埋置在 SiO_2 层中,与外界没有电气接触,完全浮置;栅极 G_2 引出,作为控制栅极,与普通 MOS 管栅极作用相同。SIMOS 管控制作用的基本思路是:① 设法让浮置栅极带上电荷,并能控制该电荷的释放。② 当浮栅带上电荷后,正常情况下该电荷能在 G_1 上长期保留,并使 SIMOS 管的开启电压升高。当浮栅电荷释放后,开启电压恢复正常。这样,当浮栅 G_1 不带电荷时,栅极 G_2 加上正常开启电压,SIMOS 管即导通;当浮栅 G_1 带上电荷,栅极 G_2 加上正常开启电压,此时由于 SIMOS 管的开启电压已升高,SIMOS 管仍然不能导通。也就是说,浮栅 G_1 带电与否决定了存储单元字位线交叉点的连接状态。

为了使浮栅 G_1 带上电荷,必须在栅极 G_2 和漏极 D 同时加上编程电压(根据 EPROM 的生产工艺不同,编程电压 V_{PP} 为 12.5~25 V),同时在控制栅极 G_2 加编程电压脉冲。这样,在 SiO_2 层下面的两个 N^+ 区就会感应出电子层,电子层中一些能量较大的电子会穿越 SiO_2 达到栅极 G_1,此过程称为 G_1 俘获电子,G_1 带上负电。所加编程电压越高,达到浮栅 G_1 上的电子就越多,浮栅 G_1 电压就越负,开启电压也升得越高。为了将浮栅 G_1 上的电荷释放,可以用紫外线或 X 射线照射 SIMOS 管的栅极氧化层,使 SiO_2 层中产生电子-空穴对,让已进入 G_1 的电子释放,使 SIMOS 管的开启电压恢复正常。

图 3.3.14 是 EPROM 存储单元。器件刚买来时,第一栅极都不带有电子,所以当字选线 W_i 为高电平后,SIMOS 管导通,位线上信息为 **0**,而输出为 **1**。因此,这种结构的 EPROM 在未进行编程时,其中的信息都为 **1**。

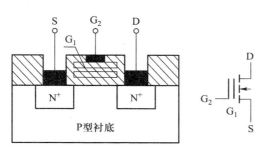

图 3.3.13　SIMOS 管的结构和符号

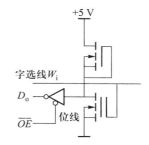

图 3.3.14　EPROM 存储单元

　　若要将某单元内容改写成 **0**,一般是通过硬件编程器产生编程电压和编程高压脉冲,使该单元的 SIMOS 管浮栅 G_1 带上电子,使它的开启电压升高。当字选线 W_i 为高电平后,SIMOS 管截止,数据输出 D_0 为 **0**。如果要对一片已写好的 EPROM 进行第二次改写,则应先将第一次写入的内容全部擦除,使 EPROM 内容重新都恢复为默认的 FFH。为了方便 EPROM 的擦除,EPROM 芯片的中央开有一个石英窗口,擦除时只需将紫外线对准此窗口照射 20 min 左右即可。当 EPROM 中的内容写好之后,为了防止空气中的紫外线擦除芯片内的数据,应该用黑色胶布将芯片上的石英窗口封住。

　　与 PROM 相比,EPROM 可以多次编程,编程次数一般可达 100 次。

　　4. 电擦除式可编程只读存储器(EEPROM)

　　位于 EEPROM(electronic erasable PROM,或称为 E^2PROM)存储单元字位线交叉点上的半导体器件采用了浮栅隧道氧化层 MOS 管(floating-gate tunnel oxide MOS,写作 Flotox,以下简称隧道 MOS 管)。

　　隧道 MOS 管的结构和符号如图 3.3.15 所示。隧道 MOS 管和 SIMOS 管相似,设计思路也相同,目的是使浮栅 G_1 带上电荷或不带电荷。其区别在于隧道 MOS 管在浮栅和漏极区之间有一个厚度极薄的区域,称之为"隧道区"。为了使浮栅 G_1 带上电荷,只需将漏极接地,栅极 G_2 加上编程电压。由于隧道区极薄,只需加上不高的电压,在该区就会产生一个极强的电场,电子在电场的作用下通过绝缘层到达浮栅,使浮栅 G_1 带上负电荷。与 SIMOS 管不同,当要使浮栅 G_1 电荷释放或实现擦除操作时,只要将栅极接地,漏极加上编程电压,由于电场方向相反,浮栅中的电荷将得以释放。

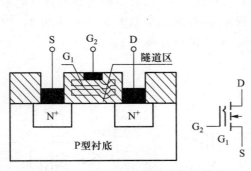

图 3.3.15　隧道 MOS 管的结构和符号

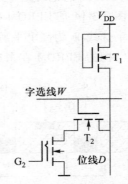

图 3.3.16　EEPROM 存储单元

　　为提高擦除和写入的可靠性,同时保护隧道区的超薄氧化层,EEPROM 存储单元由隧道 MOS 管和一只普通 MOS 管串接而成,如图 3.3.16 所示。当字线选中(处于高电平)该存储单元后,且栅极 G_2 加上正常开启电压,若隧道 MOS 管原先浮栅不带电荷,则 T_1、T_2 均导通,输出为低电平 **0**;若隧道 MOS 管浮栅原带有电荷,则 T_1、T_2 截止,位线受上拉电阻影响输出高电平 **1**。

与 EPROM 相比,EEPROM 有如下优点:① EEPROM 的擦除只需电信号(高压编程电压和高压脉冲),且擦除速度快。例如,Intel 公司的 2816 EEPROM,其容量为 2 K×8 字位,擦除时间仅为 250~450 ns。② EEPROM 可以单字节擦除或改写,而 EPROM 只能整片擦除。为了使用方便,制造 EEPROM 时,通常将擦除/写入所需的高压编程脉冲发生电路、编程控制电路和存储电路做在同一块芯片上,有的甚至集成了一个 5 V 至编程电压 V_{PP} 的升压电路。因此,EEPROM 既具有 ROM 器件的非易失性优点,又具备类似 RAM 器件的可读/写功能(只不过写入速度相对较慢),使用的方便程度几乎和 RAM 一样。

5. 快闪存储器(flash memory)

制作在 flash memory 存储单元字位线交叉点上的半导体器件与 SIMOS 管类似,如图 3.3.17 和图 3.3.18 所示,与 SIMOS 管的区别在于:① 浮栅至衬底间的氧化层厚度更薄;② 在源区采用双级扩散技术。

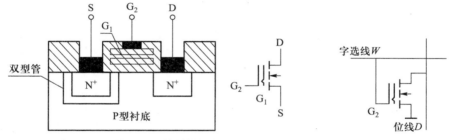

图 3.3.17 快闪叠栅管结构和符号 　　　　图 3.3.18 快闪存储单元

flash memory 的编程采用了与 EPROM 相类似的机理。在漏源之间加上几十伏高压编程脉冲,在沟道中产生足够强的电场,造成雪崩,使电子加速进入浮栅,从而使浮栅带上负电荷。其擦除机理与 EEPROM 相似,利用了"电子隧道效应"。将控制栅极 G_2 接地,源极加上编程脉冲,在浮栅与源极区间的重叠部分产生"隧道效应",使浮栅电荷得以泄放。

flash memory 与 EEPROM 相比,其优点为每个存储单元只需单个 MOS 管,因此其结构比 EEPROM 更加简单,存储容量可以做得更大,现在已有单片容量为 20 M×1 字位闪存。其缺点为不能像 EEPROM 那样实现单字节擦除或改写,一般只能分页(根据器件容量大小,一页大小为 128、256、512、64 K 字节不等)擦除或改写。

三、只读存储器及应用举例

双列直插封装的 EPROM 2716 引脚信号分配如图 3.3.19 所示。

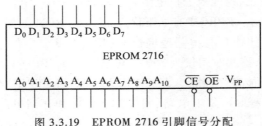

图 3.3.19　EPROM 2716 引脚信号分配

EPROM 2716 具有 11 根地址线 $A_0 \sim A_{10}$，8 位数据线 $D_0 \sim D_7$，存储容量为 $2^{11} \times 8 = 2\,018 \times 8$ 字位（或 2 K×8 字位）。EPROM 2716 有六种工作状态，如表 3.3.2 所示。

表 3.3.2　EPROM 2716 工作状态

工作状态 ＼ 引脚电平	$\overline{CE}$	$\overline{OE}$	V_{PP}	V_{DD}	$D_7 \sim D_0$
读出	**0**	**0**	+5 V	+5 V	读出
未选中	**1**	**1**	+5 V	+5 V	高阻
等待	**1**		+5 V	+5 V	高阻
编程写	50 ms 脉冲	**1**	+25 V	+5 V	写入
校验	**0**	**0**	+25 V	+5 V	读出
编程禁止	**0**	**1**	+25 V	+5 V	高阻

只读存储器除用于存储数据之外，还可以实现组合逻辑电路。逻辑函数反映的是输出逻辑变量与输入逻辑变量之间的对应关系，可用真值表完整描述逻辑功能。只读存储器反映的是数据输出和地址输入之间的对应关系。用只读存储器实现组合逻辑电路时，只需将逻辑电路的输出映射成存储器的数据输出，逻辑电路的输入映射成存储器的地址输入，存储内容则由真值表值决定。

【例 3.3.1】　用 EPROM 2716 将 4 位二进制码转换为格雷码。

解：将 4 位二进制码输入映射成 EPROM 2716 的低 4 位地址输入，4 位格雷码输出映射成 EPROM 2716 的低 4 位数据输出。同时将 4 位二进制码和格雷码之间的真值表值写入 EPROM 2716。

4 位二进制码、4 位格雷码之间的真值表和 EPROM 2716 输入地址、相应地址内容之间的关系如表 3.3.3 所示。

表 3.3.3 二进制码与格雷码转换真值表及地址和对应内容的关系

| 4 位二进制码和格雷码转换真值表 | | EPROM 2716 存储内容 | |
| 二进制输入 | 格雷码输出 | 地址输入 | 数据输出 |
$B_3B_2B_1B_0$	$A_3A_2A_1A_0$	$A_{10} \sim A_0$	$D_7 \sim D_0$
0000	0000	000H	0000
0001	0001	001H	0001
0010	0011	002H	0011
0011	0010	003H	0010
0100	0110	004H	0110
0101	0111	005H	0111
0110	0101	006H	0101
0111	0100	007H	0100
1000	1100	008H	1100
1001	1101	009H	1101
1010	1111	00AH	1111
1011	1110	00BH	1110
1100	1010	00CH	1010
1101	1011	00DH	1011
1110	1001	00EH	1001
1111	1000	00FH	1000

硬件电路连接如图 3.3.20 所示。

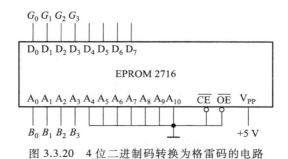

图 3.3.20 4 位二进制码转换为格雷码的电路

121

【**例 3.3.2**】　许多数字系统都采用点阵式的字符显示器,如商业广告、车站和码头的大型显示屏等。试用 EPROM 2716 设计能显示"日"字的字符发生器。

解:"日"字的 8×8 点阵式显示板如图 3.3.21(a)所示。显示采用自上而下的逐行扫描方式进行。"日"字编码结果(假定左边高位)是:第 1 行 00H,第 2 行 7EH,第 3 行 42H,第 4 行 42H,第 5 行 7EH,第 6 行 42H,第 7 行 42H,第 8 行 7EH。为了能不断自动显示"日"字,只要在 EPROM 2716 的 0~7 个地址顺序写入"日"字编码,并将它们循环送出显示,图 3.3.21(b)是字符发生器"日"的具体电路。计数器实现八进制计数功能,使得 EPROM 2716 地址循环增加,把各位地址中的内容送出。3 线-8 线译码器实现对点阵式显示板的行扫描功能,计数器为 **000** 时,译码器输出 $X_0 = 0$,其余各位为 **1**,即扫描第 1 行;计数器为 **001** 时,译码器输出 $X_1 = 0$,其余各位为 **1**,即扫描第 2 行;…;计数器为 **111** 时,译码器输出 $X_7 = 0$,其余各位为 **1**,即扫描第 8 行,完成一个循环。

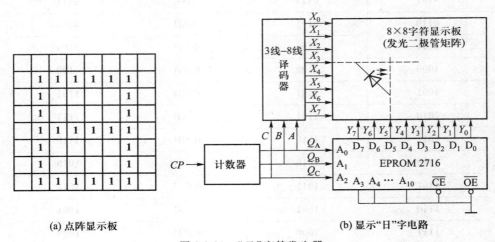

(a) 点阵显示板　　　　　　　　　　(b) 显示"日"字电路

图 3.3.21　"日"字符发生器

习　题　3

题 3.1　由**或**非门构成的基本 *RS* 锁存器如题图 3.1 所示,已知输入信号 R_D、S_D 的波形,试画出触发器输出端 Q、$\overline{Q}$ 的波形,并说明基本 *RS* 锁存器对输入信号约束的必要性(假定锁存器的初始状态为 **0**)。

题 3.2　电路如题图 3.2 所示。已知 *A*、*B* 波形,判断 *Q* 的波形应为(a)、

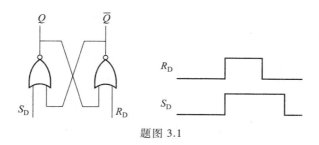

题图 3.1

（b）、（c）、（d）中的哪一种。假定锁存器的初始状态为 **0**。

题 3.3　题图 3.3 是应用基本 *RS* 锁存器消除机械开关弹跳的逻辑电路,试说明其工作原理并体会锁存器的保持功能。

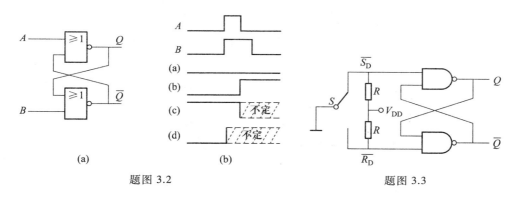

题图 3.2　　　　　　　　　　　　　　题图 3.3

题 3.4　电路如题图 3.4 所示。能实现 $Q^{n+1} = \overline{Q^n}$ 逻辑功能的是哪些电路?

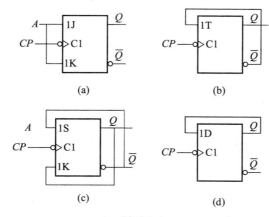

题图 3.4

题 **3.5**　在钟控 RS 锁存器（图 3.1.5（a）所示）中，S、R、CP 端加入如题图 3.5 所示波形，试画出 Q 端的波形（设初态为 **0**）。

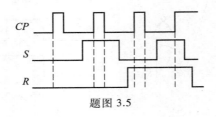

题图 3.5

题 **3.6**　电路如题图 3.6 所示，能实现 $Q^{n+1} = \overline{Q^n} + A$ 逻辑功能的是哪些电路？

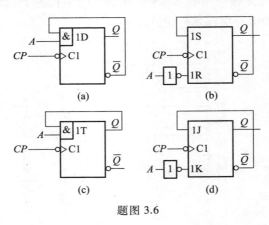

题图 3.6

题 **3.7**　根据题图 3.7 所示电路及 A、B、C 波形，画出 Q 的波形（设触发触器初态为 **0**）。

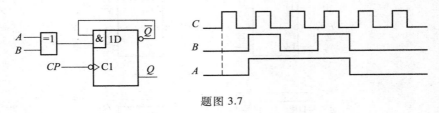

题图 3.7

题 **3.8**　试画出 D 触发器、JK 触发器、T 触发器的状态转换图。

题 **3.9**　设题图 3.9 中各个边沿触发器初始状态皆为 **0**，试画出连续六个时钟周期作用下，各触发器 Q 端的波形。

题 **3.10**　由下降沿触发的 JK 触发器组成的电路及其 CP、J 端输入波形如题图 3.10 所示，试画出 Q 端的波形（设初态为 **0**）。

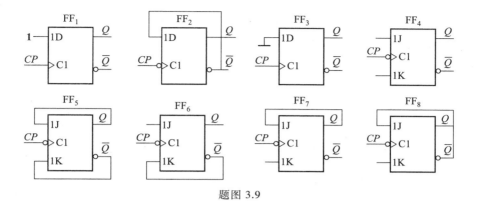

题图 3.9

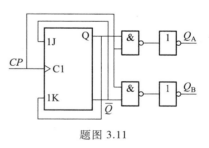

题图 3.10

题 3.11 题图 3.11 所示电路为 CMOS JK 触发器构成的双相时钟电路,试画出电路在 CP 作用下,Q_A 和 Q_B 的波形(设初态为 **0**)。

题 3.12 由维阻 D 触发器和边沿 JK 触发器组成的电路如题图 3.12(a)所示,各输入端波形如图(b)所示。当各触发器的初态为 **0** 时,试画出 Q_1 和 Q_2 端的波形,并说明此电路的功能。

题图 3.11

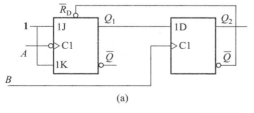

(a)

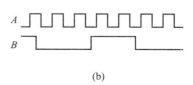

(b)

题图 3.12

125

题 3.13　题图 3.13 所示电路为由 CMOS D 触发器构成的三分之二分频电路（即在 A 端每输入三个脉冲，在 Z 端就输出两个脉冲），在给出 A 端输入的脉冲波形下，试画出电路在 CP 作用下，Q_1、Q_2、Z 各点波形（设初态 $Q_1 = Q_2 = 0$）。

题 3.14　TTL 主从 JK 触发器 J、K 端波形如题图 3.14 所示，试画出 Q_A（主触发器输出）及 Q_B（从触发器输出端）的波形（设初态为 **1**）。

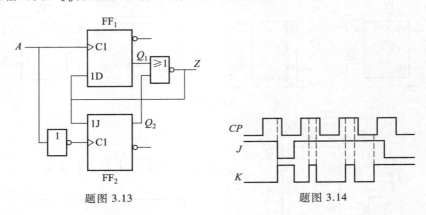

题图 3.13　　　　　　　　　　题图 3.14

题 3.15　试用一个 CMOS D 触发器、一个**与**门及两个**或非**门构成一个 JK 触发器。

题 3.16　由下降沿触发的 JK 触发器组成的电路及 CP、A 的波形如题图 3.16 所示，试画出 Q_A 和 Q_B 的波形（设 Q_A 的初始状态为 **0**）。

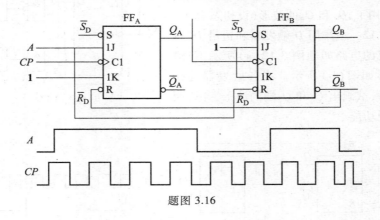

题图 3.16

题 3.17　由 D 触发器和下降沿触发的 JK 触发器构成的电路及 CP、$\overline{R_D}$ 和 D 的波形如题图 3.17 所示，试画出 Q_1 和 Q_2 的波形。

题 3.18　试用下降沿触发的 JK 触发器和**与或非**门构成一个 4 位数码并行

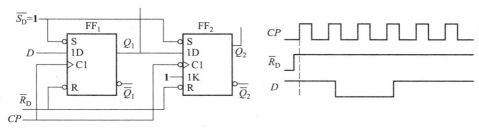

题图 3.17

寄存器和一个 4 位数码串行输入右移移位寄存器。

题 3.19 题图 3.19 是一个实现串行加法的电路图,被加数 **11011** 及加数 **10111** 已分别存入两个 5 位被加数和加数移位寄存器中。试分析并画出在六个时钟脉冲作用下全加器输出 S_i 端、进位触发器 Q 端以及和数移位寄存器中左边第 1 位寄存单元的输出波形(要求时间一一对应)。

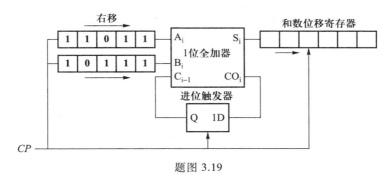

题图 3.19

题 3.20 静态 RAM 与动态 RAM 在存储容量、存取速度、功耗和价格上相比,各有什么特点?

题 3.21 将包含有 32 768 个基本存储单元的存储电路连接成 4 096 字节的 RAM,则:

(1) 该 RAM 有几根数据线?

(2) 该 RAM 有几根地址线?

题 3.22 RAM 的容量为 256×4 字位,则

(1) 该 RAM 有多少个存储单元?

(2) 该 RAM 每次访问几个基本存储单元?

(3) 该 RAM 有几根地址线?

题 3.23 试用 256×4 字位的 RAM,用位扩展的方法组成一个 256×8 字位的

RAM,请画出电路图。

题 3.24　C850 是 64×1 字位容量的静态 RAM,若要用它扩展成一个字位容量的 RAM,需要几块 C850? 画出相应的电路图。

题 3.25　按照编程工艺的不同,只读存储器大致可分为哪几类? 各有什么特点?

题 3.26　设某个只读存储器由 16 位地址构成,地址范围为 0000 ~ FFFF(16 进制)。现将它分为 RAM、I/O、ROM_1 和 ROM_2 等四段,且各段地址分配为 RAM 段:0000 ~ DFFF;I/O 段:E000 ~ E7FF;ROM_1 段:F000 ~ F7FF;ROM_2 段:F800 ~ FFFF。试:

(1) 设 16 位地址标号为 $A_{15}A_{14}\cdots A_1A_0$,则各存储段内部仅有哪几位地址值保持不变?

(2) 根据高位地址信号设计一个选择存储段的地址译码器。

题 3.27　利用数据选择器和数据分配器的原理,将两只 64×8 字位容量的 ROM 分别变换成一只 512×1 字位和一只 256×2 字位的 ROM。

题 3.28　有两块 16 KB(2 048×8 B)的 ROM,试用它们构成:

(1) 32 KB(4 096×8 B)的 ROM。

(2) 32 KB(2 048×16 B)的 ROM。

题 3.29　已知某 8×4 字位 PROM 的地址输入为 A_3、A_2、A_1、A_0,数据输出为 D_3、D_2、D_1、D_0,且对应地址中存放数据如题表 3.29 所示,试求出各数据输出关于地址输入的逻辑函数表达式。

题表 3.29

A_3	A_2	A_1	A_0	D_3	D_2	D_1	D_0	A_3	A_2	A_1	A_0	D_3	D_2	D_1	D_0
0	0	0	0	0	0	1	1	1	0	0	0	1	0	1	1
0	0	0	1	0	1	0	0	1	0	0	1	1	1	0	0
0	0	1	0	0	1	0	1	1	0	1	0	1	1	0	1
0	0	1	1	0	1	1	0	1	0	1	1	1	1	1	0
0	1	0	0	0	1	1	1	1	1	0	0	1	1	1	1
0	1	0	1	1	0	0	0	1	1	0	1	0	0	0	0
0	1	1	0	1	0	0	1	1	1	1	0	0	0	0	1
0	1	1	1	1	0	1	0	1	1	1	1	0	0	1	0

题 3.30　试用 PROM 设计一个 2 位二进制数的乘法器。设被乘数为 A_1、A_0,乘数为 B_1、B_0,乘积为 P_3、P_2、P_1、P_0。试问:

（1）PROM 的容量应该为多少字位？

（2）画出 PROM 实现该乘法器的编程逻辑图。

题 3.31 已知某逻辑电路如题图 3.31 所示，其中 74LS161 为一个 4 位二进制计数器，PROM 中对应地址存放的数据如题表 3.31 所示，设计数器初态为 0000，$D = (D_3 D_2 D_1 D_0)_2$。试回答：

（1）画出 $T = 0 \sim 40 \text{ s}$，输出数据 D 关于时间的变化波形。

（2）分析该电路实现了何种功能。

（3）若要用该电路实现一个近似的正弦波发生器，则 PROM 中的数据应如何存放？

（4）若要改善波形的性能（如减少失真），电路应如何改造？

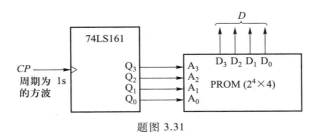

题图 3.31

题表 3.31

A_3	A_2	A_1	A_0	D_3	D_2	D_1	D_0	A_3	A_2	A_1	A_0	D_3	D_2	D_1	D_0
0	0	0	0	0	0	0	0	1	0	0	0	1	0	0	0
0	0	0	1	0	0	0	1	1	0	0	1	0	1	1	1
0	0	1	0	0	0	1	0	1	0	1	0	0	1	1	0
0	0	1	1	0	0	1	1	1	0	1	1	0	1	0	1
0	1	0	0	0	1	0	0	1	1	0	0	0	1	0	0
0	1	0	1	0	1	0	1	1	1	0	1	0	0	1	1
0	1	1	0	0	1	1	0	1	1	1	0	0	0	1	0
0	1	1	1	0	1	1	1	1	1	1	1	0	0	0	1

第4章 数字逻辑电路

本章首先介绍基本数字逻辑电路的分类,在研究组合逻辑电路和时序逻辑电路的分析和设计基础上,重点介绍典型中规模数字集成电路的功能和应用。最后将简要介绍硬件描述语言和 PLD 技术发展。

4.1 逻辑电路的分析与设计

4.1.1 逻辑电路的结构和分类

在数字系统中,常用的各种数字逻辑电路按其功能可分为组合逻辑电路(combinational logic circuit)和时序逻辑电路(sequential logic circuit)两大类。

在组合逻辑电路中,任意时刻的输出状态仅取决于该时刻的输入信号,而与电路原来的状态无关。电路的输出与输入之间无反馈,组合逻辑电路不需要记忆元件。时序逻辑电路的输出状态由输入和电路的初始状态共同决定,因此时序逻辑电路中一定包含具有记忆功能的触发器。

一、组合逻辑电路的结构和功能描述

任何一个多输入-多输出的组合逻辑电路,均可以用如图 4.1.1 所示的结构框图来表示。

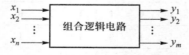

图 4.1.1 组合逻辑电路的结构框图

图中,$X = [x_1, x_2, \cdots, x_n]$ 表示输入变量,$Y = [y_1, y_2, \cdots, y_m]$ 表示输出变量。输出与输入之间可以用如下的逻辑函数来描述:

$$y_i = f_i(x_1, x_2, \cdots, x_n), \quad i = 1, 2, \cdots, m$$

逻辑函数表达式是组合逻辑电路的一种常用的表示方法。此外,组合逻辑电路的逻辑功能还可以采用真值表、卡诺图和逻辑图等方法来表示。

二、时序逻辑电路的结构和功能描述

时序逻辑电路在任一时刻的输出信号,除了由当时的输入信号决定外,还和电路原来的状态密切相关。可以用图 4.1.2 所示的结构框图来表示。

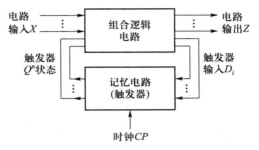

图 4.1.2　时序逻辑电路结构图

由图 4.1.2 可以得到三个表达式:

触发器驱动方程　　　　　　$D_i = F_1(X, Q^n)$　　　　　　　　　　　(4.1.1)

触发器次态方程　　　　　　$Q^{n+1} = F_2(D, Q^n)$　　　　　　　　　(4.1.2)

电路输出方程　　　　　　$Z = F_3(X, Q^n)$　　　　　　　　　　(4.1.3)

假定电路有 K 个外部输入,L 位触发器,M 个输出,则 X、$Q^n(Q^{n+1})$、Z 可分别表示为

$$X = [X_1, X_2, \cdots, X_K]$$
$$Q^n = [Q_1^n, Q_2^n, \cdots, Q_L^n], \quad Q^{n+1} = [Q_1^{n+1}, Q_2^{n+1}, \cdots, Q_L^{n+1}] \qquad (4.1.4)$$
$$Z = [Z_1, Z_2, \cdots, Z_M]$$

时序逻辑电路的输出 Z 由输入逻辑变量 X 和电路当前的状态 Q^n 决定,因此在分析时序逻辑电路时应该特别注意当前状态 Q^n 和下一个状态(次态)Q^{n+1} 概念的不同。

时序逻辑电路功能的常用描述方法有:状态真值表、状态转换图和时序图等。

4.1.2　基本组合逻辑电路的分析与设计

一、基本组合逻辑电路的分析

基本组合逻辑电路是由基本逻辑门电路构成的电路,输出和输入之间的逻辑函数表达式体现了该电路的逻辑功能。因此,分析一个给定的逻辑电路,首先应按照原理图逐级地写出各基本门电路的输出逻辑函数表达式,并求出最后的逻辑函数,当有 n 个输出时应该写出 n 个输出函数表达式。然后可以采用列真值表或计算的方法,给出在所有输入变量各种取值下的所有结果,从而总结归纳出电路实现的逻辑功能。

【**例 4.1.1**】　试分析图 4.1.3 所示组合逻辑电路,说明该电路实现的逻辑功能。

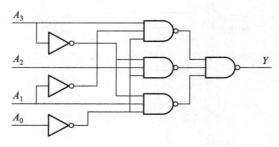

图 4.1.3　例 4.1.1 逻辑电路

解：根据给定的电路,不难写出输出 Y 的函数表达式为

$$Y = f(A_3, A_2, A_1, A_0) = \overline{\overline{A_3 \overline{A_1} \overline{A_0}} \cdot \overline{\overline{A_3} A_2 \overline{A_0}} \cdot \overline{\overline{A_3} A_1 \overline{A_0}}}$$

$$= A_3 \overline{A_1} \overline{A_0} + \overline{A_3} A_2 \overline{A_0} + \overline{A_3} A_1 \overline{A_0}$$

由于表达式还不能很直观地确定该电路的逻辑功能,因此需要列出真值表,见表 4.1.1。

表 4.1.1　例 4.1.1 真值表

4 位二进制码输入				输出
A_3	A_2	A_1	A_0	Y
0	**0**	**0**	**0**	**0**
0	**0**	**0**	**1**	**0**
0	**0**	**1**	**0**	**1**
0	**0**	**1**	**1**	**0**
0	**1**	**0**	**0**	**1**
0	**1**	**0**	**1**	**0**
0	**1**	**1**	**0**	**1**
0	**1**	**1**	**1**	**0**

4 位二进制码输入				输出
A_3	A_2	A_1	A_0	Y
1	0	0	0	1
1	0	0	1	0
1	0	1	0	0
1	0	1	1	0
1	1	0	0	1
1	1	0	1	0
1	1	1	0	0
1	1	1	1	0

由该真值表归纳得到图 4.1.3 电路的功能是：电路能判别输入的 4 位二进制数是否为小于 8 时且能被 2 整除，或者大于或等于 8 时且能被 4 整除。

二、基本组合逻辑电路的设计

设计基本逻辑电路的过程和分析逻辑电路过程相反。它是在要求实现某一个逻辑功能的条件下，设计出能满足这一逻辑功能的具体逻辑电路。一般过程为：

首先，必须分析清楚给定功能的设计要求，找出实现该逻辑功能的输入变量和输出结果变量数；接着根据题意列出真值表，再由真值表分别求出各个输出结果的逻辑函数式；在求输出逻辑函数式时，可以采用卡诺图的方法，简单时也可以直接从真值表中写出输出函数表达式；最后由表达式画出具体的逻辑电路图。如果要求采用某一种特定的逻辑门电路实现时，还应将逻辑表达式进行逻辑转换，使之与所要求的逻辑门相一致。

【例 4.1.2】 设计一个二-十进制代码中检测伪码的组合逻辑电路，其功能要求是：当输入 4 位二进制代码时，能检测出 8421 伪码的组合逻辑电路。

解：分析题意后得到，待设计电路的输入为 4 位二进制数，输出为检测结果，因此电路有 4 个输入变量，一个输出变量。令输入、输出变量分别为 $A_3A_2A_1A_0$ 和 Y，假定输入伪码时输出 $Y=1$，而输入 4 位为 8421 码时输出 $Y=0$，则可以列出对应的真值表（列真值表的过程省略），直接利用卡诺图来表示对应的真值表，如图 4.1.4 所示，从而求出对应的输出函数 Y。

$$Y = A_3A_2 + A_3A_1 = A_3(A_2 + A_1) = \overline{\overline{A_3} + \overline{A_2 + A_1}}$$

上式用**非门**和**或非门**画出的电路如图 4.1.5 所示。

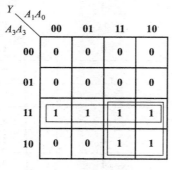

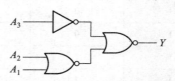

图 4.1.4 例 4.1.2 卡诺图　　　　图 4.1.5 例 4.1.2 检测伪码电路

读者也可以自行进行逻辑化简,完成全部由**与非门**实现的电路图。

三、组合逻辑电路中的竞争与冒险

1. 竞争-冒险现象的产生

在前面讨论组合逻辑电路分析和设计方法时,输入输出是在稳定的逻辑电平下进行的,没有考虑门电路的传输延迟时间,而在实际的电路中延迟时间是不可忽略的。正是由于这种延迟时间的存在,有时会使逻辑电路产生误动作。为了保证系统工作的可靠性,有必要观察一下当输入信号的逻辑电平发生变化的瞬间电路的工作情况。下面看两个简单的例子。

在图 4.1.6(a)所示的与门电路中,在稳态下,无论 $A=1$、$B=0$ 还是 $A=0$、$B=1$,输出 Y 均为 **0**。但是加到门电路的 A、B 信号由于在电路中传输的路径和时间不同,因此当它们向相反方向变化时,时间上也会产生延迟。如图 4.1.6(b)所示,

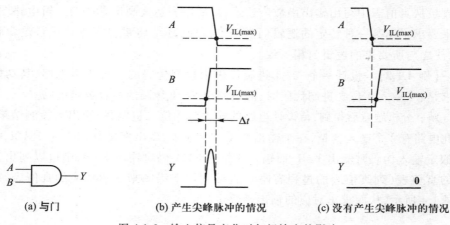

(a) 与门　　　　(b) 产生尖峰脉冲的情况　　　　(c) 没有产生尖峰脉冲的情况

图 4.1.6 输入信号变化对**与门**输出的影响

当信号 A 从 **1** 跳变为 **0** 时，B 从 **0** 跳变为 **1**，而且 B 首先上升到 $V_{\mathrm{IL(max)}}$ 以上，这样在极短的 Δt 时间内将出现 A、B 同时为 **1** 的状态，于是便在门电路的输出端产生了极窄的 $Y=1$ 的尖峰脉冲（或称为毛刺）。显然这个尖峰脉冲不符合门电路稳态下的逻辑功能，它是系统内部的一种噪声。而在图 4.1.6(c)中，B 信号在上升到 $V_{\mathrm{IL(max)}}$ 之前，A 已经降到了 $V_{\mathrm{IL(max)}}$ 以下，这时的输出端就不会产生尖峰脉冲。

在如图 4.1.7(a)所示的**或**门电路中，稳态下，无论 $A=1$、$B=0$ 还是 $A=0$、$B=1$，输出 Y 皆为 **1**。但是当信号 A 从 **1** 跳变为 **0** 时，B 从 **0** 跳变为 **1**，而且当 A 下降到 $V_{\mathrm{IH(min)}}$ 时，B 尚未上升到 $V_{\mathrm{IH(min)}}$，于是在短暂的 Δt 时间内将出现 A、B 同时为 **0** 的状态，使输出端产生极窄的 $Y=0$ 的尖峰脉冲。这个尖峰脉冲同样也是违背稳态下**或**门的逻辑关系的噪声，如图 4.1.7(b)所示。而在图 4.1.7(c)中，A 下降到 $V_{\mathrm{IH(min)}}$ 以前 B 信号已经上升到 $V_{\mathrm{IH(min)}}$ 以上，这时的输出端就不会产生尖峰脉冲。

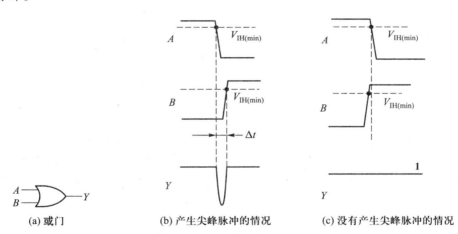

图 4.1.7　输入信号变化对**或**门输出的影响

在组合逻辑电路中，当门电路从一种稳定状态转换到另一种稳定状态的瞬间，如果该门电路的两个输入信号同时向相反方向变化（一个从逻辑 **1** 变为逻辑 **0**，另一个从逻辑 **0** 变为逻辑 **1**），这种现象称为竞争。如果传输延迟时间不同，这两路信号到达门电路的时间有先有后，从以上分析可知，由于竞争而在逻辑门电路的输出端有可能产生尖峰脉冲，我们把这种现象叫作竞争-冒险（race-hazard）。

2. 竞争-冒险现象的判别方法

在组合逻辑电路的设计完成后，需要检查是否存在竞争-冒险现象。如果输出端门电路的两个输入信号 A 和 $\bar{A}$ 是输入变量 A 经过两个不同的传输途径而来的,那么当输入变量 A 的状态发生突变时,输出端便有可能产生尖峰脉冲,而这种尖峰脉冲将可能使负载电路发生误操作。因此,只要输出端的逻辑函数在一定条件下能简化成如下表达式:

$$Y=A+\bar{A} \quad \text{或} \quad Y=A \cdot \bar{A} \tag{4.1.5}$$

则可以判定该电路存在竞争-冒险。

【例 4.1.3】　判断下列逻辑函数表达式是否存在竞争-冒险现象。

（1）$Y=AB+\bar{A}C$

（2）$Y=(A+\bar{B})(B+C)$

解：（1）由于逻辑函数 $Y=AB+\bar{A}C$ 中存在一对互补变量 A 和 $\bar{A}$,当 $B=C=1$ 时,函数将成为 $Y=A+\bar{A}$,故电路存在竞争-冒险现象。

（2）由于逻辑函数 $Y=(A+\bar{B})(B+C)$ 中存在一对互补变量 B 和 $\bar{B}$,当 $A=C=0$ 时,函数将成为 $Y=B \cdot \bar{B}$,故电路存在竞争-冒险现象。

随着电子设计自动化工具的不断发展,现在在数字电路的设计中,通常都可以利用软件进行仿真,快速查找电路是否存在竞争-冒险。

3. 消除竞争-冒险现象的方法

（1）引入选通脉冲。

由于尖峰脉冲是在瞬间产生的,所以如果在这段时间内将门封锁,待信号稳定后,再输入选通脉冲,选取输出结果,则可以消除竞争-冒险现象。例如,对于图 4.1.8（a）所示的与门电路,可以在门电路的输入端增加选通控制信号 S,如图 4.1.8（b）所示,从而消除了竞争-冒险现象。

（2）输出端并联滤波电容。

由于尖峰脉冲很窄,所以只要在输出端并联一个很小的滤波电容 C,就足以把尖峰脉冲的幅度削弱至门电路的阈值电压以下,如图 4.1.8（c）所示。这种方法简单易行,而缺点是增加了输出波形的上升时间和下降时间,使波形边沿变坏。因此,该方法只适用于对输出波形的边沿无严格要求的场合。

（3）修改逻辑设计,增加冗余项。

在产生竞争-冒险现象的逻辑表达式上,通过增加冗余项,使之不出现 $A+\bar{A}$ 或 $A \cdot \bar{A}$ 的形式,即可消除竞争-冒险现象。

例如,逻辑函数 $Y=(A+\bar{B})(B+C)$,在 $A=C=0$ 时产生竞争-冒险现象,若将逻辑函数修改为 $Y=(A+\bar{B})(B+C)(A+C)$,则当 $A=C=0$ 时,无论 B 怎么变化,输

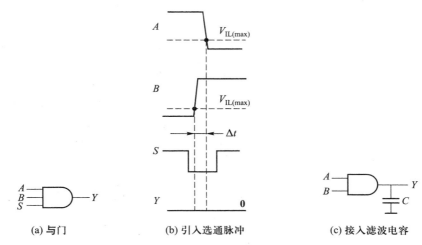

(a) 与门   (b) 引入选通脉冲   (c) 接入滤波电容

图 4.1.8 竞争-冒险现象的消除方法

出 Y 始终保持为 $Y=0$,就消除了竞争-冒险现象。

又如,逻辑函数 $Y=AB+\overline{A}BC$,在 $B=C=1$ 时存在竞争-冒险现象,若将逻辑函数修改为 $Y=AB+\overline{A}BC+BC$,同样也消除了竞争-冒险现象。

上述介绍的几种消除竞争-冒险现象的方法各有利弊。选通脉冲的方法比较简单,且不增加器件数目,但必须找到选通脉冲,而且对脉冲的宽度和时间有严格要求。接入滤波电容的方法同样也比较简单,它的缺点是导致输出波形的边沿变坏。如果能够恰当运用修改逻辑设计的方法,有时可以得到最满意的效果,但这可能需要增加电路的器件才能实现。

4.1.3 基本时序逻辑电路的分析与设计

与组合逻辑电路的真值表描述方法相类似,状态真值表是时序逻辑电路功能的最直接描述方法,如表 4.1.2 所示。状态转换图集中反映了时序逻辑电路状态之间的转换规律,直观地反映了时序逻辑电路中的状态变化情况。假定某个时序逻辑电路含有 N 个触发器,那么该时序电路将有 2^N 个状态,最大的状态循环长度为 2^N。图 4.1.9(a)是某时序逻辑电路工作时的典型状态转换图,可以非常直观地看出该电路具有 8 个工作状态,以及每一个当前状态和先前一个状态之间的变化关系。时序图是以时钟脉冲 CP 为顺序,直观地反映电路中各触发器 Q 端状态翻转规律的波形图,图 4.1.9(b)所示为下降沿触发的各触发器状态翻转情况。

表 4.1.2 状态真值表

有效 CP	Q_2^n	Q_1^n	Q_0^n	Q_2^{n+1}	Q_1^{n+1}	Q_0^{n+1}
1	0	0	0	1	1	1
2	0	0	1	0	0	0
3	0	1	0	0	0	1
4	0	1	1	0	1	0
5	1	0	0	0	1	1
6	1	0	1	1	0	0
7	1	1	0	1	0	1
8	1	1	1	1	1	0

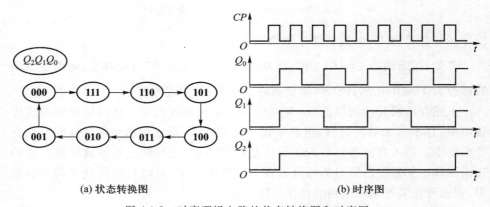

(a) 状态转换图　　　　　　　　　　(b) 时序图

图 4.1.9 时序逻辑电路的状态转换图和时序图

通常,时序逻辑电路可以分为同步时序逻辑电路和异步时序逻辑电路两类。如果电路中所有触发器的时钟脉冲信号都来自于同一个时钟脉冲 CP,所有触发器都将在 CP 控制下同时工作,则该电路称为同步时序逻辑电路。反之,若各个触发器的时钟脉冲信号不是同一个时钟脉冲 CP,称该电路为异步时序逻辑电路。

如果时序逻辑电路按照输出方式的不同进行分类,通常可以分为 Moore 型和 Mealy 型两种类型。Moore 型时序逻辑电路的输出仅仅与记忆电路的状态有关,电路输出方程类似为 $Z = F(Q^n)$。而 Mealy 型时序逻辑电路的输出既与记忆电路的状态有关,还与外部输入信号 X 相关,电路输出方程类似为式(4.1.3)。

图 4.1.10 所示的串行加法器电路,是一个 Moore 型时序逻辑电路的例子。图 4.1.11 同样实现串行加法功能,但它是一个典型的 Mealy 型时序逻辑电路。

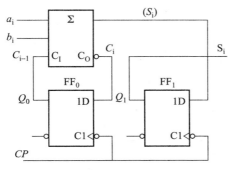

图 4.1.10　Moore 型串行加法器

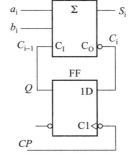

图 4.1.11　Mealy 型串行加法器

分析图 4.1.10 和图 4.1.11 可知,Moore 型时序电路(图 4.1.10)的输出就是记忆电路的输出状态,该输出受时钟脉冲控制,无时钟脉冲时,状态不会改变,所以电路的抗干扰能力很强。而 Mealy 型时序逻辑电路(图 4.1.11)的输出由记忆电路状态和外部输入信号 X(图中 $a_i b_i$)共同决定,因此若外部输入信号改变了,则有可能改变电路的输出,其响应速度更快。

本教材后续章节将以 Moore 型时序电路作为分析和设计的重点。

4.1.3.1　基本时序逻辑电路的分析

分析时序逻辑电路,是为了了解时序逻辑电路的工作原理,得出电路状态之间的转换规律和逻辑功能。

一、同步时序逻辑电路的分析

因同步时序逻辑电路中各触发器是由同一个时钟脉冲 CP 触发,在不考虑触发器翻转时间差异的条件下,触发器的状态翻转将同时发生,所以这种时序电路的分析比较简单。其分析过程为:

(1) 根据具体电路,写出各触发器的驱动方程和电路的输出方程。

(2) 将触发器的驱动方程代入其特征方程,得到触发器的状态方程。

(3) 由各个触发器的状态方程列出电路的状态真值表。

注意:状态真值表应包括外部输入变量、各触发器现态、次态和电路的输出。可能的输入和各种状态应一个不漏,保证完整。

(4) 将状态真值表转换成状态转换图。

(5) 从状态真值表或状态转换图总结出电路的逻辑功能。

【例 4.1.4】　已知某时序逻辑电路如图 4.1.12 所示,要求列出状态真值表和状态转换图,给出电路的逻辑功能。

解:由图可知,各触发器的脉冲信号 CP 接在一起,所以电路属于同步时序逻辑电路。

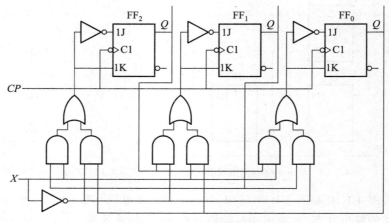

图 4.1.12　例 4.1.4 电路

（1）各触发器的驱动方程为

$$\text{FF}_2 : J_2 = \overline{\overline{X}Q_0 + XQ_1}, K_2 = \overline{J_2}$$

$$\text{FF}_1 : J_1 = \overline{\overline{X}Q_2 + XQ_0}, K_1 = \overline{J_1}$$

$$\text{FF}_0 : J_0 = \overline{\overline{X}Q_1 + XQ_2}, K_0 = \overline{J_0}$$

（2）列出状态真值表。

由于电路由一个输入 X 和 3 位触发器组成，所以共有四个输入逻辑变量，即 $XQ_2Q_1Q_0$。这样，状态真值表应包含 16 种变量组合，然后依次设定这些变量组合，逐个计算出触发器的次态和电路输出。将上述驱动方程代入 JK 触发器的特征方程 $Q^{n+1} = J\overline{Q^n} + \overline{K}Q^n$，即可得到各个触发器的状态方程 $Q_2^{n+1} = f(Q_2^n, Q_1^n, Q_0^n)$、$Q_1^{n+1} = f(Q_2^n, Q_1^n, Q_0^n)$、$Q_0^{n+1} = f(Q_2^n, Q_1^n, Q_0^n)$。这个状态方程体现了时序电路当前状态与次态之间的关系。例如，在设定 $XQ_2Q_1Q_0 = \mathbf{0001}$ 的情况下，由状态方程即可得出在 CP 时钟有效后，触发器的次态将是 $Q_2^{n+1} Q_1^{n+1} Q_0^{n+1} = \mathbf{011}$，又如在设定 $XQ_2Q_1Q_0 = \mathbf{1001}$ 的情况下，由状态方程即可得出在 CP 时钟有效后，触发器的次态翻转为 $Q_2^{n+1} Q_1^{n+1} Q_0^{n+1} = \mathbf{101}$。用同样的方式进行分析，可知电路应包含 16 种可能的设定和状态，得到完整的状态真值表，如表 4.1.3 所示。

（3）画状态转换图。

将状态真值表转换成状态转换图时，通常设定初始状态为 $\mathbf{000}$，依次找出次态。由此得到当 $X = \mathbf{0}$ 时的状态转换图如图 4.1.13（a）所示。$X = \mathbf{1}$ 时的状态转换图如图 4.1.13（b）所示。

表 4.1.3　图 4.1.12 的状态真值表

CP 有效沿	X	Q_2^n	Q_1^n	Q_0^n	Q_2^{n+1}	Q_1^{n+1}	Q_0^{n+1}
1	0	0	0	0	1	1	1
2	0	0	0	1	0	1	1
3	0	0	1	0	1	1	0
4	0	0	1	1	0	1	0
5	0	1	0	0	1	0	1
6	0	1	0	1	0	0	1
7	0	1	1	0	1	0	0
8	0	1	1	1	0	0	0
9	1	0	0	0	1	1	1
10	1	0	0	1	1	0	1
11	1	0	1	0	0	1	1
12	1	0	1	1	0	0	1
13	1	1	0	0	1	1	0
14	1	1	0	1	1	0	0
15	1	1	1	0	0	1	0
16	1	1	1	1	0	0	0

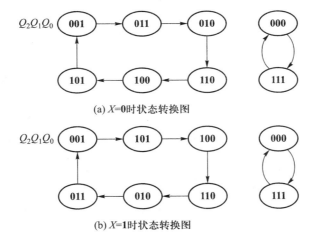

(a) $X=0$时状态转换图

(b) $X=1$时状态转换图

图 4.1.13　图 4.1.12 电路状态转换图

可见,状态转换图可以更直观地反映出电路的状态变化。

（4）得出电路的逻辑功能。

从状态转换图可知,当外部输入 $X=0$ 时,状态转换图有两个独立循环。六个状态构成第一个循环,**000** 和 **111** 构成第二个循环,如果第一循环为主循环（也称有效循环）,电路功能是一个六进制计数器。第二个循环则为无效循环,状态 **000** 和 **111** 为无效态。

$X=1$ 时的情况和 $X=0$ 时相同。

当状态转换图中存在两个或两个以上的独立循环时,上电瞬间电路的初始状态究竟进入哪个循环是不确定的。例如,在 $X=0$ 时,接通电源瞬间电路状态先进入 **000**,则在 CP 脉冲的作用下,电路状态将一直在第二个循环内转换,无法进入主循环。通常称这种状态转换为不能自启动的状态转换,因此其电路也称为不能自启动的时序电路。对应的,如果接通电源瞬间电路状态进入非主循环中的某个状态,而在后继时钟脉冲 CP 加入时,电路状态会自动进入主循环中的某个状态,进而电路在主循环状态下工作,这种工作情况称为能自启动的状态转换,称这种电路是能自启动的时序电路。可见图 4.1.12 实现的电路是不能自启动的特殊编码的六进制计数器。

二、异步时序逻辑电路的分析

异步时序逻辑电路中各触发器的 CP 脉冲不是同一个触发脉冲,为此各触发器不是同一时刻触发,因此分析异步时序电路时要特别注意有无正确的时钟脉冲 CP,其分析过程为:

（1）写出各触发器的时钟 CP 方程、驱动方程和电路的输出方程。

（2）将触发器的驱动方程代入其特征方程,得到触发器的状态方程。

（3）由各个触发器的状态方程列出电路的状态真值表。

（4）将状态真值表转换成状态转换图。

（5）得出时序逻辑电路的具体功能。

【例 4.1.5】　已知某时序逻辑电路如图 4.1.14 所示,试分析其逻辑功能。

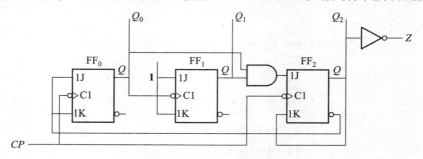

图 4.1.14　例 4.1.5 电路

解： 由电路可知，FF_0 与 FF_2 的时钟相同，FF_1 的时钟由 FF_0 的输出状态决定，所以电路是一个异步时序逻辑电路。

（1）各触发器的时钟方程、驱动方程和电路的输出方程为

$$FF_0 : CP_0 = CP, \qquad J_0 = K_0 = \overline{Q_2^n}$$

$$FF_1 : CP_1 = Q_0^n, \qquad J_1 = K_1 = 1$$

$$FF_2 : CP_2 = CP, \qquad J_2 = Q_1^n Q_0^n, \qquad K_2 = Q_2^n$$

$$输出方程 : Z = \overline{Q_2^n}$$

（2）列状态真值表。

将上述驱动方程代入 JK 触发器的特征方程 $Q^{n+1} = J\overline{Q^n} + \overline{K}Q^n$，即可得到各个触发器的状态方程 $Q_2^{n+1} = f(Q_2^n, Q_1^n, Q_0^n)$、$Q_1^{n+1} = f(Q_2^n, Q_1^n, Q_0^n)$、$Q_0^{n+1} = f(Q_2^n, Q_1^n, Q_0^n)$。这个状态方程体现了时序电路当前状态与次态之间的关系。对异步时序逻辑电路，必须注意各触发器的触发顺序。因 FF_2 和 FF_0 直接与时钟信号 CP 连接，故 FF_2、FF_0 在时钟 CP 有效沿到来后首先触发，而 FF_1 的时钟方程由 FF_0 的输出状态决定。

例如，在触发器初态 $Q_2^n Q_1^n Q_0^n = 000$ 的条件下，时钟脉冲 CP 下降沿到达后，FF_0 和 FF_2 首先触发。由状态方程可知，FF_0 触发器翻转，$Q_0^{n+1} = \overline{Q_0^n} = 1$，$FF_2$ 触发器状态保持不变，$Q_2^{n+1} = Q_2^n = 0$。由于 FF_0 的状态由 0 变成 1 时，CP_1 产生一个上升沿，而 FF_1 是下降沿触发的，故 FF_1 的状态保持不变，$Q_1^{n+1} = Q_1^n = 0$。此时的电路输出 $Z = \overline{Q_2^n} = 1$。

触发器初态为 $Q_2^n Q_1^n Q_0^n = 001$ 时，由状态方程可知，CP 下降沿到达后 FF_0 翻转，$Q_0^{n+1} = 0$；FF_2 触发器保持不变，即 $Q_2^{n+1} = Q_2^n = 0$。由于 FF_0 的状态由 1 变成 0 时，CP_1 产生一个下降沿，FF_1 触发器翻转为 1，即 $Q_1^{n+1} = 1$。此时电路输出仍为 $Z = \overline{Q_2^n} = 1$。

把 3 位触发器可能出现的 8 种状态逐一设定，并依次计算得到完整的状态真值表，如表 4.1.4 所示。

表 4.1.4　图 4.1.14 时序电路的状态真值表

CP 脉冲	Q_2^n	Q_1^n	Q_0^n	Q_2^{n+1}	Q_1^{n+1}	Q_0^{n+1}	Z
1	0	0	0	0	0	1	1
2	0	0	1	0	1	0	1

续表

CP 脉冲	Q_2^n	Q_1^n	Q_0^n	Q_2^{n+1}	Q_1^{n+1}	Q_0^{n+1}	Z
3	0	1	0	0	1	1	1
4	0	1	1	1	0	0	1
5	1	0	0	0	0	0	0
6	1	0	1	0	0	0	0
7	1	1	0	0	1	0	0
8	1	1	1	0	1	1	0

（3）画状态转换图。

由状态真值表画出状态转换图,如图 4.1.15 所示。

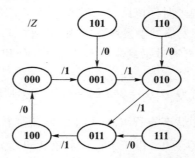

图 4.1.15　图 4.1.14 电路状态转换图

（4）得出时序逻辑电路的功能。

状态转换图由五个状态组成一个循环,因此电路是一个异步五进制的加法计数器。如果状态 **000** 表示十进制数 0,**001** 表示十进制数 1,**010** 表示十进制数 2,**011** 表示十进制数 3,**100** 表示十进制数 4,可见该计数器是以 421 编码方式完成五进制加法计数的,且在 **100** 状态到 **000** 状态转换时,电路产生一个低电平进位输出信号。另外,从状态转换图可知,当电路状态进入 **101**、**110**、**111** 三个无效状态中的任何一个状态时,只要经过一个时钟脉冲 CP 即可进入到主循环,进而电路在主循环中工作。所以,该电路是一个能够自启动的时序逻辑电路。

三、二进制计数器的分析

计数器是应用十分广泛的一种时序逻辑电路。它可用来累计输入脉冲个数或对输入脉冲实现分频等。计数器还可以用于时间测量、频率测量等场合。

计数器按功能可以分为二进制(计数器模 $N=2^n$)加法、减法、可逆计数器和非二进制($N\neq2^n$)加法、减法、可逆计数器等。

　　二进制计数器电路结构比较简单,用前述的一般同步或异步时序电路的分析方法就能分析。

1. 同步二进制计数器

图 4.1.16 是同步 3 位二进制加法计数器的逻辑电路。

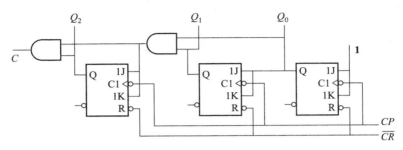

图 4.1.16　同步 3 位二进制加法计数器

　　电路中各 JK 触发器都接成 T 型触发器,各触发器的驱动方程由它以下各低位触发器 Q 端输出的**与逻辑**决定。由图可知: $T_2 = J_2 = K_2 = Q_1^n Q_0^n$,$T_1 = J_1 = K_1 = Q_0^n$,$T_0 = J_0 = K_0 = 1$。当所有低位触发器的初态为 **1** 时,$T_i = 1$,时钟脉冲下降沿到达时,第 i 位触发器状态翻转(实际是二进制加法时的低位向高位进位)。可以分析得出该时序电路的状态真值表如表 4.1.5 所示,又由于该时序电路是由时钟下降沿触发,从而画出该时序电路的时序图(工作波形图)如图 4.1.17 所示。

表 4.1.5　3 位二进制加法计数器状态真值表

CP 脉冲	Q_2^n	Q_1^n	Q_0^n
0	**0**	**0**	**0**
1	**0**	**0**	**1**
2	**0**	**1**	**0**
3	**0**	**1**	**1**
4	**1**	**0**	**0**
5	**1**	**0**	**1**
6	**1**	**1**	**0**
7	**1**	**1**	**1**
8	**0**	**0**	**0**

由时序图得到图 4.1.18 所示的状态转换图。从时序图和状态转换图都可得出,电路是一个同步的 3 位二进制加法计数器。

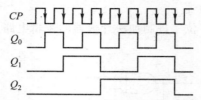

图 4.1.17　3 位二进制加法计数器时序图

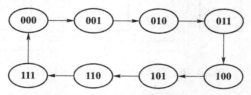

图 4.1.18　3 位二进制加法计数器状态转换图

由于一个工作循环需要 8 个状态,所以也称之为模 $8(2^3=8)$ 计数器或八进制计数器。

从时序图 4.1.17 可以看出,计数器 Q_2 端信号的频率是时钟 CP 频率的 1/8,Q_1 端信号的频率是时钟 CP 频率的 1/4,Q_0 端信号的频率是时钟 CP 频率的 1/2。可见,对于计数模 $N=2^n$(n 是计数器中触发器的位数)的计数器,其各位输出端信号的波形频率刚好为二分频。所以计数器又有分频器之称。利用计数器可以实现分频功能。

如果把触发器的 T 端以 $T_i=J_i=K_i=\overline{Q_{i-1}^n}\cdots\overline{Q_1^n}\,\overline{Q_0^n}\,(i=1,\cdots,n-1)$,$T_0=J_0=K_0=\mathbf{1}$ 的函数连接时,如图 4.1.19 所示,只有当各低位触发器的初态都为 **0** 时,$T_i=\mathbf{1}$,CP 脉冲到达后,该位触发器翻转(实际是二进制减法时的低位向高位借位)。该时序电路的状态真值表如表 4.1.6 所示,显然该电路是一个同步 3 位二进制减法计数器。

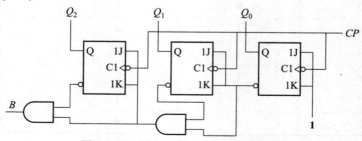

图 4.1.19　同步 3 位二进制减法计数器

表 4.1.6 3 位二进制减法计数器状态真值表

CP 脉冲	Q_2^n	Q_1^n	Q_0^n
0	1	1	1
1	1	1	0
2	1	0	1
3	1	0	0
4	0	1	1
5	0	1	0
6	0	0	1
7	0	0	0
8	1	1	1

图 4.1.16、图 4.1.19 分别实现的是同步 3 位二进制加法和减法计数器，表 4.1.5 和表 4.1.6 为对应的状态真值表。从表中可以很明显地发现二进制计数器的状态变化的规律，这样也就能理解图 4.1.16 和图 4.1.19 如此设计连接的基本原理。那么，读者是否也能进一步自行分析如果需要实现同步可逆 3 位二进制计数器（假定 $K=1$ 时，实现加法功能；$K=0$ 时，实现减法功能），该如何连接电路图？（提示：$K=1$ 时各触发器的 T 端信号与 $K=0$ 时各触发器的 T 端信号的不同选择，用与或门（2 选 1）是不是可以方便得到？）

2. 异步二进制计数器

图 4.1.20 是由 JK 触发器组成的异步 3 位二进制计数器的逻辑电路。所有触发器的 J、K 端全接成高电平 1，即全都接成翻转触发器形式。因此，当有时钟脉冲下降沿到达时，触发器状态就翻转，否则保持原状态不变。由于低位触发器的输出就是相邻高位触发器的时钟，即 $CP_i = Q_{i-1}$。因此，从低位到高位逐位画出的时序图如图 4.1.21 所示。

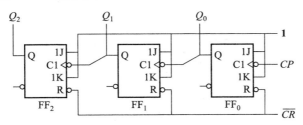

图 4.1.20 异步 3 位二进制加法计数器

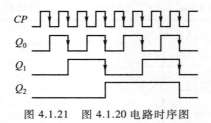

图 4.1.21　图 4.1.20 电路时序图

将时序图 4.1.21 转换成状态转换图后发现,该状态转换图与图 4.1.18 相同。因此,两者电路功能相同,都是 3 位二进制加法计数器,只是采用的电路结构不同罢了。

如果电路中每个 JK 触发器的时钟脉冲均来自相邻低位的 $\overline{Q^n}$,即 $CP_i = \overline{Q^n_{i-1}}$,如图 4.1.22 所示,则当 Q^n_{i-1} 由 0 变为 1 时,$\overline{Q^n_{i-1}}$ 将由 1 变为 0,该下降沿使相邻高位 JK 触发器翻转。可得其时序图如图 4.1.23 所示。很明显,该电路实现的是 3 位二进制减法计数器功能,只是采用的电路是异步工作方式。

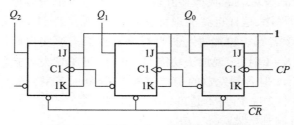

图 4.1.22　异步 3 位二进制减法计数器

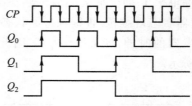

图 4.1.23　图 4.1.22 电路时序图

3. 二进制计数器的级间连接结构

总结以上二进制计数器的各电路连接方法,得出多位二进制计数器中各触发器的驱动和时钟的逻辑函数关系如表 4.1.7 所示。

表 4.1.7 二进制计数器的时钟和驱动方程

条件 功能	异步二进制各触发器 CP 时钟函数	触发沿	同步二进制 T 触发器 T 端函数	备注
加法	$CP_i = \overline{Q_{i-1}^n}$	↑	$T_i = Q_{i-1}^n Q_{i-2}^n \cdots Q_1^n Q_0^n$ $T_i = \prod\limits_{j=0}^{i-1} Q_j^n$	
	$CP_i = Q_{i-1}^n$	↓		
减法	$CP_i = Q_{i-1}^n$	↑	$T_i = \overline{Q_{i-1}^n} \cdots \overline{Q_1^n} \ \overline{Q_0^n}$ $T_i = \prod\limits_{j=0}^{i-1} \overline{Q_j^n}$	
	$CP_i = \overline{Q_{i-1}^n}$	↓		
可逆	$CP_i = X \overline{Q_{i-1}^n} + \overline{X} Q_{i-1}^n$	↑	$T_i = X \prod\limits_{j=0}^{i-1} Q_j^n + \overline{X} \prod\limits_{j=0}^{i-1} \overline{Q_j^n}$	$X=1$ 加法， $X=0$ 减法
	$CP_i = X Q_{i-1}^n + \overline{X} \overline{Q_{i-1}^n}$	↓		

4.1.3.2 基本时序逻辑电路的设计

在同步时序电路和异步时序电路中,同步时序电路的工作速度快,但电路较复杂,设计方法比较单一;而异步时序电路工作速度慢,但电路连线简单,设计比较灵活。一般情况下,时序逻辑电路优先考虑同步时序电路的设计。这里也仅就同步时序电路的设计进行探讨。

同步时序电路的设计可按以下的流程进行:

(1)由题意确定电路的外部输入和电路的输出(即输入、输出变量)。

(2)确定电路可能的所有状态,找出这些状态在外部输入变化和时钟作用下,转换到次态的状态转换规律,从而得到电路的状态转换图。

这一步需要理解题意,找出电路的状态转换规律,是整个时序电路设计的关键。

(3)简化由(2)得到的状态转换图。

(4)选好触发器的类型和个数(由状态数决定),并将状态用二进制代码进行编码(也称状态分配),得到数字化的状态转换图。

(5)将状态转换图转换成状态真值表。

(6)求出各触发器的驱动方程和输出方程,检查电路能否自启动。

(7)由选定的触发器、各驱动方程和输出方程画出完整的同步时序逻辑电路图。

【**例 4.1.6**】　试用负边沿（下降沿触发）的 JK 触发器设计一个 8421 编码的同步十进制减法计数器。

解： 根据设计要求，电路没有外部输入，电路输出是向高位的借位信号 Z。另外，十进制减法计数器应有十个状态，其状态转换图如图 4.1.24 所示。

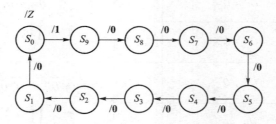

图 4.1.24　例 4.1.6 状态转换图

由题意可知，十个计数状态至少需要四只负边沿 JK 触发器。设计中要求按 8421 编码进行减法计数，所以状态转换图中各状态必须为 $S_0 = \mathbf{0000}$，$S_9 = \mathbf{1001}$，$S_8 = \mathbf{1000}$，$\cdots$，$S_2 = \mathbf{0010}$，$S_1 = \mathbf{0001}$，因此状态分配后的状态转换图如图 4.1.25 所示。

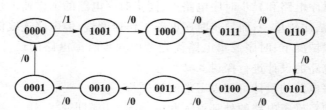

图 4.1.25　例 4.1.6 状态编码后的状态转换图

由状态转换图可得状态真值表如表 4.1.8 所示。

表 4.1.8　8421 编码的十进制减法计数器的状态真值表

CP	Q_3^n	Q_2^n	Q_1^n	Q_0^n	Q_3^{n+1}	Q_2^{n+1}	Q_1^{n+1}	Q_0^{n+1}	Z
1	0	0	0	0	1	0	0	1	1
2	1	0	0	1	1	0	0	0	0
3	1	0	0	0	0	1	1	1	0
4	0	1	1	1	0	1	1	0	0
5	0	1	1	0	0	1	0	1	0

续表

CP	Q_3^n	Q_2^n	Q_1^n	Q_0^n	Q_3^{n+1}	Q_2^{n+1}	Q_1^{n+1}	Q_0^{n+1}	Z
6	0	1	0	1	0	1	0	0	0
7	0	1	0	0	0	0	1	1	0
8	0	0	1	1	0	0	1	0	0
9	0	0	1	0	0	0	0	1	0
10	0	0	0	1	0	0	0	0	0

状态 $1010,1011,1100,1101,1110,1111$ 在 8421 码中属于伪码,可将这六个伪码都当作约束项处理,从而简化电路设计。

时序电路设计的最终结果是获得各触发器的驱动方程和电路输出方程,由这些方程画出相应电路图。当采用 JK 触发器设计时,必须分别求出 $[J_0,K_0]$,$[J_1,K_1]$,$[J_2,K_2]$,$[J_3,K_3]$ 四个触发器对应的驱动方程。

通常先从状态真值表直接得出各触发器的次态方程(利用卡诺图简化),然后通过和触发器的特征方程($Q_i^{n+1}=J_i\overline{Q_i}+\overline{K_i}Q_i$)相比对,求得各 J_i,K_i 端的逻辑函数关系。

由表 4.1.8 画出各触发器次态和借位信号 Z 的卡诺图,如图 4.1.26 所示。

触发器各次态的函数表达式为

$$Q_3^{n+1} = \overline{Q_3^n} \cdot \overline{\overline{Q_2^n}\,\overline{Q_1^n}\,\overline{Q_0^n}} + Q_3^n \cdot \overline{Q_0^n}$$

$$Q_2^{n+1} = \overline{Q_2^n} \cdot Q_3^n\overline{Q_0^n} + Q_2^n \cdot (\overline{Q_1^n}+\overline{Q_0^n})$$

$$Q_1^{n+1} = \overline{Q_1^n} \cdot (Q_2^n\overline{Q_0^n}+Q_3^n\overline{Q_0^n}) + Q_1^n \cdot Q_0^n$$

$$Q_0^{n+1} = \overline{Q_0^n} = \overline{Q_0^n} \cdot 1 + Q_0^n \cdot 0$$

借位输出的函数表达式为　$Z = \overline{Q_3^n}\,\overline{Q_2^n}\,\overline{Q_1^n}\,\overline{Q_0^n}$

将上述次态函数方程与各 JK 触发器的特性方程 $Q_i^{n+1}=J_i\overline{Q_i^n}+\overline{K_i}Q_i^n$ 比对后得:

$$J_3 = \overline{\overline{Q_2^n}\,\overline{Q_1^n}\,\overline{Q_0^n}}, K_3 = \overline{\overline{Q_0^n}}$$

$$J_2 = Q_3^n\overline{Q_0^n}, K_2 = \overline{\overline{Q_1^n}+\overline{Q_0^n}} = \overline{\overline{Q_1^n}\,\overline{Q_0^n}}$$

$$J_1 = (Q_2^n\overline{Q_0^n}+Q_3^n\overline{Q_0^n}) = \overline{\overline{Q_3^n}\,\overline{Q_2^n}\,\overline{Q_0^n}}, K_1 = \overline{Q_0^n}$$

$$J_0 = K_0 = 1$$

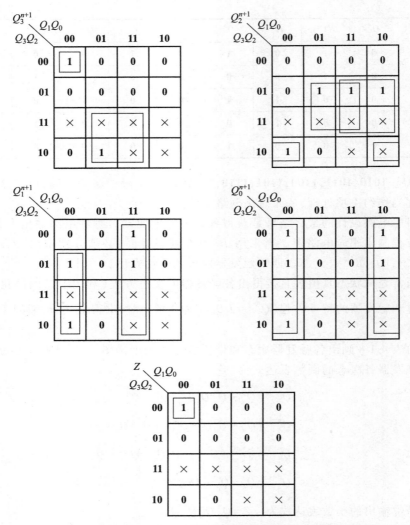

图 4.1.26　例 4.1.6 各触发器次态逻辑函数和输出信号的卡诺图

也可以采用下述方法来设计该电路。

由表 4.1.8 所示各状态转换关系,可以进一步分析出对各个触发器的 J、K 驱动要求,以触发器 FF_3 为例,第一行 $CP=1$ 时,$Q_3^n=0$,次态 $Q_3^{n+1}=1$,则 J、K 驱动应为 $J_3=1$,$K_3=\times$。依次分析,可得表 4.1.9。

由表 4.1.9 即可采用卡诺图化简手段,一一求出各个触发器的驱动方程。以触发器 FF_3 为例,求其驱动方程的卡诺图如图 4.1.27 所示。可得:

表 4.1.9　8421 编码的十进制减法计数器的状态真值表以及驱动信号

CP	初态				次态				对 J、K 要求				输出
	Q_3^n	Q_2^n	Q_1^n	Q_0^n	Q_3^{n+1}	Q_2^{n+1}	Q_1^{n+1}	Q_0^{n+1}	J_3K_3	J_2K_2	J_1K_1	J_0K_0	Z
1	0	0	0	0	1	0	0	1	1×	0×	0×	1×	1
2	1	0	0	1	1	0	0	0	×0	0×	0×	×1	0
3	1	0	0	0	0	1	1	1	×1	1×	1×	1×	0
4	0	1	1	1	0	1	1	0	0×	×0	×0	×1	0
5	0	1	1	0	0	1	0	1	0×	×0	×1	1×	0
6	0	1	0	1	0	1	0	0	0×	×0	0×	×1	0
7	0	1	0	0	0	0	1	1	0×	×1	1×	1×	0
8	0	0	1	1	0	0	1	0	0×	0×	×0	×1	0
9	0	0	1	0	0	0	0	1	0×	0×	×1	1×	0
10	0	0	0	1	0	0	0	0	0×	0×	0×	×1	0

$$J_3 = \overline{Q_2^n}\,\overline{Q_1^n}\,\overline{Q_0^n}, \qquad K_3 = \overline{Q_0^n}$$

采用同样的方法,读者可自行写出触发器 FF_2、FF_1、FF_0 的驱动方程。

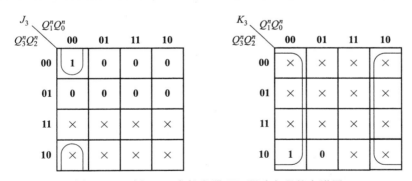

图 4.1.27　例 4.1.6 求触发器 FF_3 驱动方程的卡诺图

自启动检查:

　　由于设计时利用了六个无关项,完成设计后应该检查电路能否自启动。当电路初始状态进入 **1010** 后,由以上分析的各个触发器驱动方程式可得各 J、K 端驱动方程为 $J_3K_3 = \mathbf{01}, J_2K_2 = \mathbf{00}, J_1K_1 = \mathbf{11}, J_0K_0 = \mathbf{11}, CP$ 脉冲作用后,下一个状态

转入 **0001**；当初始状态进入 **1011** 后，又可得出各 J、K 端状态为 $J_3 K_3 = 00$，$J_2 K_2 = 00$，$J_1 K_1 = 00$，$J_0 K_0 = 11$，CP 脉冲作用后，次态为 **1010**。同理可检查其他四个无关状态转入次态的途径，最后得到实际状态转换图如图 4.1.28 所示。可见设计的电路具有自启动功能。

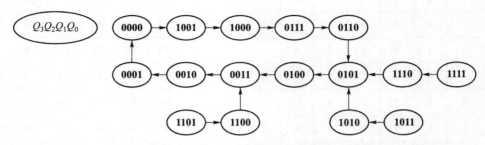

图 4.1.28　例 4.1.6 设计完成的可自启动的十进制减法计数器的状态转换图

由各触发器的驱动方程和电路输出方程画出该减法计数器的逻辑电路图，如图 4.1.29 所示。

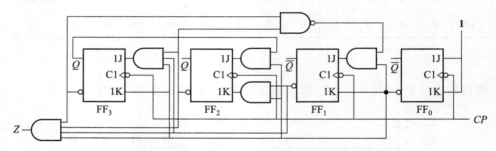

图 4.1.29　例 4.1.6 设计完成的 8421 编码的十进制减法计数器

【**例 4.1.7**】　试用正边沿（上升沿触发的）D 触发器设计一个能检测输入先后顺序为 **110** 序列的序列脉冲信号检测电路。

解：分析题意可知，**110** 序列检测电路的功能是：在连续三个时钟脉冲期间，检测到输入序列脉冲信号分别为 **1**、**1**、**0** 时，电路输出一个高电平信号。假设 **110** 序列信号检测电路的外部输入是序列脉冲信号 X，检测结果的输出信号是 Z。

经分析，要检测 **110** 序列脉冲，电路应该有以下几个状态：

初始状态 S_0：输入序列信号没有出现过 **1** 以前的状态，即初始状态；

状态 S_1：输入序列信号出现过一个 **1** 后的状态；

状态 S_2：输入序列信号出现过连续两个 **1** 后的状态；

状态 S_3：输入序列信号出现过连续两个 **1** 后，接着又出现 **0** 的状态，即出现

了 **110** 序列信号。

由题意画出原始状态转换图,如图 4.1.30(a)所示。

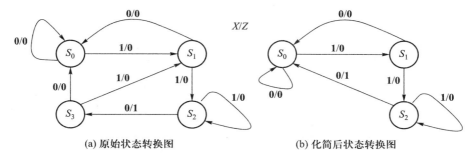

(a) 原始状态转换图　　　　　　　　(b) 化简后状态转换图

图 4.1.30　例 4.1.7 状态转换图

在原始状态转换图中,各状态的转移情况为

$$S_0 \begin{cases} X=0 \to S_0 \\ X=1 \to S_1 \end{cases} \qquad S_1 \begin{cases} X=0 \to S_0 \\ X=1 \to S_2 \end{cases}$$

$$S_2 \begin{cases} X=0 \to S_3 \\ X=1 \to S_2 \end{cases} \qquad S_3 \begin{cases} X=0 \to S_0 \\ X=1 \to S_1 \end{cases}$$

因为 S_0 和 S_3 两种状态在输入相同时,其转移到的次态相同,而且输出信号也相同,所以可以判定 S_3 状态与 S_0 状态等价。状态 S_3 可以被简化掉,简化后的状态转换图如图 4.1.30(b)所示。

三个状态至少需要 2 位触发器。2 位触发器的四个状态分别是 **00,01,10** 和 **11**。将四个状态中的三个分配给 S_0、S_1、S_2。针对不同的状态分配,设计结果的简单与复杂程度会略有区别。通常按自然顺序进行状态分配,如本例中 $S_0 = 00$,$S_1 = 01$,$S_2 = 10$,图 4.1.31 是状态分配后的实际状态转换图。

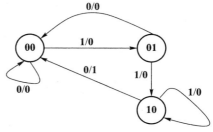

图 4.1.31　状态分配后的状态转换图

由图 4.1.31 所示状态转换图可得到表 4.1.10 所示状态真值表。

表 4.1.10　图 4.1.31 所示状态转换图转化成的状态真值表

CP	X	Q_1^n	Q_0^n	Q_1^{n+1}	Q_0^{n+1}	Z
1	**0**	**0**	**0**	**0**	**0**	**0**
2	**0**	**0**	**1**	**0**	**0**	**0**

续表

CP	X	Q_1^n	Q_0^n	Q_1^{n+1}	Q_0^{n+1}	Z
3	0	1	0	0	0	1
4	0	1	1	×	×	×
5	1	0	0	0	1	0
6	1	0	1	1	0	0
7	1	1	0	1	0	0
8	1	1	1	×	×	×

D 触发器的特性方程是 $Q_i^{n+1} = D_i$，即 D 触发器的次态与时钟脉冲作用前 D 端状态相同。由表 4.1.10 可画出 Q_1^{n+1}，Q_0^{n+1} 和输出 Z 的卡诺图，如图 4.1.32 所示。

$$Q_1^{n+1} = XQ_1^n + XQ_0^n, \quad D_1 = XQ_1^n + XQ_0^n = X(Q_1^n + Q_0^n)$$

$$Q_0^{n+1} = \overline{Q_1^n}\,\overline{Q_0^n}X, \quad D_0 = \overline{Q_1^n}\,\overline{Q_0^n}X$$

$$Z = \overline{X}Q_1^n$$

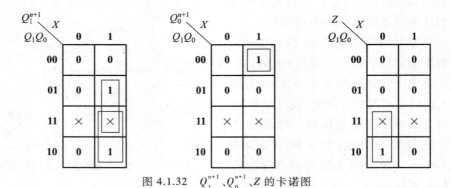

图 4.1.32　Q_1^{n+1}、Q_0^{n+1}、Z 的卡诺图

最后进行自启动检查。当 $XQ_1^nQ_0^n = 011$ 时，$D_1 = 0$，$D_0 = 0$，次态 $Q_1^{n+1}Q_0^{n+1} = 00$，进入了有效状态循环；当 $XQ_1^nQ_0^n = 111$ 时，$D_1 = 1$，$D_0 = 0$，次态 $Q_1^{n+1}Q_0^{n+1} = 10$，也进入了有效状态循环，可见电路是能够自启动的。

根据各触发器的驱动方程和输出方程画出的逻辑电路如图 4.1.33 所示。

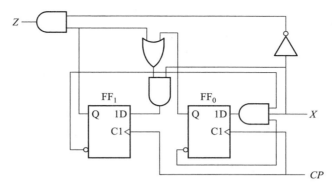

图 4.1.33 例 4.1.7 **110** 序列脉冲检测电路

4.1.4 典型逻辑电路功能分析与设计

在实际数字电路应用中,通常会接触到一些典型的功能电路,对这些典型电路进行分析与设计,有利于我们更好地掌握基本逻辑电路的分析与设计,并在实际数字电路中正确地应用它们。

一、编码器和译码器

1. 编码器

(1)基本编码器。

编码器是将一个特定对象编制成二进制代码的组合逻辑电路。如果将 4 个对象分别编制成 2 位二进制代码时,该编码器的真值表如表 4.1.11 所示。

表 4.1.11 4 线-2 线编码器真值表

编码器输入				二位码输出	
W_0	W_1	W_2	W_3	Y_1	Y_0
1	**0**	**0**	**0**	**0**	**0**
0	**1**	**0**	**0**	**0**	**1**
0	**0**	**1**	**0**	**1**	**0**
0	**0**	**0**	**1**	**1**	**1**

真值表说明,当输入 W_0 为 **1**,而 $W_1 \sim W_3$ 为 **0** 时,输出 2 位代码为 **00**;输入 W_1 为 **1**,而其他为 **0** 时,输出代码为 **01**。也就是说,输入一个特定对象,输出相应一组代码,输入对象和输出代码之间具有一一对应关系。由真值表可知输出逻辑

157

函数为

$$Y_1 = \overline{W}_0 \overline{W}_1 W_2 \overline{W}_3 + \overline{W}_0 \overline{W}_1 \overline{W}_2 W_3$$

$$Y_0 = \overline{W}_0 W_1 \overline{W}_2 \overline{W}_3 + \overline{W}_0 \overline{W}_1 \overline{W}_2 W_3$$

由于输入和输出具有严格的一一对应关系,任何时候都不允许有两个或两个以上的输入为 **1**,否则将会产生编码混乱。所以上式可以利用约束条件进行化简,例如对 Y_1 化简有:

$$Y_1 = \overline{W}_0 \overline{W}_1 W_2 \overline{W}_3 + \overline{W}_0 \overline{W}_1 \overline{W}_2 W_3 = \overline{W}_0 \overline{W}_1 W_2 \overline{W}_3 + W_0 W_2 + W_1 W_2 + W_3 W_2 +$$

$$\overline{W}_0 \overline{W}_1 \overline{W}_2 W_3 + W_0 W_3 + W_1 W_3 + W_2 W_3 = \overline{W}_0 \overline{W}_1 \overline{W}_3 W_2 + (W_0 + W_1 + W_3) W_2 +$$

$$\overline{W}_0 \overline{W}_1 \overline{W}_2 W_3 + (W_0 + W_1 + W_2) W_3 = W_2 + W_3$$

即 $Y_1 = W_2 + W_3$。同理也可得 $Y_0 = W_1 + W_3$。

据此画出由**或**门组成的逻辑电路,如图 4.1.34 所示。

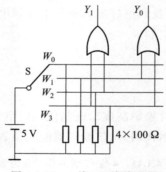

图 4.1.34　4 线—2 线编码器

（2）二进制编码器。

二进编码器是将 2^n 个输入对象分别编制成 n 位二进制代码输出的电路。电路结构框图如图 4.1.35 所示。据此推理,可以实现 8 线-3 线编码器、16 线-4 线编码器、32 线-5 线编码器等。

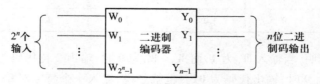

图 4.1.35　二进制编码器结构示意图

（3）二-十进制编码器。

二-十进制编码器的结构示意图如图 4.1.36 所示。它表示将 10 个输入的十进制数分别编制成 4 位 BCD 码输出。BCD 的编码方式非常多（8421、5421、2421等），但只需确定了某种编码方式后，就能写出对应的输入输出的真值表，就能按前面介绍的基本组合电路设计方法完成电路的设计。

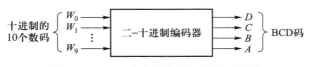

图 4.1.36　二-十进制编码器结构示意图

（4）优先编码器。

优先编码器允许同时输入两个或两个以上的待编码对象，但在任何时刻只对其中优先权最大的输入对象实现编码，而优先权的大小是在设计时事先约定的，这就如同人们在处理日常事务时的轻重缓急一样。表 4.1.12 为十进制的 10个数字编制成 8421 码的优先编码器真值表。

表 4.1.12　8421 码优先编码器真值表

编码器输入										8421 码输出			
$\overline{W_9}$	$\overline{W_8}$	$\overline{W_7}$	$\overline{W_6}$	$\overline{W_5}$	$\overline{W_4}$	$\overline{W_3}$	$\overline{W_2}$	$\overline{W_1}$	$\overline{W_0}$	$\overline{Y_3}$	$\overline{Y_2}$	$\overline{Y_1}$	$\overline{Y_0}$
1	1	1	1	1	1	1	1	1	0	1	1	1	1
1	1	1	1	1	1	1	1	0	×	1	1	1	0
1	1	1	1	1	1	1	0	×	×	1	1	0	1
1	1	1	1	1	1	0	×	×	×	1	1	0	0
1	1	1	1	1	0	×	×	×	×	1	0	1	1
1	1	1	1	0	×	×	×	×	×	1	0	1	0
1	1	1	0	×	×	×	×	×	×	1	0	0	1
1	1	0	×	×	×	×	×	×	×	1	0	0	0
1	0	×	×	×	×	×	×	×	×	0	1	1	1
0	×	×	×	×	×	×	×	×	×	0	1	1	0

表中的输入和输出都用反码形式表示，即 **0** 表示有输入，**1** 表示无输入，"×"表示无关输入，编码器的优先权为大数优先的原则。例如表中的第 3 行 $\overline{W_2} = 0$，表示比 2 大的数均无相应输入，而比 2 小的数有无输入均无关 BCD 输出，用"×"

表示,其输出为 **1101**。

从真值表求出 4 位 BCD 码的 4 个输出函数为

$$\overline{Y_3} = \overline{\overline{W_9}\,\overline{\overline{W_8}}} + \overline{\overline{W_9}} = W_9 + W_8, \quad \overline{Y_3} = \overline{\overline{W_8} + \overline{W_9}}$$

同理得到:

$$\overline{Y_2} = \overline{\overline{W_9}\,\overline{W_8}(W_4 + W_5 + W_6 + W_7)}$$

$$= \overline{(\overline{W_9}\,\overline{W_8})W_4 + \overline{W_9}\,\overline{W_8}W_5 + \overline{W_9}\,\overline{W_8}W_6 + \overline{W_9}\,\overline{W_8}W_7}$$

$$\overline{Y_1} = \overline{(\overline{W_9}\,\overline{W_8})(\overline{W_5}\,\overline{W_4}W_3 + \overline{W_5}\,\overline{W_4}W_2 + W_7 + W_6)}$$

$$\overline{Y_0} = \overline{\overline{W_9}\,\overline{W_8}(W_7 + \overline{W_6}W_5 + \overline{W_6}\,\overline{W_4}W_3 + \overline{W_6}\,\overline{W_4}\,\overline{W_2}W_1) + W_9}$$

由以上各逻辑表达式即可得到由基本门电路实现该优先编码器的逻辑电路。图略。

2. 译码器

(1)基本译码器。

译码器和编码器的功能相反,它将编码后的结果还原出来。图 4.1.37 是实现将 2 位代码表示的 4 种对象翻译出来的电路。图(a)是其逻辑电路,图(b)是该译码器的简化电路符号。

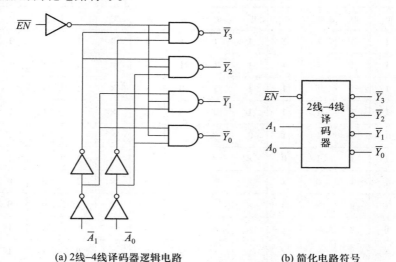

(a)2 线-4 线译码器逻辑电路　　　　(b)简化电路符号

图 4.1.37　2 线-4 线译码器

在电路图中,$\overline{EN}$ 是译码器的使能控制端,$\overline{EN} = \mathbf{0}$,译码器使能有效(即工作),$\overline{EN} = \mathbf{1}$,使能无效,译码器不工作。

在译码器使能的条件下（$\overline{EN}=0$），写出的 4 个输出方程为

$$\overline{Y}_3=\overline{\overline{A_1A_0}},\ \overline{Y}_2=\overline{A_1\overline{A_0}},\ \overline{Y}_1=\overline{\overline{A_1}A_0},\ \overline{Y}_0=\overline{\overline{A_1}\,\overline{A_0}}$$

2 线–4 线译码器真值表如表 4.1.13 所示。

表 4.1.13　2 线–4 线译码器真值表

输　入			输　出			
$\overline{EN}$	A_1	A_0	$\overline{Y}_3$	$\overline{Y}_2$	$\overline{Y}_1$	$\overline{Y}_0$
1	×	×	1	1	1	1
0	0	0	1	1	1	0
0	0	1	1	1	0	1
0	1	0	1	0	1	1
0	1	1	0	1	1	1

（2）二进制译码器。

二进制译码器把 n 位二进制代码代表的 2^n 个对象还原出来，图 4.1.38 是二进制译码器的电路结构框图。常用译码器有 2 线–4 线、3 线–8 线、4 线–16 线等二进制译码器。

图 4.1.38　二进制译码器结构框图

（3）二–十进制译码器和显示译码器。

二–十进制译码器是将输入 BCD 码的 10 个代码还原出来，即把十进制数的 10 个数字翻译出来，这种译码器有 4 个输入端，10 个输出，典型芯片如 74HC42。

如果为了把翻译后的十进制数字直观显示出来，通常在译码电路之后连接显示器，这时就需要针对显示器特性设计对应的显示译码器。其整体结构图如图 4.1.39 所示。

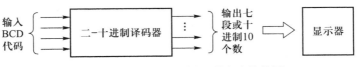

图 4.1.39　二–十进制译码器电路结构图

目前采用最多的是分段式显示器,如八段式(七段式)的半导体数码管或液晶七段数码管等。图 4.1.40(a)是八段半导体数码管的外形图,一段就是一个发光二极管,假设要点亮十进制数 0 时,必须同时点亮 a、b、c、d、e、f 这 6 段;点亮 4 时,必须同时点亮 f、g、b、c 这 4 段。显示字型如图(b)所示。

(a) 数码管外型　　　　　　　　　(b) 显示字型形状

图 4.1.40　八段半导体数码管的外形及显示字型

在八段(或七段)半导体数码管中,还有共阴极和共阳极之分,两种数码管的实际连接如图 4.1.41 所示。共阳极的数码管适用于配置低电平输出的译码器,而共阴极的数码管适用于高电平输出的译码器。

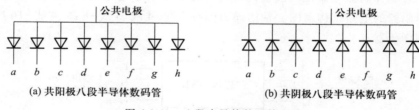

(a) 共阳极八段半导体数码管　　　　　　　(b) 共阴极八段半导体数码管

图 4.1.41　八段半导体数码管电路

表 4.1.14 给出的是用来驱动共阴极七段半导体数码管构成的 8421 码七段显示译码器的真值表。在此真值表基础上利用卡诺图法可求出译码器的七个输出逻辑函数,用非门、或非门画出的译码器电路如图 4.1.42 所示。

表 4.1.14　8421 码七段显示译码器真值表

输入 8421 码				输出数码管的对应段							显示字型
D	C	B	A	a	b	c	d	e	f	g	
0	0	0	0	1	1	1	1	1	1	0	0
0	0	0	1	0	1	1	0	0	0	0	1
0	0	1	0	1	1	0	1	1	0	1	2

续表

输入 8421 码				输出数码管的对应段							显示字型
D	C	B	A	a	b	c	d	e	f	g	
0	0	1	1	1	1	1	1	0	0	1	3
0	1	0	0	0	1	1	0	0	1	1	4
0	1	0	1	1	0	1	1	0	1	1	5
0	1	1	0	1	0	1	1	1	1	1	6
0	1	1	1	1	1	1	0	0	0	0	7
1	0	0	0	1	1	1	1	1	1	1	8
1	0	0	1	1	1	1	1	0	1	1	9

译码器的七段输出函数表达式分别为

$$a = (\overline{C} + B + A)(D + C + B + \overline{A}) = \overline{\overline{C} + B + A} + \overline{D + C + B + \overline{A}}$$

$$b = (\overline{C} + B + \overline{A})(\overline{C} + \overline{B} + A) = \overline{\overline{C} + B + \overline{A}} + \overline{\overline{C} + \overline{B} + A}$$

$$c = \overline{\overline{C} + \overline{B} + A}$$

$$d = (\overline{C} + B + A)(\overline{C} + \overline{B} + \overline{A})(D + C + B + \overline{A})$$

$$= \overline{\overline{C} + B + A} + \overline{\overline{C} + \overline{B} + \overline{A}} + \overline{D + C + B + \overline{A}}$$

$$e = \overline{A}(\overline{C} + B) = \overline{A + \overline{\overline{C} + B}}$$

$$f = (\overline{B} + \overline{A})(C + \overline{B})(D + C + \overline{A}) = \overline{\overline{B} + \overline{A}} + \overline{C + \overline{B}} + \overline{D + C + \overline{A}}$$

$$g = (D + C + B)(\overline{C} + \overline{B} + \overline{A}) = \overline{D + C + B} + \overline{\overline{C} + \overline{B} + \overline{A}}$$

二、数据选择器和数据分配器

1. 数据选择器

数据选择器是实现将指定的并行输入数据在选择地址的控制下,依次送到输出端的组合逻辑电路。它是如同图 4.1.43(b)所示的可以进行切换的物理机械开关。

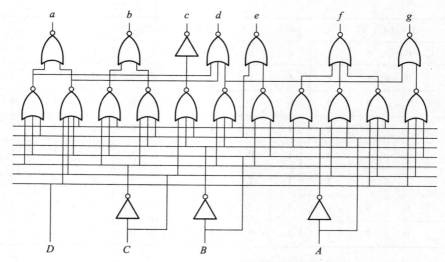

图 4.1.42　8421 码七段显示译码器逻辑电路

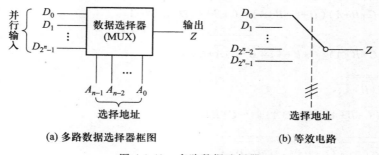

(a) 多路数据选择器框图　　(b) 等效电路

图 4.1.43　多路数据选择器

　　四路并行输入数据 D_3、D_2、D_1、D_0 在 2 位地址码 A_1、A_0 的控制下,依次被选择送到输出的电路,如图 4.1.44 所示。

　　图中的 $\overline{EN}$ 是控制电路工作与否的使能控制端,$\overline{EN}=0$ 电路处于使能有效(工作)状态,$\overline{EN}=1$ 电路处于使能无效(不工作)状态。电路处于工作状态时,得到的输出函数为

$$Z = D_3(A_1 A_0) + D_2(A_1 \overline{A_0}) + D_1(\overline{A_1} A_0) + D_0(\overline{A_1}\,\overline{A_0})$$

$$= D_3(m_3) + D_2(m_2) + D_1(m_1) + D_0(m_0)$$

式中的 m_3、m_2、m_1、m_0 是 2 位地址变量的最小项。输出表达式说明,某地址的最小项和所选择的某一路数据为一一对应的关系,如地址是最小项 m_3 时,选择第 3

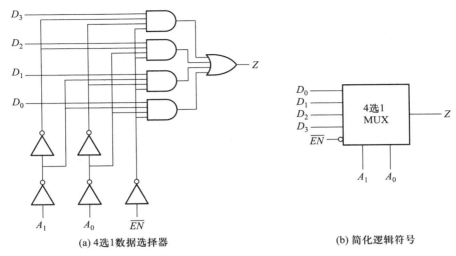

(a) 4选1数据选择器

(b) 简化逻辑符号

图 4.1.44 4 选 1 数据选择器

路数据 D_3 输出；地址是最小项 m_1 时，选择数据 D_1 输出。

由于数据选择器的输出函数表达式为一个典型的**与或**形式，因此各种组合逻辑函数均可以通过数据选择器来实现，进一步的讨论我们将在下一节中规模集成数据选择器芯片的应用中加以阐述。

2. 数据分配器

数据分配器将一路串行输入数据，在 n 位分配地址的控制下，依次送到 2^n 路输出通道上去。图 4.1.45 是数据分配器的结构框图和等效图，图 4.1.46 为一个具有使能端的 2 线-4 线译码器作为 1 路-4 路数据分配器使用的连接图，图中使能端 $\overline{EN}$ 用作串行输入数据 D_i，在 2 位分配地址的控制下，分别送到 4 个输出通道 $\overline{D_0} \sim \overline{D_3}$。

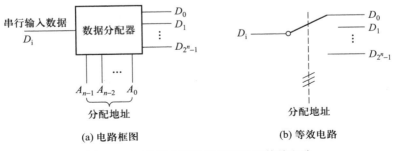

(a) 电路框图

(b) 等效电路

图 4.1.45 数据分配器电路框图和等效电路

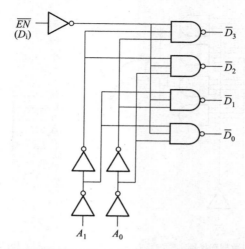

图 4.1.46　具有使能端的 2 线 - 4 线译码器用作 1 路 - 4 路数据分配器

每个输出通道的函数为

$$\overline{D_3} = \overline{\overline{D_i}(A_1 A_0)} = \overline{\overline{D_i}(m_3)}, \quad \overline{D_2} = \overline{\overline{D_i}(A_1 \overline{A_0})} = \overline{\overline{D_i}(m_2)}$$

$$\overline{D_1} = \overline{\overline{D_i}(\overline{A_1} A_0)} = \overline{\overline{D_i}(m_1)}, \quad \overline{D_0} = \overline{\overline{D_i}(\overline{A_1} \overline{A_0})} = \overline{\overline{D_i}(m_0)}$$

当给出不同地址后列出的真值表如表 4.1.15 所示。

表 4.1.15　1 路 - 4 路数据分配器真值表

分配地址		数据	输出通道			
A_1	A_0	D_i	$\overline{D_3}$	$\overline{D_2}$	$\overline{D_1}$	$\overline{D_0}$
0	**0**	D_i	**1**	**1**	**1**	D_i
0	**1**	D_i	**1**	**1**	D_i	**1**
1	**0**	D_i	**1**	D_i	**1**	**1**
1	**1**	D_i	D_i	**1**	**1**	**1**

三、二进制加法器

实现 1 位二进制加法运算的基本电路是 1 位半加器和全加器。

1. 1 位半加器

1 位半加器不考虑相邻低位的进位信号,只实现 1 位被加数和加数的相应位相加。因此,1 位半加器电路的输入是两个变量 A_i 和 B_i,输出结果为和 S_i 和向高位的进位信号 C_i。其电路框图及逻辑符号如图 4.1.47 所示。

(a) 1 位半加器电路结构

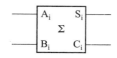
(b) 1 位半加器逻辑符号

图 4.1.47　1 位半加器电路结构和符号

表 4.1.16 是 1 位半加器的真值表,由真值表能方便地得到输出的逻辑函数表达式分别为

$$S_i = A_i\overline{B_i} + \overline{A_i}B_i = A_i \oplus B_i, \quad C_{i-1} = A_iB_i$$

表 4.1.16　1 位半加器真值表

输入		输出结果	
被加数 A_i	加数 B_i	S_i	C_i
0	0	0	0
0	1	1	0
1	0	1	0
1	1	0	1

由**异或门**、**与门**实现的 1 位半加器电路如图 4.1.48 所示。如果对逻辑函数进行对应的化简,也可以完成由特定的逻辑门(如**与非门**、**或非门**等)实现 1 位半加器功能的电路。

2. 1 位全加器

1 位全加器实现被加数和加数的对应位以及相邻低位的进位一起相加的加法运算电路。令被加数、加数和相邻低位的进位分别为 A_i、B_i 和 C_{i-1},全加和以及向高位的进位为 S_i 和 C_i,则 1 位全加器的电路结构和逻辑符号如图 4.1.49 所示,表 4.1.17 为 1 位全加器的真值表。

图 4.1.48　由**异或门**和
与门实现的半加器电路

(a) 1 位全加器电路结构

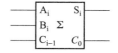
(b) 1 位全加器逻辑符号

图 4.1.49　1 位全加器电路结构和符号

表 4.1.17　1 位全加器真值表

输入			输出	
被加数 A_i	加数 B_i	低位进位 C_{i-1}	S_i	C_i
0	0	0	0	0
0	0	1	1	0
0	1	0	1	0
0	1	1	0	1
1	0	0	1	0
1	0	1	0	1
1	1	0	0	1
1	1	1	1	1

由真值表直接写出输出结果的函数表达式分别为

$$S_i = \overline{A_i}\,\overline{B_i}\,C_{i-1} + \overline{A_i}\,B_i\,\overline{C_{i-1}} + A_i\,\overline{B_i}\,\overline{C_{i-1}} + A_i\,B_i\,C_{i-1}$$
$$C_i = \overline{A_i}\,B_i\,C_{i-1} + A_i\,\overline{B_i}\,C_{i-1} + A_i\,B_i\,\overline{C_{i-1}} + A_i\,B_i\,C_{i-1}$$

将上两式进行整理后,可得:

$$S_i = A_i \oplus B_i \oplus C_{i-1}$$
$$C_i = A_i B_i + (A_i \oplus B_i)\,C_{i-1}$$

图 4.1.50 是利用两个半加器和一个**或**门电路实现的 1 位全加器电路。同样,1 位全加器电路也可以采用特定的逻辑门实现。

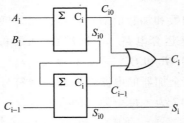

图 4.1.50　用两个半加器和一个或门组成全加器

3. 二进制加法运算电路

有了 1 位半加器和全加器电路以后,就可以实现任意位的二进制数相加了。如实现一个 4 位二进制数相加的电路如图 4.1.51 所示。图中的最低位可以选用半加器,也可以选用全加器。选用全加器时,最低位的进位输入接固定逻辑 0 即可。

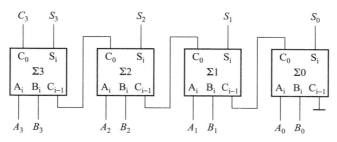

图 4.1.51 4 位二进制数串行进位加法器

四、数值比较器

比较两个二进制数值的大小,可以用数值比较器来完成。比较器除了进行数值大小判断外,还可以实现逻辑判断,判断结果决定程序运行的跳转路径和下一步要执行的某种操作。

图 4.1.52 是 1 位二进制数值比较器的电路框图。A_i 和 B_i 是两个 1 位二进制数,$L_{A_i > B_i}$、$L_{A_i < B_i}$ 和 $L_{A_i = B_i}$ 为可能的三种比较结果输出。表 4.1.18 是 1 位数值比较器的真值表。

图 4.1.52 1 位数值比较器框图

表 4.1.18 1 位数值比较器真值表

比较输入		结果输出		
A_i	B_i	$L_{A_i > B_i}$	$L_{A_i < B_i}$	$L_{A_i = B_i}$
0	0	0	0	1
0	1	0	1	0
1	0	1	0	0
1	1	0	0	1

由表得到三个可能的输出函数为

$$L_{A_i > B_i} = A_i \overline{B_i}, \quad L_{A_i < B_i} = \overline{A_i} B_i, \quad L_{A_i = B_i} = \overline{A_i}\,\overline{B_i} + A_i B_i$$

用**与**门和**异或非**门实现的 1 位数值比较器电路如图 4.1.53 所示。

在 1 位数值比较器的基础上,按"高位优先"的比较原则可以很方便地实现

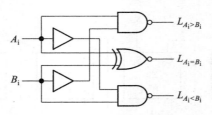

图 4.1.53 1 位数值比较器

多位数值比较器。下面以设计一个 4 位二进制数值比较器为例加以说明。

【例 4.1.8】 试设计一个 4 位二进制数值比较器,除要求比较两个 4 位二进制数值大小以外,还能将其扩展成任意位数值比较器,即当两个 4 位二进制数值相等时,允许低一级输入 $l_{a>b}$、$l_{a<b}$ 及 $l_{a=b}$。待设计的电路框图如图 4.1.54 所示。

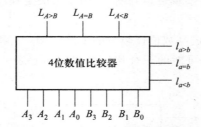

图 4.1.54 例 4.1.8 设计的 4 位数值比较器框图

解: 根据设计要求和给出的框图得知,$A_3A_2A_1A_0$ 和 $B_3B_2B_1B_0$ 是两个待比较的 4 位二进制数,$l_{a>b}$、$l_{a<b}$ 及 $l_{a=b}$ 是低一级的比较结果输入,作为大于 4 位比较时扩展用。$L_{A_i>B_i}$、$L_{A_i<B_i}$ 和 $L_{A_i=B_i}$ 为三个比较结果输出。由于电路有 11 个输入变量,根本无法按 2^{11} 种变量组合来列出完整的真值表,其实也无此必要。按照数值比较原理,多位数值比较可利用"高位优先"比较原则,如两个 4 位的数值 A 和 B($A=A_3A_2A_1A_0$、$B=B_3B_2B_1B_0$)进行比较时,只要 $A_3>B_3$,则 $A>B$,低位就不必比较了,若 $A_3<B_3$,则 $A<B$;只有在高位相等($A_3=B_3$)时,才需再比较次高位,如此进行,直到最低位比较完毕。因此可以得到表 4.1.19 所示的真值表。

表 4.1.19 例 4.1.8 真值表

4 位二进制数输入				低位比较结果输入			比较结果输出		
A_3,B_3	A_2,B_2	A_1,B_1	A_0,B_0	$l_{a>b}$	$l_{a=b}$	$l_{a<b}$	$L_{A>B}$	$L_{A=B}$	$L_{A<B}$
G_3	×	×	×	×	×	×	1	0	0
L_3	×	×	×	×	×	×	0	0	1
E_3	G_2	×	×	×	×	×	1	0	0

续表

4 位二进制数输入				低位比较结果输入			比较结果输出		
A_3,B_3	A_2,B_2	A_1,B_1	A_0,B_0	$l_{a>b}$	$l_{a=b}$	$l_{a<b}$	$L_{A>B}$	$L_{A=B}$	$L_{A<B}$
E_3	L_2	×	×	×	×	×	**0**	**0**	**1**
E_3	E_2	G_1	×	×	×	×	**1**	**0**	**0**
E_3	E_2	L_1	×	×	×	×	**0**	**0**	**1**
E_3	E_2	E_1	G_0	×	×	×	**1**	**0**	**0**
E_3	E_2	E_1	L_0	×	×	×	**0**	**0**	**1**
E_3	E_2	E_1	E_0	**1**	**0**	**0**	**1**	**0**	**0**
E_3	E_2	E_1	E_0	**0**	**0**	**1**	**0**	**0**	**1**
E_3	E_2	E_1	E_0	**0**	**1**	**0**	**0**	**1**	**0**

表中 G_3、G_2、$\cdots$ 分别表示 A_3 大于 B_3，A_2 大于 B_2，$\cdots$；同理 L_3、L_2、$\cdots$ 分别表示 A_3 小于 B_3，A_2 小于 B_2，$\cdots$；E 表示该位大小相等，"×"表示无关。由表得到三个输出逻辑函数表达式为

$$L_{A>B}=G_3+E_3G_2+E_3E_2G_1+E_3E_2E_1G_0+E_3E_2E_1E_0l_{a>b}$$

$$L_{A<B}=L_3+E_3L_2+E_3E_2L_1+E_3E_2E_1L_0+E_3E_2E_1E_0l_{a<b}$$

$$L_{A=B}=E_3E_2E_1E_0l_{a=b}$$

把 1 位比较器作为基本单元电路，如 C_3、C_2、C_1、C_0 分别表示 1 位比较器，画出的 4 位数值比较器电路如图 4.1.55 所示。

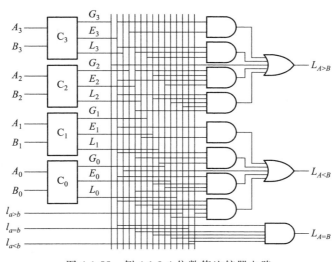

图 4.1.55　例 4.1.8 4 位数值比较器电路

4.2　中规模集成逻辑电路及应用

本节重点介绍几款常见的中规模集成芯片,包括集成组合逻辑芯片和集成时序逻辑芯片,通过对它们基本功能的介绍,学会看懂芯片功能真值表,掌握其典型的应用以及扩展应用。

4.2.1　集成编码器和译码器

中规模集成组合逻辑电路功能比较完善,除基本功能以外,还具有控制、功能扩展等功能,能比较方便地实现多片集成芯片的电路连接,应用广泛。

1. 优先编码器 CD4532 功能及应用

图 4.2.1 是 4000 系列 CMOS 中规模集成优先编码器 CD4532 的简化逻辑符号和引脚排列,电路是一片 8 线−3 线优先编码器,其功能如表 4.2.1 所示。

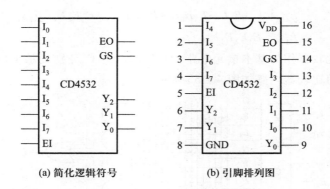

(a) 简化逻辑符号　　　　(b) 引脚排列图

图 4.2.1　8 线−3 线优先编码器 CD4532

表 4.2.1　8 线−3 线优先编码器 CD4532 功能表

编码器输入									代码和控制输出				
EI	I_7	I_6	I_5	I_4	I_3	I_2	I_1	I_0	Y_2	Y_1	Y_0	GS	EO
0	×	×	×	×	×	×	×	×	0	0	0	0	0
1	0	0	0	0	0	0	0	0	0	0	0	0	1
1	1	×	×	×	×	×	×	×	1	1	1	1	0

续表

编码器输入									代码和控制输出				
EI	I_7	I_6	I_5	I_4	I_3	I_2	I_1	I_0	Y_2	Y_1	Y_0	GS	EO
1	0	1	×	×	×	×	×	×	1	1	0	1	0
1	0	0	1	×	×	×	×	×	1	0	1	1	0
1	0	0	0	1	×	×	×	×	1	0	0	1	0
1	0	0	0	0	1	×	×	×	0	1	1	1	0
1	0	0	0	0	0	1	×	×	0	1	0	1	0
1	0	0	0	0	0	0	1	×	0	0	1	1	0
1	0	0	0	0	0	0	0	1	0	0	0	1	0

从功能表可以看出,输入 $I_7 \sim I_0$ 为 8 个编码对象, $Y_2 \sim Y_0$ 为编码后的 3 位代码输出。

除了实现基本的编码功能外,可以发现芯片还具有一些控制管脚。EI 为该编码器的使能控制端,$EI = 1$ 编码器工作;$EI = 0$ 编码器不工作,输出无效,即 3 位输出代码 $Y_2 Y_1 Y_0$ 为 **000**。

只有在 $EI = 1$,而且无编码对象输入时,输出 EO 为 **1**,它可以与相同芯片的 EI 相连,实现多片优先编码器的连接。

当 $EI = 1$,且有编码输入时,GS 端输出才为 **1**,表示编码器处于工作状态,其他情况下 GS 端输出为 **0**,用于区分当编码器无输入和只有 I_0 输入时 3 位输出代码 $Y_2 \sim Y_0$ 均为 **000** 的情况。

图 4.2.2 是用两片 CD4532 组成的 16 线-4 线优先编码器。

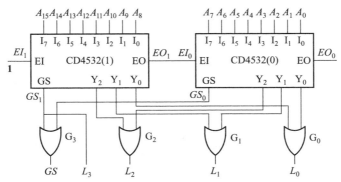

图 4.2.2 两片 CD4532 组成 16 线-4 线优先编码器

当 $A_0 \sim A_7$ 的低 8 个编码对象有输入,而 $A_8 \sim A_{15}$ 的高 8 个编码对象无输入时,CD4532(1) 片的 $GS_1 = \mathbf{0}$,$EO_1 = \mathbf{1}$,而该片的 3 位代码输出为 **000**,此时 CD4532

（0）片处于编码状态，4 位代码 $L_3 L_2 L_1 L_0$ 由 CD4532（1）片的 $GS_1 = 0$ 和 CD4532（0）片的 3 位输出代码决定。而当 $A_8 \sim A_{15}$ 的高 8 个编码对象有输入时，CD4532（1）处于编码状态，$EO_1 = 0$，使得 CD4532（0）片被禁止，不编码，该片的 GS_0 和 3 位代码输出都为 **0**，因此 4 位代码 $L_3 L_2 L_1 L_0$ 由 CD4532（1）片的 $GS_1 = 1$ 以及 CD4532（1）片的 3 位输出 $Y_2 Y_1 Y_0$ 决定。假设当 $A_9 A_{10}$ 有输入时，读者可以根据真值表给定的大数优先原则，不难分析其工作原理，得出 $L_3 L_2 L_1 L_0$ 的具体代码结果应该为 **1010**。

2. 3 线−8 线译码器 74LS138 功能及应用

74LS138 是一片中规模集成的 3 线−8 线译码器，表 4.2.2 为其真值表，图 4.2.3 为其简化逻辑符号。

表 4.2.2　74LS138 译码器真值表

控制与代码输入					译码器输出							
ST_A	$\overline{ST_B} + \overline{ST_C}$	A_2	A_1	A_0	$\overline{Y_7}$	$\overline{Y_6}$	$\overline{Y_5}$	$\overline{Y_4}$	$\overline{Y_3}$	$\overline{Y_2}$	$\overline{Y_1}$	$\overline{Y_0}$
0	×	×	×	×	**1**	**1**	**1**	**1**	**1**	**1**	**1**	**1**
×	**1**	×	×	×	**1**	**1**	**1**	**1**	**1**	**1**	**1**	**1**
1	**0**	**0**	**0**	**0**	**1**	**1**	**1**	**1**	**1**	**1**	**1**	**0**
1	**0**	**0**	**0**	**1**	**1**	**1**	**1**	**1**	**1**	**1**	**0**	**1**
1	**0**	**0**	**1**	**0**	**1**	**1**	**1**	**1**	**1**	**0**	**1**	**1**
1	**0**	**0**	**1**	**1**	**1**	**1**	**1**	**1**	**0**	**1**	**1**	**1**
1	**0**	**1**	**0**	**0**	**1**	**1**	**1**	**0**	**1**	**1**	**1**	**1**
1	**0**	**1**	**0**	**1**	**1**	**1**	**0**	**1**	**1**	**1**	**1**	**1**
1	**0**	**1**	**1**	**0**	**1**	**0**	**1**	**1**	**1**	**1**	**1**	**1**
1	**0**	**1**	**1**	**1**	**0**	**1**	**1**	**1**	**1**	**1**	**1**	**1**

根据表 4.2.2 给出的功能，读者可自行分析单片 74LS138 工作时的功能特性。

如果要组成 4 线−16 线译码器，则可以用两片 74LS138 译码器实现。将两片译码器的低 3 位代码输入端连接在一起，实现分时工作制。用 4 位代码中的最高位 A_3 控制两片中的使能端，当最高位 $A_3 = 0$ 时，第 Ⅰ 片译码器使能工作于译码状态，第 Ⅱ 片为禁止状态，输出为第 Ⅰ 片的 8 线（$\overline{Y_0} \sim \overline{Y_7}$）；当最高位 $A_3 = 1$ 时，第 Ⅰ 片译码器为禁止状态，第 Ⅱ 片译码器使能处于译

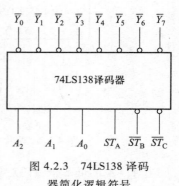

图 4.2.3　74LS138 译码器简化逻辑符号

工作状态,输出为第Ⅱ片的 8 线($\overline{Y}_8 \sim \overline{Y}_{15}$)。连接后的电路如图 4.2.4 所示。

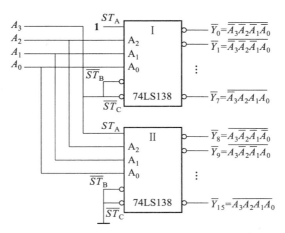

图 4.2.4　由两片 74LS138 连接成 4 线－16 线译码器

读者还可以采用其他更巧妙的方法将两片 74LS138 连接成 4 线－16 线译码器,同时还能保留使能控制端。

由 74LS138 译码器的真值表,我们可知在译码器控制使能有效的条件下,可以写出译码器 8 个输出方程为

$$\overline{Y}_7 = \overline{A_2 A_1 A_0}, \overline{Y}_6 = \overline{A_2 A_1 \overline{A}_0}, \overline{Y}_5 = \overline{A_3 \overline{A}_2 A_1}, \overline{Y}_4 = \overline{A_3 \overline{A}_2 A_1}$$

$$\overline{Y}_3 = \overline{\overline{A}_2 A_1 A_0}, \overline{Y}_2 = \overline{\overline{A}_2 A_1 \overline{A}_0}, \overline{Y}_1 = \overline{\overline{A}_2 \overline{A}_1 A_0}, \overline{Y}_0 = \overline{\overline{A}_3 \overline{A}_2 A_1}$$

可见,二进制译码器的每个输出是一个译码输入变量的最小项。因此,可以利用译码器芯片,再附加少量逻辑门电路,实现具有一定功能的组合逻辑电路。

【例 4.2.1】　用 3 线－8 线译码器 74LS138 及最少量的**与非门**实现下列逻辑函数。

$$Z = AB + AC + BC$$

解:把待实现的逻辑函数表示为标准最小项和的形式:

$$Z = ABC + AB\overline{C} + A\overline{B}C + \overline{A}BC = \overline{\overline{ABC}\,\overline{AB\overline{C}}\,\overline{A\overline{B}C}\,\overline{\overline{A}BC}} = \overline{\overline{Y}_3\overline{Y}_5\overline{Y}_6\overline{Y}_7}$$

则连接图如图 4.2.5 所示。

图 4.2.6 是选用 3 线－8 线译码器实现检测 4 位输入二进制代码中含 1 的数是奇数还是偶数的奇偶校验电路。输出 Y_{OD} 为 1 表示 1 的个数为奇数,输出 Y_E 为 1 表示 1 的个数为偶数。请读者自行分析理解。

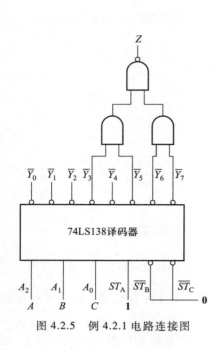

图 4.2.5　例 4.2.1 电路连接图

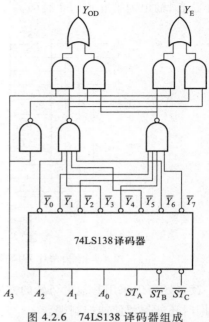

图 4.2.6　74LS138 译码器组成
判定 **1** 奇偶数的电路

4.2.2　集成数据选择器

常见的集成数据选择器有 4 选 1、8 选 1 等。74HC151 是一款典型的 CMOS 集成 8 选 1 数据选择器,表 4.2.3 是它的功能表,简化逻辑符号如图 4.2.7 所示。

表 4.2.3　74HC151 数据选择器功能表

输入				输出	
使能输入	选择地址输入			原码输出	反码输出
$\overline{E}$	A_2	A_1	A_0	Y	$\overline{Y}$
1	×	×	×	**0**	**1**
0	**0**	**0**	**0**	D_0	$\overline{D}_0$
0	**0**	**0**	**1**	D_1	$\overline{D}_1$
0	**0**	**1**	**0**	D_2	$\overline{D}_2$
0	**0**	**1**	**1**	D_3	$\overline{D}_3$

续表

输入				输出	
使能输入	选择地址输入			原码输出	反码输出
$\overline{E}$	A_2	A_1	A_0	Y	$\overline{Y}$
0	**1**	**0**	**0**	D_4	$\overline{D_4}$
0	**1**	**0**	**1**	D_5	$\overline{D_5}$
0	**1**	**1**	**0**	D_6	$\overline{D_6}$
0	**1**	**1**	**1**	D_7	$\overline{D_7}$

一、集成芯片的扩展使用

集成数据选择器除了可以实现基本的数据选择功能外,还可以采用多片集成芯片实现功能的扩展。图 4.2.8 是用四片 74HC151 和一片 74HC253(4 选 1 数据选择器)连接成的 32 选 1 的数据选择电路,采用两级选择的电路结构,即高 2 位选择地址 ED 为 **00** 时,输出 Y 由低 3 位地址 CBA 选择第一级第 1 片的 8 路数据;ED 为 **01** 时,输出 Y 依次选择第一级第 2 片中的 8 路数据;$ED = \mathbf{10}$ 时,输出 Y 选择第一级第 3 片的 8 路数据;当 $ED = \mathbf{11}$ 时,选择第一级第 4 片的 8 路数据,从而实现了 32 路数据在 5 位地址控制下选择其中 1 路输出的逻辑功能。

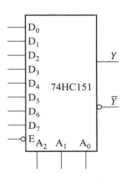

图 4.2.7　中规模集成 CMOS 74HC151 8 选 1 数据选择器

二、利用数据选择器实现组合逻辑函数

图 4.2.9 是利用 74HC151 实现三变量逻辑函数 $Z = f(A,B,C) = \overline{A}\,\overline{B} + \overline{B}C + AB\,\overline{C}$ 的逻辑电路。由于 74HC151 是一片 8 选 1 的数据选择器,3 位地址码控制着选择哪一路输入数据作为输出,即地址最小项 m_i 与 D_i 对应,因此只要把已知的函数化成标准最小项之和形式,并把函数的三个变量 A、B、C 都从 3 位地址端输入即可。如果函数 Z 包含多路选择器对应地址的最小项,则该地址最小项对应的输入数据为 **1**,如果函数不包含多路选择器某地址的最小项,则该地址对应的该路输入数据为 **0**。

根据上述操作步骤,将已知函数配项后得到其最小项之和的表示形式,然后和多路选择器的输出函数表达式比对,找出对应数据输入端 D 的逻辑关系。该例中,因函数的变量都从选择器的地址输入,所以各数据端 D 只能是 **1** 或 **0** 这两种情况。

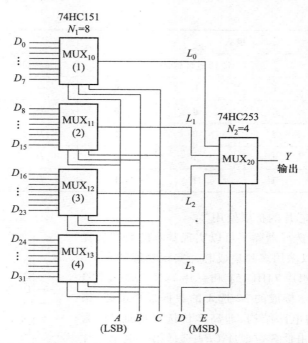

图 4.2.8　用四片 74HC151 和一片 74HC253 组成 32 路数据选择器

$$Z = f(A, B, C) = \overline{A}\,\overline{B} + \overline{B}C + AB\,\overline{C} = \overline{A}\,\overline{B}\,\overline{C} + \overline{A}\,BC + \overline{A}\,B\overline{C} + A\,\overline{B}\,\overline{C} + AB\,\overline{C}$$

$$= \overline{A}\,\overline{B}\,\overline{C} + \overline{A}\,BC + A\,\overline{B}\,\overline{C} + AB\,\overline{C} = m_0 D_0 + m_1 D_1 + m_5 D_5 + m_6 D_6$$

$$= m_0 \cdot \mathbf{1} + m_1 \cdot \mathbf{1} + m_2 \cdot \mathbf{0} + m_3 \cdot \mathbf{0} + m_4 \cdot \mathbf{0} + m_5 \cdot \mathbf{1} + m_6 \cdot \mathbf{1} + m_7 \cdot \mathbf{0}$$

所以 $D_0 = D_1 = D_5 = D_6 = \mathbf{1}$，$D_2 = D_3 = D_4 = D_7 = \mathbf{0}$。由此连接成的电路如图 4.2.9 所示。

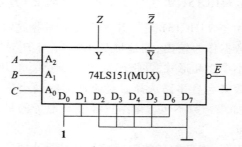

图 4.2.9　用 74HC151 实现组合逻辑函数

三、用于产生序列脉冲

如果把多路数据选择器的数据输入端接上预先设计好的序列数据，而在地

178

址控制端依次加上地址(可以考虑一种计数器的输出作为该地址输入),则在选择器的输出端 Y 将可以输出一个序列脉冲。图 4.2.10 是产生 **01011001** 序列脉冲的逻辑电路。

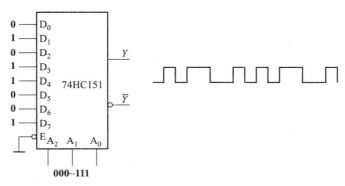

图 4.2.10　用 74HC151 实现 **01011001** 序列的脉冲发生器

4.2.3　集成加法器和数值比较器

一、中规模集成二进制加法器 74HC283

74HC283 是中规模集成 4 位二进制加法器,其简化逻辑符号如图 4.2.11 所示。$A_3 \sim A_0$ 是 4 位被加数,$B_3 \sim B_0$ 是 4 位加数,$S_3 \sim S_0$ 是 4 位和数,C_0 和 C_{-1} 分别为 4 位加法器的进位输出和低位进位输入。利用中规模二进制加法器,可以组成多种功能的逻辑电路。

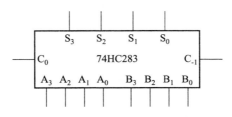

图 4.2.11　74HC283 简化逻辑符号

1. 利用 74HC283 实现减法运算

二进制数的减法运算可以通过补码的加法运算来实现,所以要进行两个 4 位二进制数的减法运算时,必须先将运算数据变成补码。由于一个 n 位二进制数 N 的补码为

$$[N]_{\text{补}} = 2^n - [N]_{\text{原}}$$

负数的补码等于反码加 1，即 $[N]_{补} = [N]_{反} + \mathbf{1}$，正数的补码与原码相同。因此 $D = A - B = [+A]_{补} + [-B]_{补}$，从上述表达式可知，两个 N 位的二进制数相减，可以通过被减数和减数的补码相加来实现，其结果为差的补码，可能为正数也可能为负数，可以利用加法器的进位来判别，将结果再求一次补码即可得到原码。图 4.2.12 所示为两个 4 位二进制数减法运算电路。

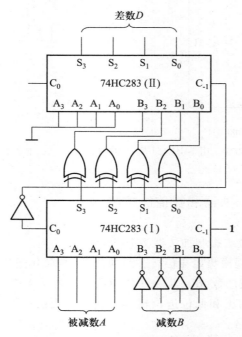

图 4.2.12　两个 4 位二进制数减法运算电路

　　图中，第 I 片 74HC283 实现被减数和减数的补码相加运算，得到和数的补码。如果第 I 片有进位输出，表明被减数大于减数，第 I 片的和数为正数，则应以原码的形式送到第 II 片的加数输入端，而第 II 片的被加数输入接 **0**，因此 A 减 B 后的差以原码形式输出。

　　如果被减数小于减数，则第 I 片的进位输出为低电平 0，和数为补码形式。该补码再送给第 II 片，用反码加 **1** 形式得到差的原码输出（补码再求补即得原码）。

　　2. 实现多位二进制数相加运算

　　用两片 74HC283 连接成的两个 8 位二进制数加法运算电路，如图 4.2.13 所示。只要把低 4 位的被加数和加数，高 4 位的被加数和加数分别接入第 I 片和第 II 片的相应输入端，低 4 位的进位输出连到高 4 位的低位进位输入，第 I 片的低位进位输入接地,它的 4 位和数作为 8 位和数中的低 4 位,第 Ⅱ 片的和作为 8 位和数的高 4 位。

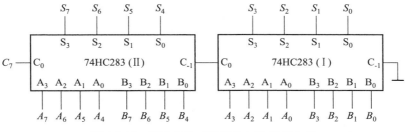

图 4.2.13　两个 8 位二进制数加法运算电路

3. 实现代码转换

加法器还可以实现代码转换,其基本思路是:若需要将某一种代码转换成另一种代码时,只要将原代码从被加数输入端输入,加数输入端加上某一个数,被加数和加数相加后就成为要转换成的结果代码了。例如,需要实现将 8421 码转换成余 3 码,则只需简单地把原代码从被加数输入端输入,加数输入端加上固定的数 **0011** 即可。稍微复杂一点的电路如图 4.2.14 所示,实现的是将 8421 码转换成 2421 码,这里仅涉及简单的组合逻辑电路的设计,即找出 $B_i = f(A_3, A_2, A_1, A_0)$ $i = 0, 1, 2, 3$。请读者自行分析其工作原理。

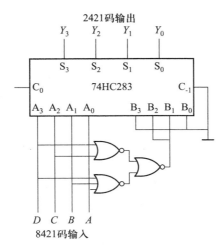

图 4.2.14　实现 8421 码转换成 2421 码

二、中规模集成 4 位数值比较器

利用中规模集成 4 位数值比较器可以实现任意位的数值比较器。图 4.2.15

是 74HC85 型中规模集成 4 位数值比较器的引脚排列图。

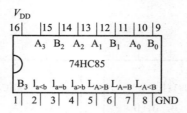

图 4.2.15　74HC85 型中规模集成 4 位数值比较器

图 4.2.16 是用两片 74HC85 简化逻辑符号实现的一个 8 位数值比较器的电路连接。

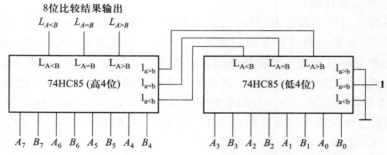

图 4.2.16　用两片 4 位数值比较器连接成的 8 位数值比较功能电路

如果是两个 10 位二进制数值相比较,应该选用三片 74HC85,但连接方案可以有多种。第一种是按照图 4.2.17 所示方案,实现串行连接比较,把低 4 位数值连接到低位数值比较器 74HC85(Ⅲ)片上,次低 4 位数值连接到 74HC85(Ⅱ)片上,最高 2 位数值连接在 74HC85(Ⅰ)片上。

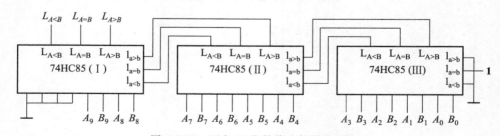

图 4.2.17　两个 10 位数值比较器的级连

第二种方案是选用两个 74HC85(Ⅰ)和 74HC85(Ⅱ),分别连接高 4 位和次高 4 位数值,最低 2 位数值接最低位数值比较器 74HC85(Ⅲ),如图 4.2.18 所示。

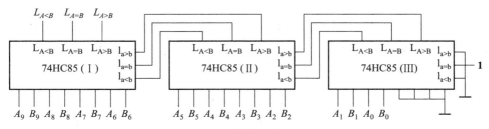

图 4.2.18　两个 10 位数值比较器的另一种级连

4.2.4　集成计数器

集成计数器通常具有计数、并行置数、同步保持以及置数(同步或异步)和清零(同步或异步)等多种功能。集成计数器的型号众多,逻辑功能一般由功能表、逻辑框图、时序图和部分输出逻辑函数表达式等表示。

一、典型的中规模集成计数器

1. 4 位二进制加法计数器 74HC163 和 74HC161

集成计数器 74HC163 的双列直插式封装的引脚排列和简化逻辑符号如图 4.2.19 所示,进位输出 $CO = Q_3 Q_2 Q_1 Q_0$,即 $Q_3 Q_2 Q_1 Q_0 = 1111$ 时 $CO = 1$。计数器的功能描述如表 4.2.4 所示。

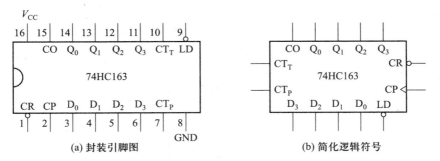

(a) 封装引脚图　　　　　　　　　　(b) 简化逻辑符号

图 4.2.19　74HC163 中规模集成计数器

表 4.2.4　集成计数器 74HC163 功能表

输入									触发器状态			
CP	$\overline{CR}$	$\overline{LD}$	CT_P	CT_T	D_3	D_2	D_1	D_0	Q_3^{n+1}	Q_2^{n+1}	Q_1^{n+1}	Q_0^{n+1}
$\uparrow$	0	×	×	×	×	×	×	×	0	0	0	0
$\uparrow$	1	0	×	×	A_3	A_2	A_1	A_0	A_3	A_2	A_1	A_0

续表

输入								触发器状态			
CP	$\overline{CR}$	$\overline{LD}$	CT_P	CT_T	D_3	D_2	D_1	D_0	Q_3^{n+1}	Q_2^{n+1}	Q_1^{n+1}	Q_0^{n+1}
↑	**1**	**1**	**1**	**1**	×	×	×	×	4 位二进制加法计数			
×	**1**	**1**	**0**	×	×	×	×	×	保持			
×	**1**	**1**	×	**0**	×	×	×	×	保持			

功能表第一行实现"同步清零"功能。同步清零的时序要求是：① 清零控制端有效,即$\overline{CR} = 0$;② 时钟脉冲 CP 上升沿触发清零。因为清零与时钟脉冲相关联,所以称为"同步清零"。

功能表第二行实现"同步置数"功能。同步置数的条件是：① 清零控制端无效,置数控制端有效,即$\overline{CR} = 1, \overline{LD} = 0$;② 时钟脉冲 CP 上升沿触发置数,因此称"同步置数"。置数后,计数器状态为

$$Q_3^{n+1} Q_2^{n+1} Q_1^{n+1} Q_0^{n+1} = A_3 A_2 A_1 A_0$$

功能表第三行实现计数功能。计数功能需要满足的条件是：① 置数和清零控制均无效($\overline{CR} = \overline{LD} = 1$);② 计数控制端 $CT_P = CT_T = 1$ 有效;③ 时钟脉冲 CP 上升沿触发,实现 4 位二进制加法计数。

功能表第四、五行实现保持功能。置数和清零控制端均无效,同时计数控制端无效,即 CT_P 或 CT_T 有一个为低电平($CT_P = 0$ 或 $CT_T = 0$),此时即使时钟脉冲 CP 有效边沿到来,触发器状态仍保持不变,实现了同步保持功能。

集成计数器 74HC161 引脚排列与 74HC163 完全相同,详细功能描述如表 4.2.5所示。从功能表第一行看出,该芯片实现清零时,只需在清零控制端加上有效的清零信号,即$\overline{CR} = 0$,而不需要有效的时钟脉冲 CP,这种清零方式称为"异步清零",以区别于同步清零。其他功能与 74HC163 完全相同。

表 4.2.5 集成计数器 74HC161 功能表

输入									触发器状态			
CP	$\overline{CR}$	$\overline{LD}$	CT_P	CT_T	D_3	D_2	D_1	D_0	Q_3^{n+1}	Q_2^{n+1}	Q_1^{n+1}	Q_0^{n+1}
×	**0**	×	×	×	×	×	×	×	**0**	**0**	**0**	**0**
↑	**1**	**0**	×	×	A_3	A_2	A_1	A_0	A_3	A_2	A_1	A_0
↑	**1**	**1**	**1**	**1**	×	×	×	×	4 位二进制加法计数			
×	**1**	**1**	**0**	×	×	×	×	×	保持			
×	**1**	**1**	×	**0**	×	×	×	×	保持			

2. 十进制可逆计数器 74LS192

中规模集成计数器 74LS192 的双列直插式封装引脚排列如图 4.2.20 所示，进位输出 $\overline{CO} = \overline{Q_3 Q_0 \overline{CP_U}}$，借位输出 $\overline{BO} = \overline{\overline{Q_3} \overline{Q_2} \overline{Q_1} \overline{Q_0} \overline{CP_D}}$。计数器的功能描述如表 4.2.6 所示。

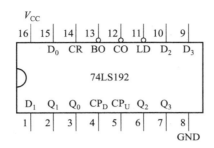

图 4.2.20　74LS192 双列直插式封装引脚排列图

表 4.2.6　74LS192 功能表

输入								触发器状态			
CR	$\overline{LD}$	CP_U	CP_D	D_3	D_2	D_1	D_0	Q_3^{n+1}	Q_2^{n+1}	Q_1^{n+1}	Q_0^{n+1}
1	×	×	×	×	×	×	×	0	0	0	0
0	0	×	×	A_3	A_2	A_1	A_0	A_3	A_2	A_1	A_0
0	1	↑	1	×	×	×	×	8421 码十进制加法计数			
0	1	1	↑	×	×	×	×	8421 码十进制减法计数			
0	1	1	1	×	×	×	×	保持			

功能表第一行实现异步清零功能。

功能表第二行实现异步置数功能。

功能表第三行实现 8421 码十进制加法计数功能。十进制加法计数功能需要满足的条件是：① 清零和置数控制端均无效；② 减法计数脉冲输入端置高电平；③加法计数时钟脉冲上升沿触发。

功能表的第四行实现 8421 码十进制减法计数功能。十进制减法计数功能需要满足的条件是：① 清零和置数控制端均无效；② 加法计数脉冲输入端置高电平；③减法计数时钟脉冲上升沿触发。

功能表第五行实现保持功能。清零和置数控制端均无效，且无加法和减法脉冲，计数器状态保持不变。

二、利用单片中规模集成计数器实现 N 进制计数

设集成计数器的模是 M，应用单片集成计数器可以实现模不大于 M 的任意 N 进制计数器。实现方法主要有：反馈清零、反馈置数和多次置数等方法。

1. 反馈清零法

反馈清零是利用计数器在计数过程中的某个状态，通过组合门电路的连接，使计数器的清零端有效，以达到将计数器状态清零的目的。此后，清零端状态又迅速恢复到允许计数器工作状态。

【例 4.2.2】　试分别用 74HC161 和 74HC163 型中规模集成计数器设计一个 8421 码的七进制加法计数器。

解：根据题意，8421 码的七进制加法计数器状态转换图如图 4.2.21 所示。

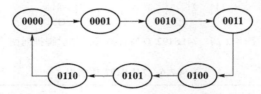

图 4.2.21　例 4.2.2 七进制加法计数状态转换图

状态转换图中最大状态 **0110** 的下一个状态必须是 **0000** 状态。因此，当状态 **0110** 出现后可采用反馈清零法将下一个状态强制置成 **0000**。

74HC161 计数器为异步清零，如果利用 **0110** 状态通过组合电路作为反馈清零控制，只要 **0110** 状态一出现，计数器状态就会立刻被清除成 **0000**，这使 **0110** 状态只出现短暂瞬间，计数器就变成了六进制而不是七进制了。因此在采用异步清零时，必须借助 **0110** 的下一个状态 **0111**，利用 **0111** 状态作为反馈清零控制，再通过组合电路实现反馈清零的目的。经上述分析，反馈清零控制的逻辑关系为

$$\overline{CR} = \overline{Q_2^n Q_1^n Q_0^n},$$

通过**与非**门连接成的电路如图 4.2.22 所示。图 4.2.23 是该连接图实现的时序图。

由于异步清零时间非常短暂，而且出现了一个非有效计数循环中的状态 **0111**（即过渡状态），当各触发器的翻转时间不一致，例如若 Q_3、Q_2 先被清零，则 $\overline{CR} = \overline{Q_2 Q_1 Q_0}$ 将无效，从而会导致 Q_1，Q_0 无法清零的不可靠现象。从图 4.2.23 也可以看出，$\overline{CR}$ 信号是个很窄的脉冲，为了保证清零脉冲有足够的宽度，可采用图 4.2.24 所示电路。

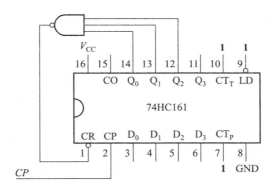

图 4.2.22 74HC161 连接成 8421 码的七进制加法计数器

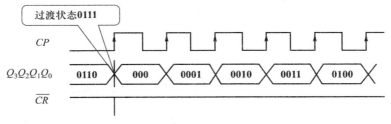

图 4.2.23 异步清零实现七进制的时序图

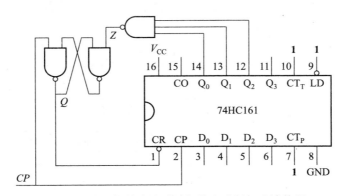

图 4.2.24 延长异步清零时间的七进制加法计数器

图 4.2.24 中增加了一个基本 RS 锁存器,用于扩展清零时间。若 CP 脉冲上升沿触发后进入过渡状态 **0111**,此时 $Z = \overline{Q_2 Q_1 Q_0} = 0$ 有效,RS 触发器输出 $Q = 0$,$\overline{CR} = Q = 0$ 进入清零过程。在清零过程中,假设因某种原因 $Z = 1$,由于 CP 高电平期间,RS 锁存器的输出处于保持状态,使清零脉冲宽度等于 CP 脉冲高电平的

宽度,从而充分保证了异步清零的有效性,读者可自行画出清零端$\overline{CR}$的时序波形图。

74HC163 的清零控制属于同步清零,清零时除要求清零端$\overline{CR}$为低电平外,还要求有时钟 CP。因此,可以将状态转换图中的最后一个状态 **0110** 作为反馈控制逻辑,即清零端的控制逻辑关系为

$$\overline{CR} = \overline{Q_2^n Q_1^n}$$

当计数器进入 **0110** 状态后,清零端$\overline{CR} = \overline{Q_2 Q_1} = \mathbf{0}$。但由于本次时钟有效沿已过,计数器状态不会被清除,而必须等到下一个时钟有效沿到达时实现同步清零功能,即 **0110** 状态可以被保留。采用具有同步清零功能的 74HC163 连接成的 8421 码的七进制加法计数器如图 4.2.25 所示。图 4.2.26 是该连接时的时序图。

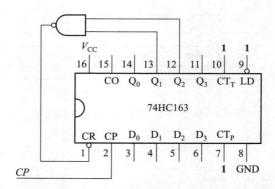

图 4.2.25　74HC163 连接成 8421 码的七进制加法计数器

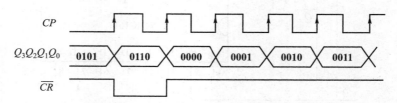

图 4.2.26　同步清零实现 8421 码七进制加法计数时序图

采用反馈清零方法设计 N 进制计数器的适用范围是:通常只能实现加法计数,状态转换图中的状态必须连续变化,且包含 **00…0** 状态。

2. 置数法

置数法就是利用中规模集成计数器中的置数控制端$\overline{LD}$(低电平有效置数)

或 LD（高电平有效置数），以及数据输入端 $D_3D_2D_1D_0$ 实现 N 进制计数的。计数器中的初始状态从预置数输入端置入，预置数控制端由计数器工作时的某个状态控制。

【例 4.2.3】 试用中规模集成计数器 74HC163 设计一个余 3 码的七进制加法计数器。

解：由题意，余 3 码的七进制计数器的状态转换图如图 4.2.27 所示。

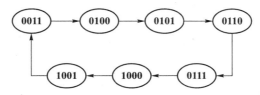

图 4.2.27 余 3 码的七进制加法计数器状态转换图

由表 4.2.4 可知，74HC163 的置数控制属于同步置数。因此可以将状态转换图中最大状态 **1001** 作为置数控制逻辑，当计数器状态出现 **1001** 时，置数控制端 $\overline{LD}$ 有效，下一个 CP 边沿触发信号到来时，将计数器的状态置成 **0011**，然后 $\overline{LD}$ 恢复正常高电平，计数器继续计数。因此，置数控制端的逻辑关系为 $\overline{LD} = \overline{Q_3^n Q_1^n}$，连接后的电路如图 4.2.28 所示。

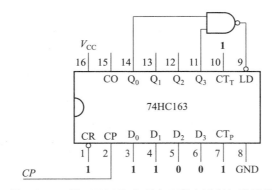

图 4.2.28 用 74HC163 实现余 3 码七进制加法计数

【例 4.2.4】 用中规模集成计数器 74LS192 设计一个 8421 码的七进制减法计数器。

解：由题意，8421 码七进制减法计数器的状态转换图如图 4.2.29 所示。当状态转换图中最小状态 **0000** 出现后，必须将计数器的下一个状态置成 **0110**，也就是说，预置数输入端的数据必须设定为 $D_3D_2D_1D_0 = \mathbf{0110}$。

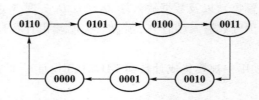

图 4.2.29　8421 码七进制减法计数状态转换图

由表 4.2.6 得,74LS192 为异步方式置数,因此不能将状态转换图中的 **0000** 作为置数控制逻辑状态,否则 **0000** 状态一旦出现,计数器马上会被置成 **0110**。所以,应该将 **0000** 的下一个状态 **1001**(当 74LS192 连接成十进制减法计数功能时,**0000** 状态的下一个状态是 **1001**)作为置数控制逻辑状态。

$$\overline{LD} = \overline{Q_3^n Q_1^n}$$

连接后的电路如图 4.2.30 所示。

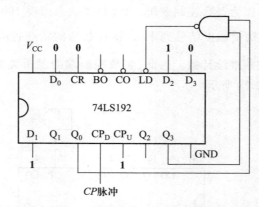

图 4.2.30　74LS192 连接成的 8421 码七进制减法计数器

反馈置数法比反馈清零法有更宽的适用范围,只需要状态转换图中的状态是连续变化的。

3. 多次反馈置数法

反馈清零法和反馈置数法局限于原计数器的计数状态以二进制规律连续变化。如果状态转移不连续,则应将置数和计数功能交替使用。状态不连续时采用置数法实现,在状态连续变化时采用计数法实现。

【例 4.2.5】　用中规模集成计数器 74HC161 设计一个按图 4.2.31 所示状态转换图的七进制计数器。

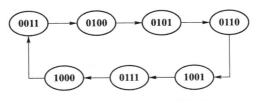

图 4.2.31　例 4.2.5 状态转换图

解：分析状态转换图可知，计数器从 **0011** 状态开始计数，从 **0011→0100→0101→0110** 以及 **0111→1000** 是按二进制规律转换，因此这几个状态的转换只要计数功能即可实现。而 **0110→1001→0111** 以及 **1000→0011** 的状态转移，每个次态都必须通过置数的方法实现。如果状态按计数功能转换时，置数控制端不置数，而数据输入端状态可以任意放置；反之数据输入端应该是下一状态的数据，置数控制端就应该放置有效的逻辑电平。由图 4.2.32 可得到状态真值表如表 4.2.7 所示。

表 4.2.7　例 4.2.5 状态转换真值表

CP	Q_3	Q_2	Q_1	Q_0	Q_3^{n+1}	Q_2^{n+1}	Q_1^{n+1}	Q_0^{n+1}	$\overline{LD}$	D_3	D_2	D_1	D_0
1	0	0	0	0	×	×	×	×	×	×	×	×	×
2	0	0	0	1	×	×	×	×	×	×	×	×	×
3	0	0	1	0	×	×	×	×	×	×	×	×	×
4	0	0	1	1	0	1	0	0	1	×	×	×	×
5	0	1	0	0	0	1	0	1	1	×	×	×	×
6	0	1	0	1	0	1	1	0	1	×	×	×	×
7	0	1	1	0	1	0	0	1	0	1	0	0	1
8	0	1	1	1	1	0	0	0	1	×	×	×	×
9	1	0	0	0	0	0	1	1	0	0	0	1	1
10	1	0	0	1	0	1	1	1	0	0	1	1	1
11	1	0	1	0	×	×	×	×	×	×	×	×	×
12	1	0	1	1	×	×	×	×	×	×	×	×	×
13	1	1	0	0	×	×	×	×	×	×	×	×	×
14	1	1	0	1	×	×	×	×	×	×	×	×	×
15	1	1	1	0	×	×	×	×	×	×	×	×	×
16	1	1	1	1	×	×	×	×	×	×	×	×	×

由状态真值表得各输出的卡诺图如图 4.2.32 所示。

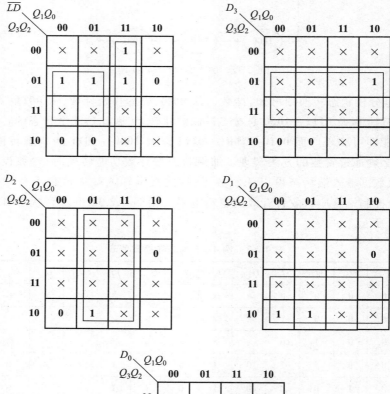

图 4.2.32 例 4.2.5 中卡诺图化简

卡诺图简化后可得：

$$\overline{LD} = Q_1^n Q_0^n + Q_2^n \overline{Q_1^n}$$

$$D_3 = Q_2^n, D_2 = Q_0^n, D_1 = Q_3^n, D_0 = 1$$

清零端 $\overline{CR} = 1$，计数控制端 $CT_P = CT_T = 1$。按以上方程连接，可以得到设计所要求的电路（图略）。

多次反馈置数法在实际中应用较少。对不连续的状态转换图,可首先用反馈清零法或反馈置数法设计一个状态连续变化的状态转换图,然后用组合逻辑电路对该状态转换图的状态译码,得到实际的状态转换图。

三、实现大容量计数器的连接

当计数器的容量大于单片中规模集成计数器的模时,可以通过多片计数器的级联方式实现大容量计数器。片间的连接方式有同步级联和异步级联两种。图 4.2.33(a)中各级计数器的时钟脉冲相同,称这种级联方式为同步级联。同步级联方式要求中规模集成计数器具有同步保持功能,这样可以根据所设计的功能对芯片使能端信号进行合理控制。图 4.2.33(b)中各级计数器的时钟脉冲不同,后级时钟由前级计数器的进位输出决定,这种级联方式称为异步级联。

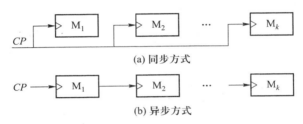

(a) 同步方式

(b) 异步方式

图 4.2.33　大容量计数器的连接方式

设第 i 级由单片集成计数器构成的计数器模为 M_i,则多片级联后的计数器容量等于 $N = M_1 \times M_2 \times \cdots \times M_K \prod_{i=1}^{K} M_i$。

大容量计数器的设计可以分成两步:第一步是应用反馈清零法或反馈置数法设计模为 M_i 的计数器,第二步是完成各级间的整体连接。

【例 4.2.6】　试用中规模集成计数器 74HC163 设计一个 8421 码的六十进制计数器。

解:依题意,六十进制计数器必须分解成两级实现,且 $N = M_1 \times M_2 = 6 \times 10$。十位和个位各用一片集成计数器实现,本例中的个位十进制计数器采用反馈置数法实现,十位六进制采用反馈清零法实现。

片间级联的要求是:当个位计数器有进位输出时,十位计数器加 **1**。由于 74HC163 具有同步保持功能,因此片间级联可以采用同步级联方式。

1. 同步级联法

用个位状态 $Q_3Q_2Q_1Q_0$ 控制十位计数器的 CT_P, CT_T 端,当个位计数器计至 9（**1001**）时,十位计数器的 $CT_P = CT_T = 1$,则十位计数器具备了计数条件,下一个时钟脉冲到来后,拾位计数器加 **1**,而个位计数器状态回到 **0000**。产生十位同步控制端的时序图如图 4.2.34 所示。

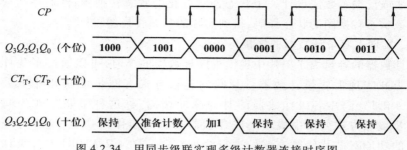

图 4.2.34　用同步级联实现多级计数器连接时序图

8421 码的六十进制计数器,最大输出是 59(即 $Q_7^n Q_6^n Q_5^n Q_4^n Q_3^n Q_2^n Q_1^n Q_0^n =$ **01011001**),因此,当十位计数器计到 5、个位计数器计到 9 时,十位的同步清零端 $\overline{CR} = 0$,做好了同步清零的准备。当然此时个位的同步置数也为有效,即 $\overline{LD} = 0$,当下一个 CP 到达时,十位计数器被清零,个位计数器状态也回到 **0000**。

8421 码的六十进制同步级联计数器如图 4.2.35 所示。

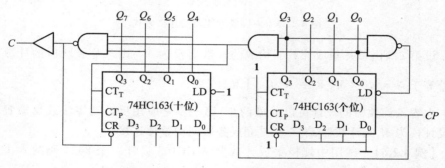

图 4.2.35　8421 码的六十进制同步级联计数器

2. 异步级联法

异步级联法的基本思路是当个位计数产生进位输出时,以该进位信号作为十位计数器的一个计数时钟。由于 74HC163 为时钟脉冲的上升沿触发,为保证在个位计数器由 9 变 0 时产生上升沿,十位计数器的时钟方程必须满足:

$$CP_+ = \overline{Q_3^n Q_0^n}$$

拾位时钟产生的时序如图 4.2.36 所示。

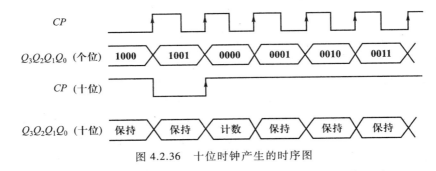

图 4.2.36 十位时钟产生的时序图

高位（十位）设计与同步级联时相同，完整的逻辑图如图 4.2.37 所示。

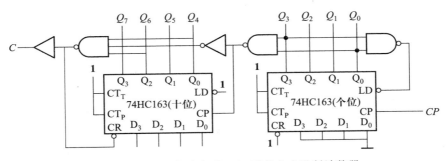

图 4.2.37 异步方式实现 8421 码的六十进制计数器

【例 4.2.7】 用中规模集成计数器 74LS192 设计 8421 码的六十进制减法计数器。

解： 考虑到芯片 74LS192 不具有同步保持的控制管脚，通常思路是片间采用异步级联工作方式，如图 4.2.38 所示。个位芯片接成十进制，十位芯片接成六进制，利用异步反馈置数模式，$\overline{LD} = \overline{Q_3 Q_0}$，减法计数脉冲由个位芯片 $Q_3 Q_0$ 产生，

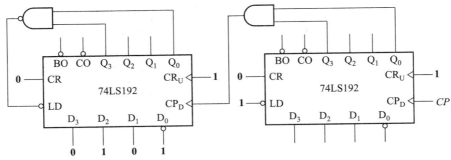

图 4.2.38 异步级联方式实现的 8421 码六十进制减法计数器

当个位减法计数由 **0000** 变为 **1001** 同时,产生十位 CP_D 的上升沿,完成十位减 **1** 功能。当然,也可以利用个位芯片的借位输出 $\overline{BO} = \overline{\overline{Q_3}\,\overline{Q_2}\,\overline{Q_1}\,\overline{Q_0}\,\overline{CP_D}}$ 来实现上述功能,在此不赘述。

四、应用中规模集成计数器实现一般时序逻辑电路

【例 4.2.8】　试用 74HC163 设计一个 **1100110001** 序列脉冲发生器。

解:**1100110001** 序列共有十个状态。设计过程可分成两步:第一步利用中规模集成计数器设计一个十进制计数器,第二步对计数器的状态进行译码,产生 **1100110001** 序列。

设待设计的十进制计数器的状态转换图如图 4.2.39 所示。

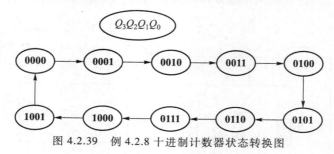

图 4.2.39　例 4.2.8 十进制计数器状态转换图

利用了反馈清零法设计的十进制计数器电路如图 4.2.40 所示。

设输出序列脉冲信号为 Z,Z 由中规模集成计数器的状态变量经译码后得到,十个状态(**0000 ~ 1001**)对应序列信号 **1100110001** 的十位,即计数状态为 **0000** 时 Z 输出为 **1**,计数状态为 **0001** 时 Z 输出为 **1**,计数状态为 **0010** 时 Z 输出为 **0**,$\cdots$,计数状态为 **1000** 时 Z 输出为 **0**,计数状态为 **1001** 时 Z 输出为 **1**,据此画出译码部分的卡诺图如图 4.2.41 所示。

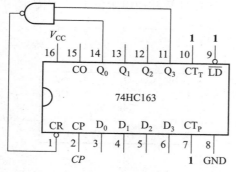

图 4.2.40　例 4.2.8 十进制计数器电路图

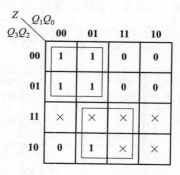

图 4.2.41　例 4.2.8 卡诺图

由卡诺图得： $$Z = \overline{Q_3}\,\overline{Q_1} + Q_3 Q_0$$

所以 **1100110001** 序列脉冲发生器的逻辑电路如图 4.2.42 所示。

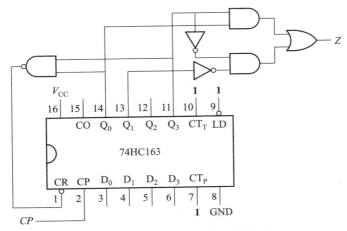

图 4.2.42　例 4.2.8 序列脉冲发生器

【例 4.2.9】　应用中规模集成计数器 74HC161 设计 **110** 序列检测电路。

解： 设输入信号序列是 X，检测结果 Z，状态变量是 $Q_1 Q_0$，参考例 4.1.7 可得简化后的状态转换图，如图 4.2.43 所示。

110 序列检测电路只有 3 个状态，利用一片集成计数器 74HC161（共有 16 个状态）已足够了。由于状态之间的转移并不完全连续，因此必须采用置数和计数法交替进行。

本例只需用到 74HC163 内部的 2 位触发器端即可（采用 Q_1，Q_0 2 位），将状态转换图转换成状态真值表 4.2.8 后，就可确定计数器置数控制端和数据输入端的逻辑值。

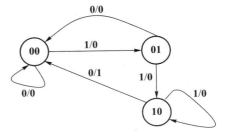

图 4.2.43　例 4.2.9 状态转换图

表 4.2.8　由图 4.2.43 转换成的状态真值表

CP	X	Q_1	Q_0	Q_1^{n+1}	Q_0^{n+1}	Z	$\overline{LD}$		D_1	D_0
1	0	0	0	0	0	0	0	置数	0	0
2	0	0	1	0	0	0	0	置数	0	0
3	0	1	0	0	0	1	0	置数	0	0

续表

CP	X	Q_1	Q_0	Q_1^{n+1}	Q_0^{n+1}	Z	$\overline{LD}$		D_1	D_0
4	0	1	1	×	×	×	×	无关	×	×
5	1	0	0	0	1	0	1	计数	×	×
6	1	0	1	1	0	0	1	计数	×	×
7	1	1	0	1	0	0	0	置数	1	0
8	1	1	1	×	×	×	×	无关	×	×

将状态 **11** 作约束项处理后,将卡诺图简化可得:

$$Z = \overline{X} Q_1, \quad \overline{LD} = X\,\overline{Q_1}, \quad D_1 = X, D_0 = 0$$

由此画出的完整逻辑电路如图 4.2.44 所示。

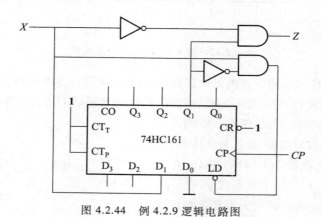

图 4.2.44　例 4.2.9 逻辑电路图

4.3　硬件描述语言和可编程逻辑器件

　　随着新兴技术日新月异的发展,数字电路的分析和设计手段也发生了很大的变化。由于大规模集成电路技术和电子计算机仿真工具的发展,大规模可编程逻辑器件(programmable logic devices,PLD)和硬件描述语言(hardware description language,HDL)在数字系统中的应用也越来越广泛。本章主要简介硬件描述语言和大规模可编程逻辑器件的基本入门知识,以利于读者对后续相关课程的学习。

4.3.1 硬件描述语言基础

一、硬件描述语言简述

逻辑功能的传统描述方法主要有:真值表描述、逻辑函数描述、卡诺图描述、逻辑电路图描述等。电子设计自动化(electronic design automation,EDA)技术提供了一种用特殊语言描述数字系统逻辑功能的方法。这种描述语言可以描述数字硬件(如门电路、触发器等)之间的连接关系,并借助 EDA 工具仿真硬件电路的逻辑功能和定时关系,被称为硬件描述语言(HDL)。

当数字电路系统用 HDL 语言描述后,就可以利用 HDL 语言提供的编译器,实现逻辑函数的简化、逻辑功能的仿真以及定时分析等。利用 EDA 工具还可以将 HDL 语言描述的逻辑功能下载到专用集成电路(application specific integrated circuit,ASIC)或可编程逻辑器件中,直接将软件设计转化成硬件设计,完成逻辑综合。

目前最常用的硬件描述语言有 VHDL(very high speed integrated circuit HDL)语言和 Verilog HDL 语言。VHDL 语言是在美国国防部支持下推出的超高速集成电路硬件描述语言,IEEE 于 1987 年将其确定为第一个硬件描述语言标准 IEEE1076 标准,1993 年进一步修订升级为 IEEE1164 标准。VHDL 语言是目前标准化程度最高的一种硬件描述语言,其支持数字系统的设计、综合、验证和测试。VHDL 语言因其简明的语言结构、多层次的功能描述、良好的移植性得到了众多 EDA 厂商的支持,它非常适合大型系统级数字系统的设计。Verilog HDL 语言是另一种应用广泛的硬件描述语言,IEEE 于 1995 年制定了 Verilog HDL 1364—1995 标准。Verilog HDL 语言特别适合门电路级、算法级数字系统的设计,广泛应用于 ASIC 器件和 PLD 器件的开发。

一个数字系统的 VHDL 描述,通常由五个部分构成:库(library)、实体(entity)、结构体(architecture)、配置(configuration)、包(package)。各个部分的功能如下。

库(library):库中存放的是已经编译好的实体、结构体、配置和包。库可以由设计者自己生成,也可以由芯片制造商提供。库放在 VHDL 程序段的最前面。

实体(entity):实体用以描述电路和系统的输入、输出端口等信息,也可以描述一些参数化的数值。

结构体(architecture):结构体用以描述电路和系统的功能信息,是对系统结构或行为的具体描述。

配置(configuration):完成对库的使用,从库中选择需要的单元完成自己的设计方案。

包(package):存放共享的数据、常数和子程序等。

一段 VHDL 程序必须包含实体和结构体,其余的库、配置以及包可根据需要选用。下文简要以几个例子来说明利用 VHDL 对组合逻辑电路和时序逻辑电路的描述以及仿真结果。详细的 VHDL 语法规则以及 EDA 开发工具的使用等内容请查阅相关文献,这里不再赘述。

二、组合逻辑电路功能的 VHDL 描述

下面通过一个具体的例子来加以说明。

【例 4.3.1】 已知一个 4 位二进制数 $A_4A_3A_2A_1$,试设计一个判别数据大小的逻辑电路。当输入的 4 位二进制数 $A_4A_3A_2A_1$ 大于或等于 2、小于或等于 10 时,输出为逻辑 **1**,其余情况输出为逻辑 **0**。

解:(1)传统的组合逻辑电路的设计方法。

根据题意可得到该逻辑功能的卡诺图表示如图 4.3.1 所示。

经卡诺图法简化后可得:

$$Z = \overline{A_4} \cdot A_3 + \overline{A_4} \cdot A_2 + A_4 \cdot \overline{A_3} \cdot \overline{A_2} + \overline{A_3} \cdot A_2 \cdot \overline{A_1}$$

(2)采用 VHDL 语言描述。

上述逻辑功能的一种 VHDL 语言描述为(其中黑体字为语言的关键字)

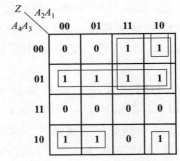

图 4.3.1 例 4.3.1 的卡诺图表示

```
library IEEE;                                    --引用库
use IEEE.STD_LOGIC_1164.ALL;                     --引用库中包
use IEEE.STD_LOGIC_ARITH.ALL;
use IEEE.STD_LOGIC_UNSIGNED.ALL;
entity DECODE is                                 --实体定义
    Port(A:in STD_LOGIC_VECTOR(4 downto 1);      --定义输入逻辑变量
            Z:out STD_LOGIC);                    --定义输出逻辑变量
    end DECODE;                                  --结束实体定义
architecture Behavioral of DECODE is             --结构体,描述逻辑功能
begin
process (A)                                      --过程函数
    begin
        if ((A>=2) and (A<=10)) then
        Z<='1';
```

```
    else
        Z<='0';
    end if;
    end process;                              --结束过程函数
    end Behavioral;                           --结束结构体
```

VHDL 源文件经过编译器编译,配合相应测试文件,仿真结果如图 4.3.2 所示。仿真结果说明逻辑功能完全符合设计要求。

图 4.3.2 仿真结果

三、触发器功能的 VHDL 描述

【例 4.3.2】 试用 VHDL 语言描述一个具有异步复位和异步置位功能的 *JK* 触发器。

解:*JK* 触发器的一种 VHDL 语言描述为

```
entity myJKFF is
    Port(SETn:in STD_LOGIC;
        CLRn:in STD_LOGIC;
        J:in STD_LOGIC;
        K:in STD_LOGIC;
        CLK:in STD_LOGIC;
        Q:out STD_LOGIC;
        Qn:out STD_LOGIC);
end myJKFF;
architecture Behavioral of myJKFF is
signal TMP:STD_LOGIC;
begin
process (SETn,CLRn,CLK,J,K)
begin
    if CLRn='0' then
        TMP<='0';
```

```
    elsif SETn = '0' then
        TMP <= '1';
    elsif (CLK 'event and CLK = '0') then
        if ((J = '0') and (K = '1')) then
                TMP <= '0';
        elsif ((J = '1') and (K = '0')) then
                TMP <= '1';
        elsif ((J = '1') and (K = '1')) then
                TMP <= not TMP;
        end if;
    end if;
end process;
Q <= TMP;
Qn <= not TMP;
end Behavioral;
```

仿真测试结果如图 4.3.3 所示。

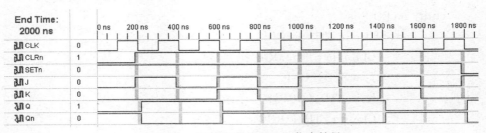

图 4.3.3   JK 触发器的 VHDL 仿真结果

四、时序逻辑电路功能的 VHDL 语言描述

下面通过两个具体的例子来加以说明。

【例 4.3.3】   试用 VHDL 语言设计一个具有异步清零 8421 码的十进制计数器功能。

解：用 VHDL 语言描述逻辑功能的方法有行为描述法和结构描述法。行为描述法只注重功能的实现，逻辑综合完全由 EDA 软件自动完成。结构描述法则注重逻辑实现的结构。行为描述法简单，而结构描述法的设计结果与硬件电路有明确的对应关系，更能体现设计者的思想。

十进制计数器的 VHDL 语言行为描述法：

```vhdl
library IEEE;                              --库说明
use IEEE.STD_LOGIC_1164.ALL;              --引用库中包
use IEEE.STD_LOGIC_ARITH.ALL;
use IEEE.STD_LOGIC_UNSIGNED.ALL;
entity CNTbev is                           --实体说明
    Port(CRn:in   STD_LOGIC;              --端口说明
          CP:in   STD_LOGIC;
          Carry:out   STD_LOGIC;
          QQ:out   STD_LOGIC_VECTOR (3 downto 0));
end CNTbev;
architecture Behavioral of CNTbev is       --结构体
signal tmp:STD_LOGIC_VECTOR (3 downto 0);
begin
process (CP,CRn)                           --过程函数
begin
    if CRn='0' then                        --异步清0
      tmp <= (others => '0');
    elsif CP='1' and CP 'event then        --上升沿触发
      if tmp ="1001" then                  --同步计数
        tmp<="0000";
      elsif tmp<=tmp+1;
      end if;
    end if;
QQ<=tmp;
Carry<=tmp(3) and tmp(0);
end process;
end Behavioral;                            --结束行为描述
```

十进制计数器的 VHDL 语言结构描述法：

```vhdl
library IEEE;                              --库说明
use IEEE.STD_LOGIC_1164.ALL;              --引用库中包
use IEEE.STD_LOGIC_ARITH.ALL;
use IEEE.STD_LOGIC_UNSIGNED.ALL;
```

```
    entity CNT10 is                              --实体说明
       Port( CP:in   STD_LOGIC;                  --端口说明
            CRn:in   STD_LOGIC;
            Carry:out   STD_LOGIC;
            QQ:inout   STD_LOGIC_VECTOR（3 downto 0））;
    end CNT10;
    architecture rtl of CNT10 is                 --结构体
    component myJKFF                             --JK FF 元件说明
                port( SETn,CLRn,J,K,CLK:inSTD_LOGIC;
                    Q,Qn:out STD_LOGIC）;
    end component;
    signal Qb:STD_LOGIC_VECTOR(3 downto 0):="1111";--中间信号说明
    signal j:STD_LOGIC_VECTOR(3 downto 0):="0000";
    signal k:STD_LOGIC_VECTOR(3 downto 0):="0000";
    signal logic_one:STD_LOGIC;
    begin
            logic_one<='1';
    j(0)<='1';                                   --各触发器驱动方程
    k(0)<='1';
    j(1)<=QQ(0) and Qb(3);
    k(1)<=QQ(0) ;
    j(2)<=QQ(0) and QQ(1);
    k(2)<=QQ(0) and QQ(1);
    j(3)<=QQ(0) and QQ(1) and QQ(2);
    k(3)<=QQ(0) ;
    Carry<=QQ(0) and QQ(3);
       jkff0:myJKFF                              --FF0 触发器
       port map(SETn=>logic_one,CLRn=>CRn,J=>j(0),K=>k(0),CLK=
>CP,Q=>QQ(0),Qn=>Qb(0));
       jkff1:myJKFF                              --FF1 触发器
       port map(SETn=>logic_one,CLRn=>CRn,J=>j(1),K=>k(1),CLK=
>CP,Q=>QQ(1),Qn=>Qb(1));
       jkff2:myJKFF                              --FF2 触发器
```

```
    port map(SETn=>logic_one,CLRn=>CRn,J=>j(2),K=>k(2),CLK=
>CP,Q=>QQ(2),Qn=>Qb(2));
    jkff3:myJKFF                                    --FF3 触发器
    port map(SETn=>logic_one,CLRn=>CRn,J=>j(3),K=>k(3),CLK=
>CP,Q=>QQ(3),Qn=>Qb(3));
    end rtl;                                        --结束结构描述
```

两种描述方法的仿真结果相同,如图 4.3.4 所示。

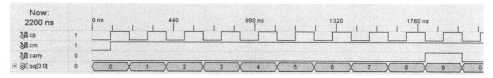

图 4.3.4　例 4.3.3 仿真结果波形

【**例 4.3.4**】 试用 VHDL 语言描述例 4.1.7 中 **110** 序列脉冲检测器的逻辑功能。

解: 参考状态转换图 4.1.30,设四个状态分别为 s0,s1,s2,s3,则该序列脉冲发生器的一种 VHDL 语言描述为

```
library IEEE;
use IEEE.STD_LOGIC_1164.ALL;
use IEEE.STD_LOGIC_ARITH.ALL;
use IEEE.STD_LOGIC_UNSIGNED.ALL;
entity SEQ is      Port ( X:in    STD_LOGIC;
                   CLK:in    STD_LOGIC;
                   Z:out    STD_LOGIC);
end SEQ;
architecture Behavioral of SEQ is
  type STATE_TYPE IS (s0,s1,s2,s3);
  signal    state:STATE_TYPE:= s0;
begin
  process (X,CLK)
  begin
    if CLK='1' and CLK'event then
      case state is
```

```
            when s0 = >
               if（X = '1'）then state < = s1;
               else state < = s0;
               end if;
            when s1 = >
               if（X = '1'）then state < = s2;
               else state < = s0;
               end if;
            when s2 = >
               if（X = '0'）then state < = s3;
               else state < = s2;
               end if;
            when s3 = >
               if（X = '1'）then state < = s1;
               else state < = s0;
               end if;
            end case;
         end if;
      end process;
      Z < = '1' when  state = s3 else '0';
end Behavioral;
```

仿真结果如图 4.3.5 所示。

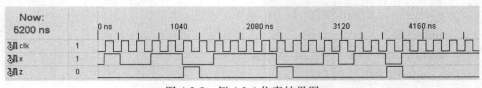

图 4.3.5　例 4.3.4 仿真结果图

4.3.2　大规模可编程逻辑器件的结构和分类

一、大规模 PLD 器件的结构

大规模 PLD 器件的等效逻辑门一般在 1 000 门以上。不同厂商之间的大规模 PLD 器件产品结构不尽相同,通常不能互换。但是,各类大规模 PLD 器件还是有其共性的,通常可认为其主要是由可编程 I/O 单元、可编程基本逻辑单元块(basic logic block,BLB)和可编程内部互连资源(programmable interconnect,PI)等构成。其基本结构可用图 4.3.6 表示。

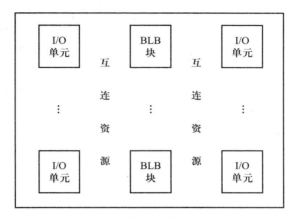

图 4.3.6 大规模 PLD 器件的基本结构

1. 可编程 I/O 单元

大规模 PLD 器件的引脚通常在 44 只以上,有的则高达 560 只。除少数几只专用输入引脚(如电源引脚、编程用引脚、时钟引脚和专用信号输入引脚等)外,其余都是 I/O 引脚(可编程为输入或输出)。I/O 单元中包含输入、输出寄存器、三态门、多路选择器、输出摆率控制电路、边界扫描电路等。

2. 可编程基本逻辑单元块 BLB

BLB 组成了 PLD 器件的核心阵列,是 PLD 器件内部实现逻辑功能的最小单位,各 PLD 厂商器件的不同之处主要在这个核心阵列,各个厂商对其的称谓各不相同,如 Lattice 公司称之为通用逻辑块(generic logic block,GLB),Altera 公司称之为逻辑元素(logic element,LE),Xilinx 公司称之为可配置逻辑块(configurable logic block,CLB)。有些 PLD 器件的基本逻辑单元块的结构与低密度 PLD 器件的结构相类似,有些则完全不同。基本逻辑单元块的规模大小对整个大规模 PLD 器件的结构影响很大。规模大,设计方便,但器件资源利用率不易控制,有时一个很简单的功能模块也需要占用一个基本逻辑单元块。规模小,设计灵活性大,资源利用率高,但模块之间的互连设计更加复杂。因此,必须根据实际设计要求,选择具有合适基本逻辑单元块的 PLD 器件。

3. 可编程内部连线(PI)

PI 位于大规模 PLD 器件内部的 BLB 之间,经编程后形成连线网络,提供

BLB 之间以及 BLB 与可编程 I/O 单元之间的连线,将各个基本逻辑单元块描述的局部逻辑功能相互连在一起,构成一个完整的数字系统。从表面上看,PI 只是起一个连线作用,实际上既要保证将各种设计的不同基本逻辑单元块连接在一起,同时又要减少连线的延时,使得 PI 的设计十分复杂。PI 资源的设计好坏直接影响大规模 PLD 器件的设计效率和器件的工作稳定性。

　　大规模 PLD 器件除以上基本结构外,有些器件内部还包含在系统编程(in system programmable,ISP)电路、内部配置存储器等。内部配置的存储器可以是 SRAM、EEPROM、flash 或其他类型的存储器,其存储单元中的配置数据决定了 BLB、可编程 I/O 单元的内部连接方式以及 PI 的连线信息。配置数据由 PLD 器件开发系统根据用户设计要求自动生成。

　　大规模 PLD 器件的结构特性随着技术的进步不断变化发展。在新型 FPGA 的内部已经嵌入了大量系统设计需要的各种资源,如嵌入式处理器、嵌入式 DSP、时钟管理系统、存储器、乘法器等。

　　二、大规模 PLD 器件的分类

　　大规模可编程逻辑器件的分类可用图 4.3.7 描述。

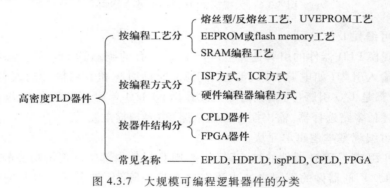

图 4.3.7　大规模可编程逻辑器件的分类

　　从编程工艺看,目前应用最为广泛的一种是 EEPROM 或 flash memory 工艺,另一种是采用静态存储器技术的 SRAM 工艺。采用 EEPROM 或 flash memory 编程工艺的器件,即使掉电,编程后的逻辑功能仍保持不变。采用 SRAM 编程工艺的器件,每次上电时必须对器件进行逻辑"配置",一旦掉电,器件不再具有特定的逻辑功能。SRAM 工艺的最大优点是编程次数没有限制,编程可靠性高。

　　从编程方式看,几乎所有应用 EEPROM 编程工艺的高密度 PLD 器件都采用在系统编程(ISP)技术,采用 SRAM 工艺的高密度 PLD 器件都采用在电路重配置(in-circuit-reconfiguration,ICR)技术。

　　按 PLD 器件的结构,大规模 PLD 器件可分成 CPLD 和 FPGA 两种。CPLD

器件结构中的基本逻辑块的规模相对较大,且往往由多个 BLB 构成一个大块,如 Altera 公司产品中的 BLB 被称为逻辑元素 LE,若干个 LE 再构成逻辑阵列块(logic arrary block,LAB)。在各大块和 I/O 单元之间再布有连线资源,编程工艺通常采用 EEPROM 或 flash memory 工艺,典型结构如图 4.3.8(a)所示。FPGA 器件的 BLB 单元规模相对较小,内部寄存器比较丰富,且所有 BLB 以矩阵形式排列,各 BLB 之间在行、列两个方向布有多种连线资源,编程工艺通常采用 SRAM 工艺,典型结构如图 4.3.8(b)所示。

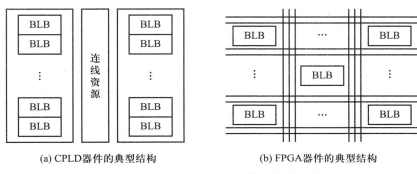

(a) CPLD器件的典型结构　　　　(b) FPGA器件的典型结构

图 4.3.8　CPLD 和 FPGA 器件的结构比较

目前,随着各项技术的交叉发展,已很难将一个公司生产的大规模 PLD 器件归在一个准确的分类之中。例如,ispPLD 的主要特点为在系统可编程,它由 Lattice 公司首先提出,但现在其他 PLD 厂商的 CPLD 器件中也均采用了该技术,故很多 CPLD 也可称为 ispPLD。同样,有些 CPLD 器件的内部具有类似于 FPGA 器件的结构,也采用 SRAM 技术,所以现在一些报道中也将一些 CPLD 器件称作 FPGA 器件。

4.3.3　可编程基本逻辑单元块和 I/O 单元

一、可编程基本逻辑单元块

1. Lattice 公司基本逻辑单元块的结构

图 4.3.9 是 Lattice 公司大规模 ispPLD 器件的通用逻辑块(GLB)(标准组态)的结构框图。它主要由可编程与阵列、乘积项共享(或逻辑)阵列、可编程寄存器和控制功能等 4 部分组成。

与阵列:与阵列共有 18 个输入信号。16 个来自全局布线区(global route pool),可以是 I/O 引脚的信号或 GLB 输出的反馈信号;另 2 个属于本宏块的专用输入信号。通过这 18 个输入,与阵列最多可产生 20 个乘积项 $PT_0 \sim PT_{19}$。

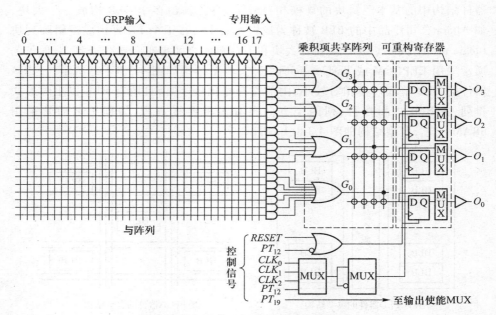

图 4.3.9　GLB 处于标准组态下的结构框图

　　乘积项共享阵列：GLB 可配置成 4 种单一组态，所谓单一是指 GLB 的 4 个输出 O_3、O_2、O_1、O_0 的组态相同。乘积项共享(product terms share array，PTSA)部分包含 4 个或门，由这 4 个或门构成或阵列。在标准组态下，4 个或门分别有 4、4、5、7 个与项输入。设 4 个或门的输出为 G_3、G_2、G_1、G_0，如果没有 PTSA，一般将 G_3、G_2、G_1、G_0 分别分配给 GLB 的 4 个输出 O_3、O_2、O_1、O_0，这样一个 GLB 的输出最多只能包含 7 个 PT 项，无法满足一些需要 7 个以上或项的逻辑设计要求。如果 4 个或门的输出经过 PTSA 电路后再分配给 GLB 的 4 个输出，则每个 GLB 的输出不但可以拥有自己对应或门的 PT，还可共享其他或门的输出。例如，O_3 可以拥有 G_3 的乘积项，也可共享 G_2、G_1、G_0 的乘积项，这样 O_3 最多可以包含 20 个乘积项(与项)，以满足绝大多数逻辑设计的要求。

　　可重构触发器部分：这部分主要由 4 只 D 触发器组成，如果仅需要组合型逻辑输出，只要旁路 4 只 D 触发器即可。

　　控制功能部分：GLB 的控制信号主要指触发器的时钟信号、复位信号和输出使能信号，4 只 D 触发器共用这些控制信号。GLB 与阵列中的乘积项 PT_{12} 和 PT_{19} 可以功能复用。GLB 中触发器的时钟可以选用全局时钟 CLK_0、CLK_1、CLK_2，以便构成同步电路，也可以选用乘积项 PT_{12} 构成异步电路。触发器的复位信号由全局复位信号或乘积项 PT_{12} 提供。GLB 的输出使能由乘积项 PT_{19} 提供。每个 GLB 并不拥有独立的输出使能信号 OE,通常是一个宏块共用一个 OE 信号。宏块内 8 个 GLB 的 8 个使能信号经过一个 8 选 1 数据选择器后,作为宏块的 OE 信号,这会给那些需要多种三态输出的电路设计带来不便。

除了图 4.3.9 所示的标准模式外,通过编程还可以把 GLB 设置为高速旁路模式、**异或**逻辑模式、单乘积项模式和多重模式,通过这些不同的组态模式,大大增加了 GLB 应用的多样性和灵活性。

2. Xilinx 公司基本逻辑单元块的结构

图 4.3.10 是 Xilinx 公司 XC4000E 系列 FPGA 器件的可配置逻辑块(CLB)的基本结构。

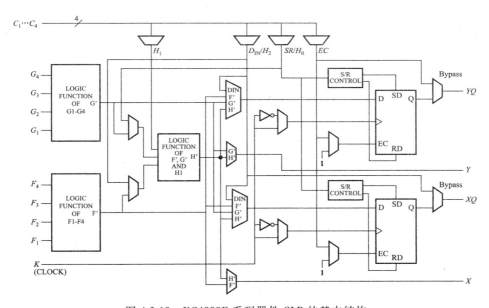

图 4.3.10　XC4000E 系列器件 CLB 的基本结构

该系列产品的 CLB 主要由三个函数发生器、两只触发器和一些数据选择器构成,每个 CLB 有 13 个输入、4 个输出。

逻辑函数发生器:逻辑函数发生器相当于一张 SRAM 构成的查找表(look up table,LUT)。F、G 是两个 4 变量输入的函数发生器,H 是一个 3 变量输入的函数发生器。对三个函数发生器进行不同的配置,由一个 CLB 可以实现多种不同功能的逻辑函数。例如可以同时实现 2 个独立的 4 变量输入逻辑函数 $G' = f_1(G4, G3, G2, G1)$ 和 $F' = f_1(F4, F3, F2, F1)$,以及 1 个 3 变量输入逻辑函数 $H' = f_3(H2, H1, H0)$。也可以实现 1 个多达 9 个输入变量的逻辑函数 $H' = f(f_1(G4, G3, G2, G1), f_2(F4, F3, F2, F1), H1)$。

　　快速进位电路：图 4.3.11 是快速进位电路的内部结构,它提供了一条 CLB 模块之间快速连接的通道。利用一个 CLB,可以方便地实现一个带快速进位的 2 位二进制加法器。图中 A_0、B_0 为二进制加法器的低位输入,逻辑函数发生器 F 产生低位和 S_0,进位逻辑电路 F 产生进位 C_1；A_1、B_1 为二进制加法器的高位输入,逻辑函数发生器 G 产生高位和 S_1,进位逻辑电路 G 产生进位 CO。在相邻 CLB 之间,有一条上行和一条下行快速进位通道。该通道连线不进入 PI 布线资源,因此 CLB 之间的进位连接速度很高,将相邻 CLB 级联,可构成任意长度的二进制加法器。

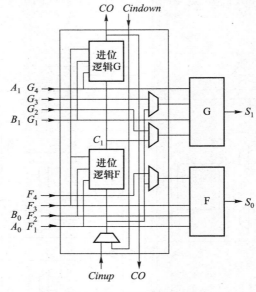

图 4.3.11　快速进位电路

　　输出通道：主要由两只触发器构成。每个 CLB 有 2 个组合型输出 X、Y,两个寄存器型输出 XQ、YQ。其中,寄存器输出可以被旁路,这样使得每个 CLB 最多可有 4 个组合型输出。当 CLB 用于实现逻辑函数时,在控制输入信号 C_4、C_3、C_2、C_1 中,两个可作一般数据输入,另两个可分别用于寄存器的使能控制(EC)或寄存器的异步置数-清零(SR)控制。

　　3. Altera 公司基本逻辑单元块的结构

　　Altera 公司 PLD 产品的基本逻辑单元块通常称为逻辑元素(LE),若干个 LE 组成逻辑阵列块(LAB)。图 4.3.12 是 Altera 公司 FPGA 器件 FLEX 系列中 FLEX10K10 的最小 LE 的逻辑电路图。

　　LE 单元由一个 4 输入的查找表(LUT)、一个可编程触发器、一个进位链和一个级联链组成。

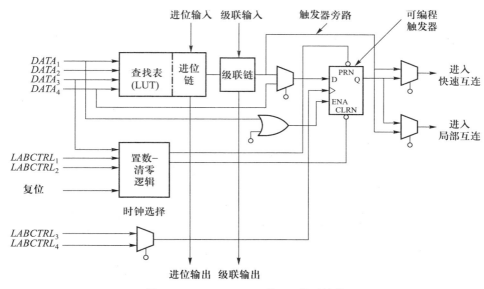

图 4.3.12　FLEX10K10 的 LE 单元结构

LUT 相当于一个函数发生器,采用 SRAM 技术,能快速实现四变量的任意函数。LE 中的可编程触发器可设置为各种不同类型的触发器。如果要实现组合逻辑函数,可将触发器旁路,LUT 的输出直接接到 LE 输出。LE 有两个输出通道,一个进入 LAB 的局部互连,另一个进入全局快速通道互连。

FLEX10K10 为紧邻的 LE 单元提供了两条专用高速通道,即进位链和级联链。利用进位链可方便地实现高速计数器、超前进位加法器等。利用级联链通道,可以在最小延时的情况下实现多输入逻辑函数,级联可采用**与**的形式,也可采用**或**的形式。

经过不同配置,LE 单元可产生正常模式、运算模式、加/减计数模式和可清除计数模式等。图 4.3.13 是正常模式配置,图 4.3.14 是运算模式配置。

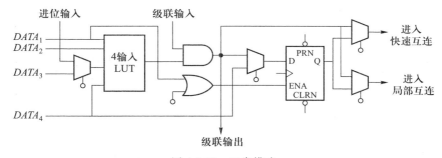

图 4.3.13　正常模式

213

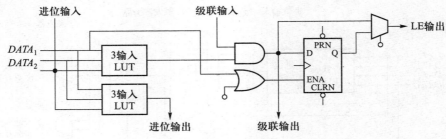

图 4.3.14　运算模式

二、可编程 I/O 单元

1. Lattice 公司大规模 PLD 器件的 I/O 单元

图 4.3.15 是 Lattice 公司大规模 PLD 器件 I/O 单元的典型结构示意图。它由三态输出缓冲器、输入缓冲器、输入寄存器/锁存器和可编程的数据选择器组成。触发器可通过 R/L 电平控制设置为边沿触发器或锁存器。

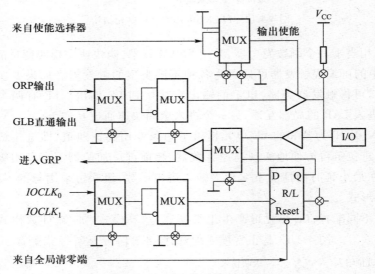

图 4.3.15　I/O 单元的电路结构

对 I/O 单元中各数据选择器的选择端进行不同编程,I/O 单元可配置成纯输入结构、纯输出结构或双向 I/O 结构等。图 4.3.16 是该 I/O 模块的常用配置结果。

2. Xilinx 公司 FPGA 器件的 I/O 单元

Xilinx 公司的 XC4000E 系列 FPGA 器件的可编程 I/O 单元的简化逻辑图如图 4.3.17 所示。

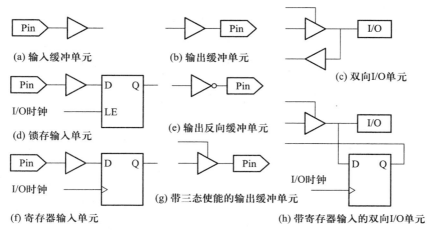

(a) 输入缓冲单元
(b) 输出缓冲单元
(c) 双向I/O单元
(d) 锁存输入单元
(e) 输出反向缓冲单元
(f) 寄存器输入单元
(g) 带三态使能的输出缓冲单元
(h) 带寄存器输入的双向I/O单元

图 4.3.16 I/O 单元的各种配置

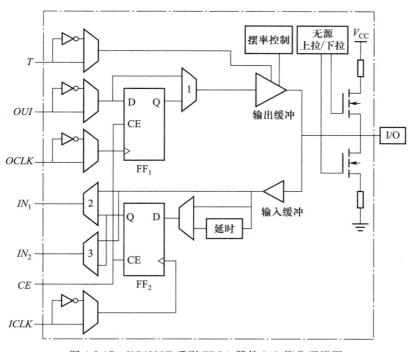

图 4.3.17 XC4000E 系列 FPGA 器件 I/O 简化逻辑图

I/O 单元主要由输入/输出寄存器,2 选 1 数据选择器,输入/输出缓冲器和上拉/下拉电阻构成。

215

当输出缓冲器使能端无效时,I/O 引脚作输入使用。若对选择器 2 和选择器 3 配置,将输入寄存器旁路,则输入信号直接经输入缓冲器到达 IN_1 或 IN_2,实现异步输入。若不旁路输入寄存器,则输入信号经输入缓冲器、触发器 D 后到达 IN_1 或 IN_2,实现同步输入。触发器 D 的时钟由 $ICLK$ 提供,且可根据需要编程为上升沿或下降沿触发,数据端 D 来自输入缓冲器的输出或经延时后的输入缓冲器的输出,以便与建立时间慢的时钟相适应。

当输出缓冲器使能端有效时,I/O 引脚作输出使用。通过对选择器 1 编程,可以将输出寄存器旁路,输出信号直接经输出三态缓冲器送出,实现异步输出。若不旁路输出寄存器,输出信号经 D 触发器和输出三态缓冲器后送出,实现同步输出。输出三态缓冲器的使能由信号 T 的电平控制。该三态输出有一个摆率(slew rate)控制电路,它可将三态缓冲输出的电平跳变设定为快速或慢速变化。选择快速可适应高频信号的输出,选择慢速则可降低功耗和噪声。

对于不用的 I/O 单元,可通过输出端的上拉或下电路,将其电平上拉至 V_{DD} 或下拉至 GND,以便减少功耗,降低噪声。缺省状态未用管脚被上拉至 V_{DD}。

4.3.4　大规模可编程逻辑器件的开发和应用

一、大规模 PLD 器件的开发

大规模 PLD 器件适合于设计高速、复杂数字系统,其开发过程主要通过各种 EDA 工具完成。EDA 工具由一系列软件构成,通常可以完成设计输入、综合与优化、仿真以及物理设计等任务。完整的 EDA 设计流程示意如图 4.3.18 所示。

二、大规模 PLD 器件的编程或配置

大规模 PLD 器件的编程或配置与器件的编程工艺密切相关。

1. 采用 EEPROM 编程工艺的大规模 PLD 器件的编程

采用 EEPROM 编程工艺的大规模 PLD 器件都提供一个编程用的 JTAG 接口。图 4.3.19 是 Lattice 公司 CPLD 器件的菊花型编程示例图。图中 SDO、SDI、$MODE$、$SCLK$ 和 $ispEN$ 构成 5 线编程接口,且按图示与各芯片相应的 5 只编程引脚相连,该接口同时通过一条专用编程电缆与 PC 机的并口相接。

编程时,接通被编程器件的电源,同时打开 PC 机端编程所需的编程工具软件,该软件会自动扫描编程电缆所连接的 ISP 器件,并提供擦除、读回、编程、校验等功能。

由于 EEPROM 的数据在掉电后不会丢失,因此 CPLD 只需编程一次。

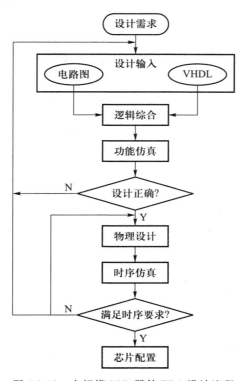

图 4.3.18 大规模 PLD 器件 EDA 设计流程

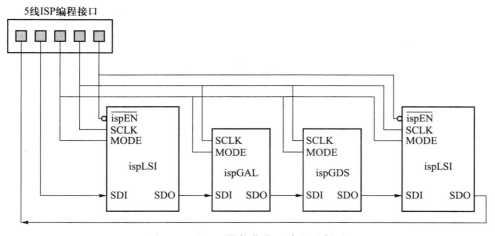

图 4.3.19 ISP 器件菊花型编程示例图

2. 采用 SRAM 工艺的高密度 PLD 器件的配置

FPGA 器件一般采用 SRAM 编程工艺。由于 SRAM 的易失性,掉电后的 FPGA 器件不具备任何特定逻辑功能。每次上电时,首先要对 FPAG 器件进行配置,将编程信息载入 FPGA 之中。鉴于这个特点,FPGA 器件的配置就不可能像 CPLD 器件那样只通过 PC 机进行编程。

以 Xilinx 的 XC4000 系列 FPGA 器件的配置为例,XC4000E 的配置模式由器件引脚 M_2、M_1、M_0 的逻辑状态决定,共有 6 种配置模式,如表 4.3.1 所示。

表 4.3.1　XC4000E 的配置模式

配置模式	$M_2M_1M_0$	配置时钟状态	备注
主动串行模式	**0　0　0**	输出	串行位
主动并行模式(上行)	**1　0　0**	输出	并行字节,地址从最低开始
主动并行模式(下行)	**1　1　0**	输出	并行字节,地址从最高开始
从动串行模式	**1　1　1**	输入	串行位
外设同步模式	**0　1　1**	输入	并行字节
外设异步模式	**1　0　1**	输出	并行字节

（1）主动模式。

主动模式可分为主动串行模式和主动并行模式,其硬件连接如图 4.3.20 和图 4.3.21 所示。利用硬件编程器(或编程电路)将配置文件事先烧录在串行或并行 EEPROM 器件中,上电时 FPGA 利用内部时钟自动将 EEPROM 中的内容载入内部 SRAM,从而完成逻辑配置。

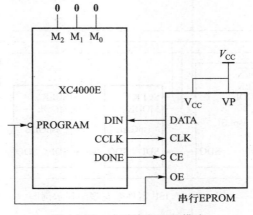

图 4.3.20　主动串行配置模式

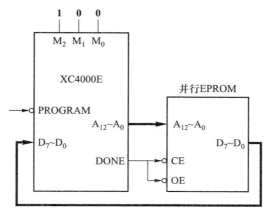

图 4.3.21　主动并行配置模式

（2）从动串行模式。

从动串行模式可以通过 PC 机对 FPGA 器件进行配置,其硬件连接如图 4.3.22所示。

在从动串行模式中,配置时钟和定时时序均由 PC 机产生。实际使用中,通过 1 根配置电缆将 PC 的并口和 FPGA 器件的配置接口(JTAG)相连,在 PC 机端配置软件的控制下,将设计得到的配置文件装载配至 FPGA 器件的配置存储器之中。

从动串行模式特别适合初期开发 FPGA 器件时使用或者学生实验时使用。在这种模式下,允许开发者在 PC 机端随时修改设计,随时对 FPGA 器件进行配置,随时测试配置后的 FPGA 器件的逻辑功

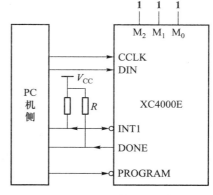

图 4.3.22　从动串行配置模式

能。与采用 EEPROM 技术的 CPLD 器件编程相比,其配置次数不受限制,可以有效保证编程器件的使用寿命。

（3）外设模式。

在外设模式中,微处理器将 FPGA 器件当作它的一个外围器件,由微处理器对 FPGA 器件进行配置,其硬件连接如图 4.3.23 所示。在该模式下,FPGA 器件每次从微处理器的数据总线上接收一个字节宽的配置数据,*RDY/BUSY* 用于传输该字节配置结束与否的握手信号。当由 FPGA 器件内部振荡电路产生的 *CCLK* 时钟使并入数据串行化时,称为外设异步模式。当由外部输入时钟使并入

数据串行化时,称为外设同步模式。

外设模式与主动模式相比,其最大优点为保密性强。当使用外设模式时,必须清楚配置文件的数据格式,了解配置过程中严格的时序关系,微处理侧的编程相对复杂。

以上简要介绍了单个 FPGA 器件的配置模式,若要对多个 FPGA 器件同时进行配置,可以采用菊花链配置模式。菊花链配置模式一般由多个处于从动模式的 FPGA 器件,或者由一个处于主动模式、多个处于从动模式的 FPGA 器件串接而成。

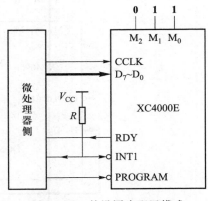

图 4.3.23　外设同步配置模式

三、应用举例——数字频率计设计

1. 设计要求

用 PLD 器件和 4 只七段动态显示数码管(一只用于量程显示)设计数字频率计,要求:

(1) 测频范围 10.0 Hz～9.99 kHz;

(2) 测量误差小于或等于 1%;

(3) 响应时间不大于 15 s;

(4) 具有超量程显示功能。

2. 设计分析

(1) 测频方法。

信号频率的测量主要有测频法(直接计算每秒内信号脉冲的个数)和测周期法两种。测频法适合高频信号的测量,被测信号频率越高,测量误差越小;测周法适合低频信号的测量,首先测得被测信号的周期,然后通过计算倒数,求得被测信号的频率,测量电路相对复杂。

图 4.3.24 为测频法的原理框图。频率计电路的关键是控制电路的设计,由控制电路产生测频所需的闸门信号、清零脉冲信号和锁存脉冲信号。

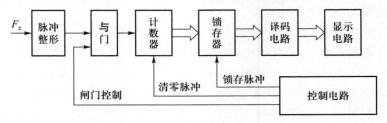

图 4.3.24　测频法的原理框图

当闸门信号为高电平时,被测信号经过与门并且作为计数器的时钟脉冲,计数器开始计数,当闸门时间到了,闸门信号变为低电平,与门被封锁,计数器停止计数。如果闸门宽度为 1 s,则在闸门时间内计数器的计数值即为被测信号的频率;如果闸门宽度为 0.1 s,则闸门时间内计数器的计数值是被测信号频率的 10 倍,相当于频率计的量程扩大了 10 倍(×10 档)。改变闸门宽度可以改变频率计的量程,闸门宽度越小,频率计的量程越大。

为了保证测频准确,每次闸门信号开通前必须让计数器处在零状态,保证计数器每次都从零开始计数。因此,在闸门信号变为高电平(计数器开始计数)前,必须给计数器提供一个清零脉冲信号。

如果计数器的输出直接连接译码显示电路,则在闸门信号高电平期间,频率计的显示随着计数值的增加不断变化,不断闪烁,为了防止这种现象,在计数器和显示、译码之间增加一级锁存电路。当闸门信号由高变低(计数器停止计数)后,才将计数值锁存并送给译码显示电路。同时,为了防止显示闪烁,锁存信号的周期必须大于人的视觉滞留时间(约 0.1 s)。

图 4.3.25 给出了由频率为 8 Hz 的时钟源产生的闸门信号、清零脉冲信号和锁存脉冲信号之间的时序关系。其中,闸门高电平时间为 1 s,清零脉冲信号和锁存脉冲信号有效时间各为一个时钟周期,锁存脉冲周期为 1/8 s。

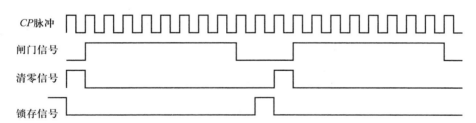

图 4.3.25 清零、闸门和锁存信号之间的时序关系

在同样的闸门宽度下,测频法的测量误差与被测信号的频率成反比。例如,闸门时间为 1 s,则其测频的绝对误差为 ±1 Hz,当被测信号频率为 10 Hz 时,其测频相对误差最大可达 ±1/10 = ±10%;当被测信号频率为 1 000 Hz 时,其测频相对误差最大仅为 ±1/1 000 = ±0.1%。为了改变测频法对低频信号测量误差大的缺点,可采取两种办法:一是增加闸门宽度。如把闸门宽度增为 10 s 时,则其测频绝对误差为 ±0.1 Hz,对 10 Hz 的被测信号,其测频相对误差为 ±0.1/10 = ±1%,与 1 s 闸门宽度相比,其相对误差减少了 10 倍。若要求对 10 Hz 的被测信号的频率测量误差控制在 ±0.1% 以内,则闸门时间必须长达 100 s。此时,频率计的响应时间会长得难以忍受。对于本设计要求,最低被

测信号的频率为 10 Hz,且最长响应时间为 15 s,故本频率计可以利用简单的测频法进行测量。

（2）输出显示设计。

由于该频率计的输出只允许使用三只数码管显示,为了保证测量精度,将其分成如下三个频段进行设计:

(a) 10.0~99.9 Hz; 　　显示形式:　□ □.□ ╞╡

(b) 100~999 Hz; 　　　显示形式:　□ □ □ ╞╡

(c) 1.00~9.99 kHz; 　　显示形式:　□.□ □ ╞╴

其中,最后一只数码管用于显示量程,分别表示 Hz 和 kHz。假设定义 gate10 用于控制 1 s 或 10 s 闸门信号的产生,且 gate10 = **0** 产生 1 s 闸门,gate10 = **1** 产生 10 s 闸门;定义 div10 用于控制是否对被测信号进行十分频,且 div10 = **0** 不对被测信号分频,div10 = **1** 则被测信号十分频后再进行测频,故:

当 div10,gate10 = **00** 时,频率计处于中频段,3 位数码管小数全灭,量程显示 Hz;

当 div10,gate10 = **01** 时,频率计处于低频段,中间位数码管小数点亮,量程显示 Hz;

当 div10,gate10 = **10** 时,频率计处于高频段,最高位数码管小数点亮,量程显示 kHz;

当 div10,gate10 = **11** 时,频率计处于中频段,3 位数码管小数全灭,量程显示 Hz。

若量程已处在高频段,同时计数器高位（千位）溢出时,还需要一只发光二极管指示超量程。

（3）输出方式确定。

根据要求,输出采用动态数码管显示,故必须增加动态扫描电路。为了保证 4 只数码管的选通间隔不小于人的视觉停留时间 0.1 s,必须选择 500 Hz 以上的扫描时钟。

（4）总体框图。

根据初步设计,可以得到图 4.3.26 所示的频率设计框图。

3. 具体逻辑设计

基于 Altera 公司的 Quartus Ⅱ 集成开发环境,采用原理图和 VHDL 源文件混合描述的频率计顶层原理图如图 4.3.27 所示。

主要功能模块的设计如下:

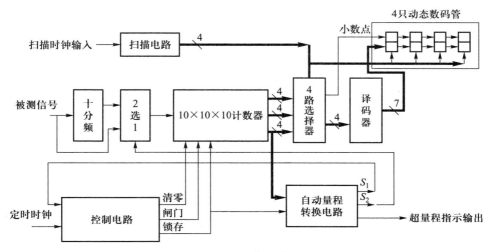

图 4.3.26 频率设计框图

（1）控制电路（CONTROL）。

控制电路用于产生测频所需的 1 s 和 10 s 闸门信号及相应的清零和锁存信号。基准时钟由外部电路产生。假定外部可提供 1 Hz 和 8 Hz 的时钟脉冲,对于 1 s 和 10 s 闸门信号及相应的清零和锁存信号所占的时钟脉冲可按表 4.3.2 分配。

表 4.3.2　清零、闸门和锁存信号的脉冲分配

时钟频率	清零	闸门	锁存
1 Hz	第 0 个	第 1~10 个	第 12 个
8 Hz	第 0 个	第 1~8 个	第 12 个

根据该表可得到图 4.3.28 所示的控制电路的原理图。其中,21mux 是 2 选 1 选择器,CNT13 是十三进制计数器,GATECODE 是控制信号产生电路。GATE-CODE 的 VHDL 源文件为

```
LIBRARY IEEE;
USE IEEE.STD_LOGIC_1164.ALL;
USE IEEE.STD_LOGIC_UNSIGNED.ALL;
ENTITY GATECODE IS
PORT
(
```

223

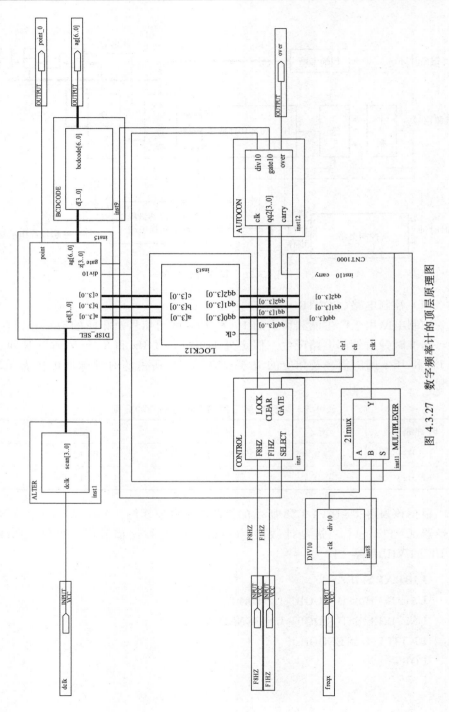

图 4.3.27　数字频率计的顶层原理图

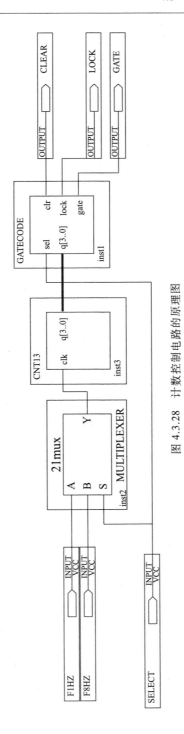

图 4.3.28 计数控制电路的原理图

```
        sel:IN   STD_LOGIC;
        q:IN     STD_LOGIC_VECTOR(3 downto 0);
        clr,lock,gate:OUT STD_LOGIC
);
END GATECODE;
ARCHITECTURE behave OF GATECODE IS
BEGIN
    clr<=NOT(q(3)OR q(2)OR q(1)OR q(0));
    lock<= q(3) AND q(2) AND NOT q(1) AND NOT(q(0));
    PROCESS (sel,q)
    BEGIN
      IF (sel='0') THEN
        IF((q>0) AND (q<9)) THEN gate<='1';
          ELSE gate<='0';
        END IF;
      ELSE IF((q>0) AND (q<11)) THEN gate<='1';
          ELSE gate<='0';
        END IF;
      END IF;
    END PROCESS;
END behave;
```

控制电路的仿真结果如图 4.3.29 所示。

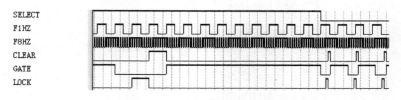

图 4.3.29　控制电路的仿真波形

（2）自动量程转换电路（AUTOCON）。

根据千进制计数器最高位（十进制）的状态来决定量程转换。设最高位溢出与否的信号为 carry，最高位等于零与否的信号为 nzero（nzero = 1，最高位非零）。同时设低频段的状态为 A（01），中频段的状态为 B（00），设高频段的状态为 C(**10**)，频率计超量程信号为 over，则自动量程转换电路的算法状态机（algorithmic state machine，ASM）图如图 4.3.30 所示。

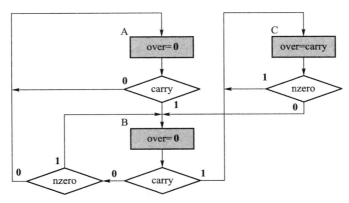

图 4.3.30　自动量程转换电路功能的 ASM 图描述

这里需要简要说明一下图 4.3.30 所示 ASM 图，该图非常类似于编写计算机程序时的程序流程图，它也是一种描述时序电路功能的方式，可用于表示在一系列时钟作用下时序电路的状态转换的流程以及每一个状态下的输入和输出，直观地表示时序电路的运行过程。有关 ASM 图的详细介绍和在时序电路中的应用，请读者查阅相关文献，这里不做详细叙述。

由上可得自动量程转换电路的原理图如图 4.3.31 所示。其中 4 输入**或**门产生最高位非零信号，74174 型 D 触发器产生进位信号。AUTOCONVERTE 实现自动量程转换，其 VHDL 源文件为

```
LIBRARY IEEE;
USE IEEE.STD_LOGIC_1164.ALL;
USE IEEE.STD_LOGIC_UNSIGNED.ALL;
ENTITY AUTOCONVERTE IS
PORT
(
    clk, overflow, nzero: IN STD_LOGIC;
    div10, gate10, over: OUT STD_LOGIC
);
END AUTOCONVERTE;
ARCHITECTURE behave OF AUTOCONVERTE IS
SIGNAL q : STD_LOGIC_VECTOR(1 downto 0);
```

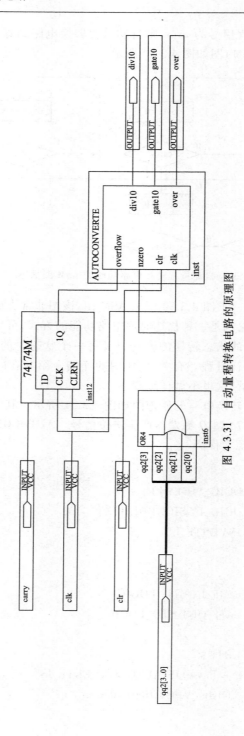

图 4.3.31　自动量程转换电路的原理图

```
BEGIN
PROCESS( clk , clr )                          --overflow , nzero
    BEGIN
    IF( clk 'EVENT AND clk = '1') THEN
    IF ( q = "00" ) THEN                      --medium band
      over<='0';
      IF ( overflow ='1') THEN q<="10";
      ELSE
        IF ( nzero ='0') THEN q<="01";
        END IF;
      END IF;
    ELSIF( q = "01" ) THEN                     --low band
      over<='0';
      IF ( overflow ='1') THEN q<="00";
      END IF;
    ELSIF( q = "10" ) THEN                     --high band
      IF ( overflow ='1') THEN over<='1';
      ELSE
       IF ( nzero ='0') THEN q<="00";
       END IF;
      END IF;
     ELSIF ( q = "11" ) THEN                   --medium band
      IF ( overflow ='1') THEN q<="10";
      ELSIF ( nzero ='0') THEN q<="01";
      ELSE q<="00";
      END IF;
     END IF;
  END IF;
END PROCESS;
   div10<= q( 1 );
   gate10< q( 0 );
END behave;
```

自动量程转换电路的仿真结果如图 4.3.32 所示。

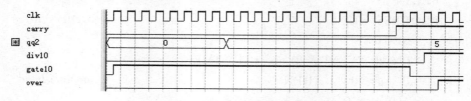

图 4.3.32　自动量程转换电路的仿真波形

（3）其他功能模块。

ALTER 电路模块产生 4 个低有效的顺序脉冲，DISP_SEL 电路模块根据扫描电路输出轮流选通千进制的个、十、百位以及显示量程的数据位，同时产生相应的小数点状态。BCDCODE 模块是一个七段显示译码电路。这些模块功能较单一，均可用 VHDL 源文件描述。

（4）频率计的仿真测试和下载试验。

要完全仿真完整频率计的功能，测试矢量的编写十分复杂，若只对频率计的千进制计数器、控制电路和自动量程转换电路等进行仿真，可得图 4.3.33 所示当被测频率等于 16 Hz 时的仿真结果。从仿真波形可看出，初始量程置于中频段，显示测量值为 016，下次量程自动转换至低频段，此时显示值为 160，由此可初步说明频率计工作正常。

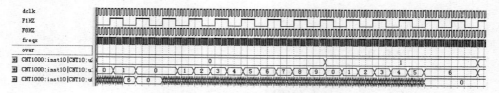

图 4.3.33　频率计的仿真测试波形

当仿真测试基本通过之后，经过引脚锁定、装配器件，将设计下载至具体的 PLD 器件中，进行实际测试，并排除可能出现的其他故障，完成最终设计。

通过上述典型例子的训练，可以进一步加深对较大数字系统设计的基本理论知识理解以及可编程逻辑器件和 HDL 在数字系统设计中的应用。

习　题　4

题 4.1　试用 2 输入与非门设计一个 3 输入变量（A、B、C）的组合逻辑电路。

当输入的二进制码小于 5 时,输出 Y 为 **0**;输入大于或等于 5 时,输出 Y 为 **1**。

题 4.2 试用最少量的**与非门**设计一能被 3 或 7 整除的逻辑电路;被除数 $DCBA$ 采用 8421 码(设定输入不包含 0),定义能整除时输出 Z 为高电平。

题 4.3 题图 4.3 所示是一个函数发生器,试写出当 $S_0S_1S_2S_3$ 为 **0000~1111** 的 16 种不同取值时,Y 关于逻辑变量 A B 的逻辑函数式。

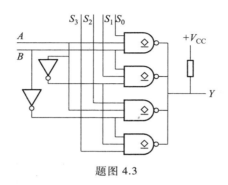

题图 4.3

题 4.4 试用**与非门**、**与或门**、**异或门**设计一个可控变换器,设计要求为:当控制端 $K=1$ 时,将输入 3 位二进制码变换成 3 位格雷码输出;当 $K=0$ 时,将输入 3 位格雷码变换成 3 位二进制码输出。

题 4.5 分析题图 4.5 所示电路的逻辑功能,写出 Y_1、Y_2 的逻辑函数表达式,列出真值表,指出电路完成什么逻辑功能。

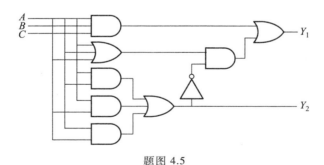

题图 4.5

题 4.6 分析题图 4.6 所示电路的逻辑功能。

题 4.7 简述同步和异步时序逻辑电路的一般分析方法。

题 4.8 解释时序逻辑电路的自启动概念。解决自启动主要有哪几种方法?各有什么优缺点?

题 4.9 已知某同步时序电路如题图 4.9 所示,该电路实现何种功能?

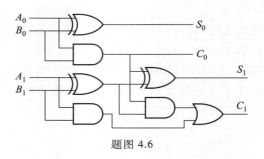

题图 4.6

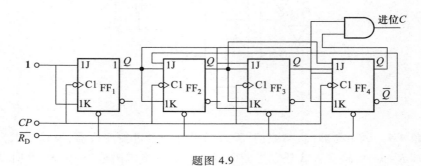

题图 4.9

题 4.10　已知某同步时序电路如题图 4.10 所示。

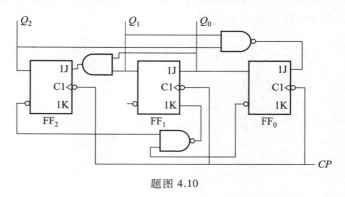

题图 4.10

（1）计数器的模是多少？采用什么编码方式进行计数？

（2）电路能否自启动？

（3）若计数脉冲频率 f_{CP} 为 700 Hz 时，从 Q_2 端、Q_0 端输出时的频率各为多少？

题 4.11　已知某异步时序电路如题图 4.11 所示。

（1）计数器的模是多少？采用什么编码进行计数？

（2）电路能否自启动？

（3）若计数脉冲频率 f_{CP} 为 700 Hz 时，从 Q_2 端输出时的频率为多少？

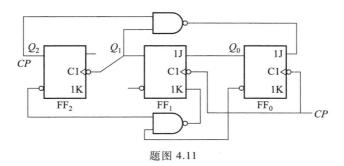

题图 4.11

题 4.12 最大长度移位寄存器型计数器电路如题图 4.12 所示。

（1）画出电路的状态转移图，分析电路的最大循环长度。

（2）假定最长循环是主循环，分析电路能否自启动。

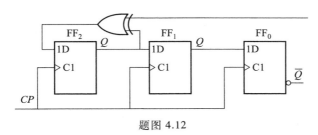

题图 4.12

题 4.13 题图 4.13 是扭环形计数器，试根据电路特点分析其工作原理，并画出状态转换图。分析电路能否自启动，并说明该计数器的优缺点。

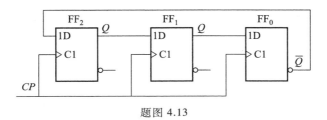

题图 4.13

题 4.14 同步时序电路如题图 4.14 所示。

（1）试分析图中虚线框内电路，画出 Q_1、Q_2、Q_3 波形，并说明虚线框内电路的逻辑功能。

（2）若把电路中的 Z 输出和各触发器的置零端 $\overline{CR}$ 连接在一起，试说明当

$X_1X_2X_3$为 **110** 时,整个电路的逻辑功能是什么。

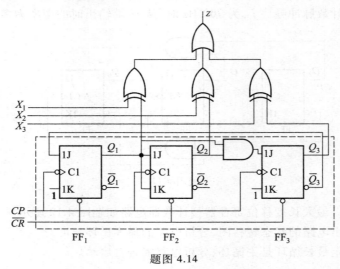

题图 4.14

题 4.15　用下降沿触发的 *JK* 触发器和**与非**门设计一个余 3 码编码的同步十进制加法计数器。

题 4.16　电路如题图 4.16 所示。

（1）令触发器的初始状态为 $Q_3Q_2Q_1 = $ **001**,请指出计数器的模,并画出状态转移图和电路工作的时序图。

（2）若在使用过程中触发器 FF_2 损坏,想用一个负边沿 *D* 功能触发器代替,问电路应作如何修改,才能实现原电路的功能。请画出修改后的电路图(可只画修改部分的电路)。

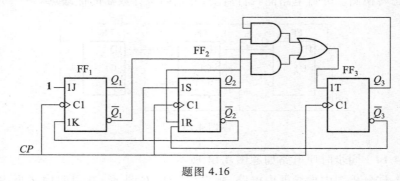

题图 4.16

题 4.17　用 *JK* 触发器和**与非**门设计一个 **01111001** 序列脉冲发生器。

题 4.18　某自动售货机有一个输入槽可接收五角和一元硬币,一个输出槽找多余硬币,一个输出口可输出 1.5 元的专用商品。当按下确定键时,决定是否输出商品或找零。试设计该控制器的逻辑电路。

题 4.19 试用 D 功能和 JK 功能触发器分别设计一个按 421 编码计数的同步六进制加法和同步六进制减法计数器。421 编码的六进制加法和减法计数器的状态转移图如题图 4.19 所示。

$$000 \longrightarrow 001 \longrightarrow 010 \longrightarrow 011 \longrightarrow 100 \longrightarrow 101 \longrightarrow 000$$

(a) 421编码六进制加法计数状态转移图

$$000 \longrightarrow 101 \longrightarrow 100 \longrightarrow 011 \longrightarrow 010 \longrightarrow 001 \longrightarrow 000$$

(b) 421编码六进制减法计数状态转移图

题图 4.19

题 4.20 优先编码器 74HC147 的功能表如题表 4.20 所示,题图 4.20 是器件的引脚排列图。试回答:

(1)电路是一片几线到几位码输出的优先编码器?

(2)输出代码是何种二-十进制编码?

(3)优先对象是小数还是大数?

题表 4.20 优先编码器 74HC147 功能表

输入									输出			
$\overline{I_1}$	$\overline{I_2}$	$\overline{I_3}$	$\overline{I_4}$	$\overline{I_5}$	$\overline{I_6}$	$\overline{I_7}$	$\overline{I_8}$	$\overline{I_9}$	$\overline{Y_3}$	$\overline{Y_2}$	$\overline{Y_1}$	$\overline{Y_0}$
H	H	H	H	H	H	H	H	H	H	H	H	H
×	×	×	×	×	×	×	×	L	L	H	H	L
×	×	×	×	×	×	×	L	H	L	H	H	H
×	×	×	×	×	×	L	H	H	H	L	L	L
×	×	×	×	×	L	H	H	H	H	L	L	H
×	×	×	×	L	H	H	H	H	H	L	H	L
×	×	×	L	H	H	H	H	H	H	L	H	H
×	×	L	H	H	H	H	H	H	H	H	L	L
×	×	H	H	H	H	H	H	H	H	H	L	L
×	×	H	H	H	H	H	H	H	H	H	H	L
L	H	H	H	H	H	H	H	H	H	H	H	L

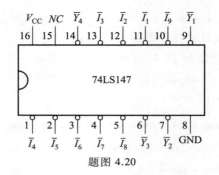

题图 4.20

题 4.21　用双 2 线–4 线译码器 74LS139 及最少量的**与非门**实现下列逻辑函数。题表 4.21 是 74LS139 的功能表,题图 4.21 是 74LS139 的简化逻辑图。

(1) $Z_1(A,B,C) = \overline{A}\,\overline{C} + A\,\overline{B \oplus C}$

(2) $Z_2 = AB + AC + BC$

题图 4.21

题表 4.21　74LS139 的功能表

输入			输出			
$\overline{ST}$	A_1	A_0	$\overline{Y_3}$	$\overline{Y_2}$	$\overline{Y_1}$	$\overline{Y_0}$
1	×	×	1	1	1	1
0	0	0	1	1	1	0
0	0	1	1	1	0	1
0	1	0	1	0	1	1
0	1	1	0	1	1	1

题 4.22　试用 74LS138 型 3 线–8 线译码器设计一个地址译码器,地址译码器的地址范围为 00~3F(可适当加其他逻辑门电路)。

题 4.23　试用一片 8 选 1 数据选择器 74HC151,实现以下逻辑函数。74HC151 简化逻辑图如题图 4.23 所示。

(1) $Y(A,B,C,D) = \overline{A}\,\overline{B}CD + ABC\overline{D} + ACD$

(2) $Y = A\,\overline{B}\,\overline{C} + A\,\overline{B}C + \overline{A}\,\overline{B}C$

（3）$Z = A \odot (B \odot C)$

题 4.24　试用 8 选 1 型数据选择器 CC4512 产生逻辑函数 $L = AC + \overline{A}B\,\overline{C} + \overline{A}\,\overline{B}C$。题图 4.24 为 CC4512 的简化逻辑图,题表 4.24 为 CC4512 的功能表。

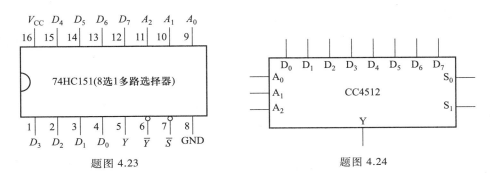

题图 4.23　　　　　　　　　　　题图 4.24

题表 4.24　CC4512 数据选择器功能表

S_1	S_0	A_2	A_1	A_0	Y
0	**0**	**0**	**0**	**0**	D_0
0	**0**	**0**	**0**	**1**	D_1
0	**0**	**0**	**1**	**0**	D_2
0	**0**	**0**	**1**	**1**	D_3
0	**0**	**1**	**0**	**0**	D_4
0	**0**	**1**	**0**	**1**	D_5
0	**0**	**1**	**1**	**0**	D_6
0	**0**	**1**	**1**	**1**	D_7
0	**1**	×	×	×	**0**
1	×	×	×	×	高阻

题 4.25　用 8 选 1 数据选择器设计一个函数发生器电路,它的功能如题表 4.25 所示。

题表 4.25　电路的功能表

S_1	S_0	Y
0	**0**	$A \cdot B$
0	**1**	$A + B$
1	**0**	$A \oplus B$
1	**1**	$\overline{A}$

题 4.26　设计用 3 个开关控制一个电灯的逻辑电路,要求改变任何一个开关的状态都能控制电灯由亮变灭或者由灭变亮,请用数据选择器来实现。

题 4.27　题图 4.27 所示为利用 4 选 1 数据选择器构成的一个电路图,试写出 Z 的**与或**逻辑函数表达式。

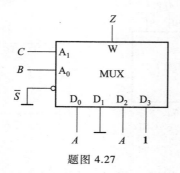

题图 4.27

题 4.28　设 X 和 Y 分别为 2 位二进制数,试用最少量的半加器和**与门**实现 $Z = XY$ 运算。

题 4.29　试用一个 4 位二进制加法器及**异或**门实现 4 位二进制减法运算(针对被减数大于减数的情况),并画出逻辑图。4 位二进制加法器的简化逻辑图如题图 4.29 所示。

题 4.30　试用数值比较器 74HC85 设计一个 8421 码有效性测试电路,当输入为 8421 码时,输出为 **1**,否则为 **0**。74HC85 是一片 4 位码的数值比较器,简化引脚图如题图 4.30 所示,图中小写字母为低位比较结果输入。

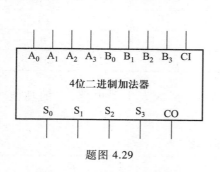

题图 4.29

题图 4.30

题 4.31　试用数值比较器 74HC85(电路如题图 4.30 所示)和必要的逻辑门设计一个余 3 码有效性测试电路,当输入为余 3 码时,输出为 **1**,否则为 **0**。

题 4.32　试用 4 位数值比较器 74HC85(电路如题图 4.30 所示)组成三个数的判断电路。要求能够判别三个 4 位二进制数是否相等、A 是否最大、A 是否最小,并分别给出"三个数相等""A 最大""A 最小"的输出信号。可以附加必要的门电路。

题 4.33 试分析图题 4.33 所示电路的功能,图中计数器的内部结构如图题 4.9所示。

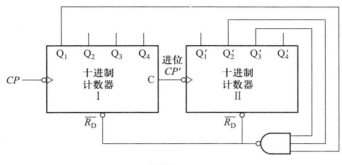

图题 4.33

题 4.34 中规模集成计数器 74HC193 的功能表和引脚图分别如题表 4.34 和题图 4.34 所示,其中 $\overline{CO}$ 和 $\overline{BO}$ 分别为进位和错位输出。

(1)请画出进行加法计数实验时的实际连接电路。

(2)试通过外部电路的适当连接,将 74HC193 连接成 8421 编码的十进制减法计数器。

题表 4.34 74HC193 功能表

输入								输出			
CR	$\overline{LD}$	CP_U	CP_D	D_3	D_2	D_1	D_0	Q_3	Q_2	Q_1	Q_0
1	×	×	×	×	×	×	×	**0**	**0**	**0**	**0**
0	**0**	×	×	D	C	B	A	D	C	B	A
0	**1**	↑	**1**	×	×	×	×	4 位二进制加法计数			
0	**1**	**1**	↑	×	×	×	×	4 位二进制减法计数			

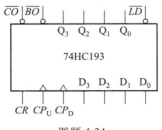

图题 4.34

题 4.35　已知集成计数器 74HC193 的功能表和引脚图分别如题表 4.34 和题图 4.34 所示。

（1）利用反馈清零法设计一个 8421BCD 编码的十进制加法计数器。

（2）利用反馈置数法设计一个余 3 码编码的十进制加法计数器。

（3）能否采用反馈清零法设计减法计数器？能否应用反馈置数法设计减法计数器？为什么？试设计一个 8421 编码的十进制减法计数器。

题 4.36　中规模集成计数器 74HC193 的功能表和引脚图分别如题表 4.34 和图题 4.34 所示，其中 $\overline{CO}$ 和 $\overline{BO}$ 分别为进位和借位输出，假定 $\overline{BD} = \overline{\overline{Q_3}\,\overline{Q_2}\,\overline{Q_1}\,\overline{Q_0}\,\overline{CP_D}}$，试分析题图 4.36（a）（b）（c）是几进制计数器，采用什么编码方式计数。

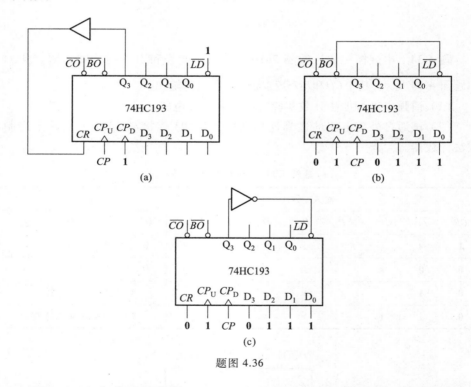

题图 4.36

题 4.37　已知集成计数器 74HC193 的功能表和引脚图分别如题表 4.34 和题图 4.34 所示。

（1）若要设计一个百进制 8421 编码的加法计数器，需要几片 74HC193？各片应设计成几进制计数器？

（2）试用片间同步级联法设计八十进制 8421 编码的加法计数器。

（3）试用片间异步级联法设计八十进制 8421 编码的加法计数器。

题 4.38 中规模集成 4 位二进制计数器（74LS161）的功能表和引脚图分别如题表 4.38 和题图 4.38(a)所示。

（1）试利用反馈清零法设计一个 8421 编码的七进制加计数器。

（2）试利用反馈置数法设计一个余 3 码编码的七进制加计数器。

（3）试用一片 74LS161 及题图 4.38(b)所示电路设计一个能自动完成加、减循环计数的计数器。即能从 **000** 加到 **111**，再从 **111** 减到 **000**，并循环（注：**111** 只允许出现一次，**000** 要求出现 2 次）。

题表 4.38 74LS161 功能表

CP	$\overline{CR}$	$\overline{LD}$	CT_P	CT_T	D_3 D_2 D_1 D_0	Q_3 Q_2 Q_1 Q_0
×	0	×	×	×	× × × ×	0 0 0 0
↑	1	0	×	×	A B C D	A B C D
×	1	1	0	×	× × × ×	保持
×	1	1	×	0	× × × ×	
↑	1	1	1	1	× × × ×	计数

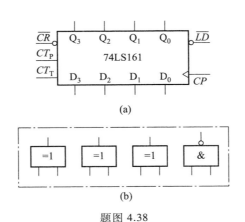

(a)

(b)

题图 4.38

第 5 章　数字信号的产生

电子系统中广泛使用的波形有正弦波、三角波、锯齿波和脉冲波等,它们常被用于测量、通信、电视、计算机等多种设备中。其中,脉冲波是数字电路的基本信号源,正弦波是模拟电路的基本信号源。随着数字控制和通信技术的发展,数字式正弦波信号也成为数字系统的重要信号源。在这一章中,我们主要讨论采用数字电路产生脉冲波和正弦波的原理和方法。

5.1　由 CMOS 门组成的晶体振荡器

石英晶体多谐振荡器简称"晶振",在数字系统中常用来提供时钟脉冲。有关晶振的等效电路与频率特性在本系列教材的第 2 册已有介绍。晶振电路通常可分为两类:一类是把谐振频率选择在 f_s 处,利用此时电抗 $X = 0$ 的特性,把石英晶体设置在正反馈网络中,构成串联型谐振电路。另一类是把振荡频率选择在 f_s 与 f_p 之间,利用石英晶体作为一个电感元件,构成并联型谐振电路。

5.1.1　串联型晶体多谐振荡器

由 CMOS 门和石英晶体组成的多谐振荡器如图 5.1.1 所示。R 为偏置电阻,静态时使门 G_1 工作于线性放大区,以利于电路起振。晶体串接在由门 G_1、G_2 所组成的正反馈电路中。当振荡频率等于晶体的串联谐振频率 f_s 时,晶体阻抗最小,呈纯电阻特性,此时正反馈最强,且满足相位条件;而对其他频率成分,晶体呈现高阻抗。因此,电路一旦起振,就只能产生频率为 f_s 的信号,图中给出了各点的电压波形。由于晶体的串联谐振频率 f_s 随温度、时间等因素的变化极小,所以由它构成的多谐振荡器的频率是非常稳定的。为了使输出波形边沿更为陡峭,一般再经过一级非门 G_3 整形后输出,此时可以在 v_O 得到矩形波形。

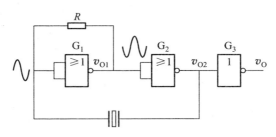

图 5.1.1 串联型晶体多谐振荡器

5.1.2 并联型晶体多谐振荡器

图 5.1.2 是并联型晶体多谐振荡器的典型电路,常用于电子钟表中。图中 R 为偏置电阻,对 TTL 门,通常取 $R = 0.7 \sim 2\ \text{k}\Omega$;对于 CMOS 门,则取 $R = 10 \sim 50\ \text{M}\Omega$。晶体谐振器的工作频率位于串联谐振频率 f_s 和并联谐振频率 f_p 之间,使晶体呈现电感特性,以便和 C_1、C_2 形成一个由 CMOS 反相器组成的电容三点式振荡器。图中 C_2 是温度校正电容,一般取 20 pF;可调电容 C_1 的取值范围为 $10 \sim 30$ pF,用来对振荡频率进行微调。反相器 G_2 的作用是对输出波形整形,以便得到比较理想的矩形波。

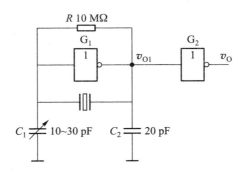

图 5.1.2 并联型晶体多谐振荡器

石英晶体振荡器的突出优点是具有极高的频率稳定度,多用于要求高精度时基信号的数字系统中。

5.2　555集成定时器电路分析

555集成定时器是一种将模拟电路与数字电路巧妙地结合在一起的单片集成器件。它设计新颖,构思巧妙,被广泛地用于脉冲的产生、整形、定时和延迟。

5.2.1　555电路结构

一、555电路结构与工作特性

图 5.2.1(a)是 CC7555 的内部结构图,三只电阻产生两个基准电压,分别接在两个比较器的反相端和同相端。两个**或非门**组成 *RS* 锁存器,两个**非门**作为扩大输出电流之用,T 是 MOS 开关管。图(b)是定时器的外部引脚排列。

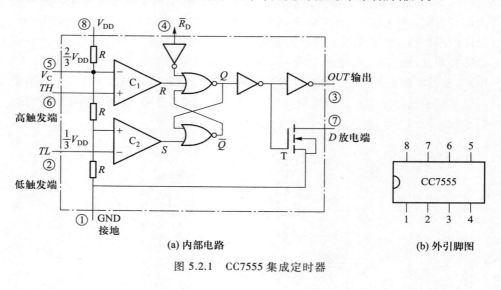

(a) 内部电路　　　　　　　　　　　　　　　(b) 外引脚图

图 5.2.1　CC7555 集成定时器

$$当\ V_{TL} > \frac{1}{3}V_{DD}时,S = 0$$

$$当\ V_{TL} < \frac{1}{3}V_{DD}时,S = 1$$

$$当\ V_{TH} > \frac{2}{3}V_{DD}时,R = 1$$

$$当\ V_{TH}<\frac{2}{3}V_{DD}时,R=0$$

CC7555 功能表如表 5.2.1。

表 5.2.1　CC7555 功能表

V_{TL}	V_{TH}	R	S	Q
$<\frac{1}{3}V_{DD}$	$<\frac{2}{3}V_{DD}$	**0**	**1**	**1**
$<\frac{1}{3}V_{DD}$	$>\frac{2}{3}V_{DD}$	**1**	**1**	禁用
$>\frac{1}{3}V_{DD}$	$<\frac{2}{3}V_{DD}$	**0**	**0**	保持
$>\frac{1}{3}V_{DD}$	$>\frac{2}{3}V_{DD}$	**1**	**0**	**0**

二、555 构成的基本 RS 锁存器

只要将高触发端 TH 作 R 输入,低触发端 TL 作 $\overline{S}$ 输入,其他引脚不用,引脚 4 接成无效,即 $\overline{R}_D=1$,如图 5.2.2 所示,这便构成了基本 RS 锁存器。引脚 5 上的电容作为高频旁路电容,把 V_{DD} 中的纹波通过 RC 电路滤波,保证图 5.2.1 中的两个参考电压不受干扰。

5.2.2　555 构成的多谐振荡器

多谐振荡器电路如图 5.2.3 所示,其中 R_1,R_2,C 是电路中的定时元件。

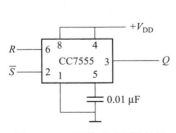

图 5.2.2　555 构成 RS 锁存器

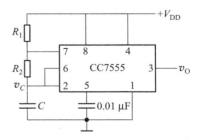

图 5.2.3　555 构成多谐振荡器

合上电源瞬间,由于电容电压不能突变,$v_C=0$ V,结合内部电路可知,此时 R

为低电平 **0**, S 为高电平 **1**, 所以 $Q = v_0 = 1$(高电平)。同时,T 截止,C 以 $\tau = (R_1 + R_2)C$ 的时间常数充电,v_C 按指数规律上升。当 v_C 升至 $\frac{1}{3}V_{DD} < v_C < \frac{2}{3}V_{DD}$ 后, $R = S = 0$,RS 锁存器状态保持,即 $Q = v_0 = 1$,C 继续充电,当 $v_C \geq \frac{2}{3}V_{DD}$ 时,$R = 1$, $S = 0$。RS 锁存器置 **0**,输出 v_0 为低电平。于是 T 导通(FET 导通时沟道电阻忽略不计),电容 C 开始以 $\tau = R_2C$ 放电,v_C 电位下降。只要 C 一开始放电,又变为 $R = S = 0$,C 继续放电,当放电至 $v_C \leq \frac{1}{3}V_{DD}$ 时,比较器 C_1 输出 $R = 0$,比较器 C_2 输出 $S = 1$,输出 v_0 又变为高电平,T 截止,C 又开始充电。如此周而复始,便产生了振荡。v_C 和 v_0 的波形如图 5.2.4 所示。

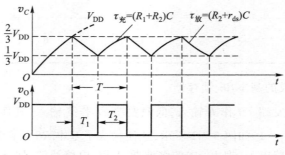

图 5.2.4 多谐振荡器波形

由电路知识可得振荡周期为

$$T = T_1 + T_2 = R_2 C \ln \frac{0 - \frac{2}{3}V_{DD}}{0 - \frac{1}{3}V_{DD}} + (R_1 + R_2) \ln \frac{V_{DD} - \frac{1}{3}V_{DD}}{V_{DD} - \frac{2}{3}V_{DD}} = (R_1 + 2R_2) C \ln 2$$

(5.2.1)

占空比为

$$D = \frac{T_2}{T} = \frac{R_1 + R_2}{R_1 + 2R_2}$$

(5.2.2)

可见,该电路无法实现占空比为 50% 的方波。在上述基本功能的基础上,可以对电路做一些改进:

① 若在引脚 5 上加上控制电压 V_C,则两比较器的参考电压发生改变,这样比较器的翻转电压就不再是 $\frac{1}{3}V_{DD}$ 和 $\frac{2}{3}V_{DD}$,而是 $\frac{1}{2}V_C$ 和 V_C,通过改变 V_C 电压大

小就可以改变振荡波形的周期 T，从而实现压控振荡频率（V/F）功能。

② 在引脚 4 加上某一低频脉冲信号 $\overline{R}_D$，电路将在 $\overline{R}_D$ 为高电平时振荡，低电平时停振，输出为脉冲调制波，波形如图 5.2.5 所示，实现脉冲调制波的输出。

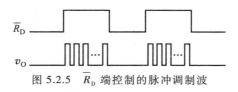

图 5.2.5　$\overline{R}_D$ 端控制的脉冲调制波

③ 将电容的充放电回路分开，就可以实现占空比大范围调节，而周期不变的多谐振荡器，即可以实现脉宽调制波 PWM 输出。如图 5.2.6 所示。

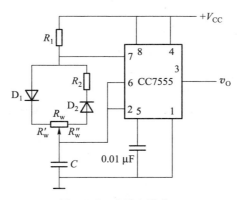

图 5.2.6　改进电路之一

电路以 $(R_1+R'_w)C$ 时间常数充电，以 $(R_2+R''_w)C$ 时间常数放电（FET 导通时沟道电阻忽略不计）。振荡周期 T 为

$$T = (R_1+R_2+R_w)C\ln 2 \tag{5.2.3}$$

它的占空比范围可达 0.01% ～ 99.9%。

④ 充电、放电电容各自分开的多谐振荡器如图 5.2.7 所示。合上电源后，C_1、C_2 都充电。C_1 充电回路为 R、D_1、C_1，充电快，但不决定电路状态翻转。C_2 充电回路为 R_2、R_{w2}、C_2，充电慢，它决定电路状态翻转。电路翻转后，C_1、C_2 都放电。但 C_2 放电快，它的放电不决定电路翻转，C_1 放电慢，它决定电路状态转换。如此轮流工作，输出产生矩形波。振荡周期为

$$T = T_1（高电平）+T_2（低电平）$$
$$= (R_2+R_{w2})C_2\ln 3+(R_1+R_{w1})C_1\ln 3 \tag{5.2.4}$$

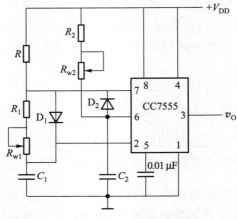

图 5.2.7　改进电路之二

5.2.3　555 构成的单稳态触发器

一、不可重触发的单稳态触发器

555 集成定时器构成不可重触发的单稳态触发器如图 5.2.8 所示。

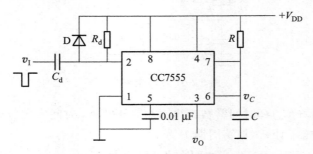

图 5.2.8　555 构成不可重触发单稳态触发器电路

图中 R,C 是定时元件，C_d、R_d 是微分电路，二极管 D 用以旁路正向脉冲，保护输入管脚。假定电路无外加触发脉冲，处于稳态时，电源可以通过 R 对电容 C 充电使得 $v_c = 1$，则由于内部电路中 $R = 1,S = 0,v_O = 0$，MOS 管 T 导通，电容 C 必然迅速放电，$v_c = 0$，此时内部电路中 $R = 0,S = 0,RS$ 锁存器为保持状态，即无触发脉冲时，电路处于稳定状态，$v_O = 0$，电容 C 上也无电荷积累，$v_c = 0$。

在加入负脉冲 v_I 后，微分电路的作用是使得引脚 2 得到一个窄的下降沿信号，如图 5.2.9 所示，窄的下降沿脉冲宽度 $\tau_d = R_d C_d \ll \tau = RC$，若负脉冲 v_I 本身就

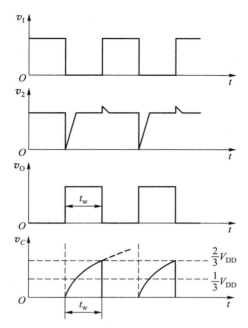

图 5.2.9 不可重触发单稳态触发器波形图

是一个窄脉冲,则可以省去微分电路。

在引脚 2 低电平触发时,由于内部电路中的 $S=\mathbf{1}, R=\mathbf{0}$,电路翻转到暂稳态,$v_0$ 为高电平 $\mathbf{1}$,T 截止。在此期间电容按 $\tau_{充}=RC$ 的规律充电,v_C 电位上升,需要注意的是,在 v_C 电位上升到 $\frac{2}{3}V_{DD}$ 之前,必须保证 v_2 恢复至高电平,使得 $S=\mathbf{0}$,这也是在之前特别强调引脚 2 必须是一个窄脉冲的原因。当 v_C 上升至 $v_C \geqslant \frac{2}{3}V_{DD}$ 后,$R=\mathbf{1}$,暂态结束。v_0 又变为低电平,T 导电,C 上电荷迅速经 T 的沟道电阻 R_{CH} 放电 ,等待下一次触发。其恢复时间 t_{re} 为

$$t_{re}=(3\sim5)\tau_{放}=(3\sim5)\,R_{CH}C \tag{5.2.5}$$

完整的电路工作波形如图 5.2.9 所示。电路的脉冲宽度可利用 v_C 波形求得:

$$t_w=RC\ln\frac{V_{DD}-0}{V_{DD}-\dfrac{2}{3}V_{DD}}=RC\ln 3 \tag{5.2.6}$$

该单稳态电路在一次暂稳态结束之前,不能响应来自引脚 2 的负脉冲信号的第二次触发,因此是不可重触发的。

二、可重触发的单稳态触发器

555 集成定时器构成可重触发的单稳态触发器电路如图 5.2.10(a)所示,工作波形如图(b)所示。

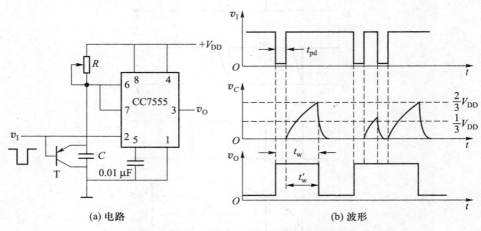

图 5.2.10   555 构成可重触发单稳态触发器电路及波形

该电路在外接的电容 C 旁并接了一个开关器件 PNP 晶体管 T,当每次低电平触发脉冲到来时,电容 C 就会通过该晶体管旁路放电,只有当触发脉冲又回到高电平时,电容 C 才能开始充电,保证电容每一次的充电都是从电压 $v_C = 0$ 开始,但该开关器件 PNP 的接入,并不影响 v_O 跳变为高电平的时刻,v_O 依旧是在引脚 2 的低电平触发脉冲到来时变为高电平。在 v_C 电位上升到 $\dfrac{2}{3}V_{DD}$ 之前,可以在引脚 2 连续加入触发信号,该电路实现的是在最后一次触发信号回到高电平时刻后有固定的暂态时间 t'_w。由图 5.2.10(b)所示波形,单次触发的 $t_w = t_{pd} + t'_w$。多次重触发的输出高电平时间与触发次数有关。

利用该电路可实现失落脉冲检测功能,或用于对电机转速进行监视。

如果为了获取线性度更好的锯齿波,可以利用镜像电流源(T_1、T_2)实现由电流源向电容 C 进行恒流充放电,电路如图 5.2.11 所示。

设镜像电流中,T_1 提供的电流为 I,则在 t_w 期间电容上所充的电压为

$$v_C = \frac{1}{C}\int_0^{t_w} I \mathrm{d}t = \frac{I}{C}t_w = \frac{2}{3}V_{DD}$$

$$t_w = \frac{2}{3}\frac{V_{DD}C}{I} \tag{5.2.7}$$

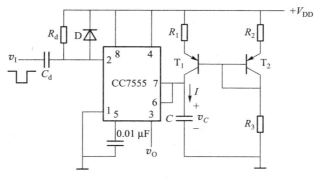

图 5.2.11　恒流充放电电路

5.2.4　555 构成的施密特触发器

一、施密特触发器电路

555 定时器构成施密特触发器的电路非常简单,如图 5.2.12 所示。

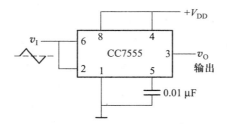

图 5.2.12　施密特触发器电路

施密特触发器的工作原理和滞回比较器相似。

v_I 从小到大变化时,$v_I \leqslant \dfrac{1}{3} V_{DD}$,$R = 0$,$S = 1$,输出为高电平。$\dfrac{1}{3} V_{DD} < v_I < \dfrac{2}{3} V_{DD}$ 时,$R = S = 0$,输出状态保持。只有当 $v_I > \dfrac{2}{3} V_{DD}$ 后,$R = 1$,$S = 0$,输出状态变为低电平 **0**。可见它的上触发电平为 $V_{TH} = \dfrac{2}{3} V_{DD}$。而当 v_I 从大到小变化时,只要 $v_I \geqslant \dfrac{1}{3} V_{DD}$,则输出状态保持低电平。只有当 $v_I < \dfrac{1}{3} V_{DD}$ 时,输出又跳变为高电平,可知它的下触发电平为 $V_{TL} = \dfrac{1}{3} V_{DD}$。因此,施密特触发器有如图 5.2.13(a)所示的电

压传输特性,相当于一个反相滞回比较器。专有的施密特触发器芯片的符号如图 5.2.13(b)所示。

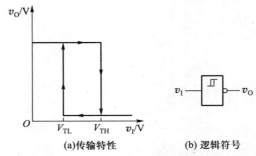

(a)传输特性　　　　(b)逻辑符号

图 5.2.13　施密特触发器电压传输特性及逻辑符号

二、施密特触发器应用

施密特触发器具有良好的干扰抑制功能,常用于整形电路,如图 5.2.14(a)所示,可将边沿变换缓慢的信号波形整形为边沿陡峭的矩形波,还可将叠加在矩形脉冲高、低电平上的噪声有效地清除,如图 5.2.14(b)所示。

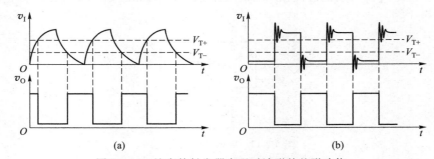

(a)　　　　　　　　　　(b)

图 5.2.14　施密特触发器实现对波形的整形功能

施密特触发器实现的鉴幅功能如图 5.2.15 所示。

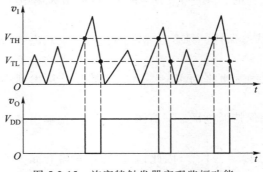

图 5.2.15　施密特触发器实现鉴幅功能

施密特触发器构成多谐振荡器和单稳态触发器的电路分别如图 5.2.16、图 5.2.17 所示。工作原理请读者参照多谐振荡器和单稳态触发器特性，自行分析。

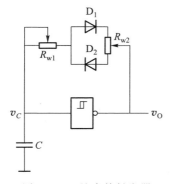 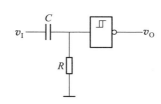

图 5.2.16　施密特触发器　　　　　图 5.2.17　施密特触发器
组成多谐振荡器　　　　　　　　　组成单稳态触发器

5.3　数字式正弦波发生器

要实现正弦波信号的发生器，可以有模拟、数字等多种方法完成。这里仅简要介绍一种利用数字逻辑电路来实现的正弦波发生电路，如图 5.3.1 所示。

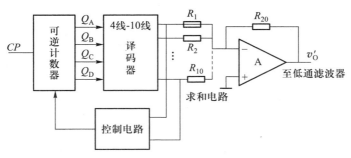

图 5.3.1　数字式正弦振荡器电路

它的基本思路是，脉冲信号经可逆计数器计数后，将 4 位二进制代码信号 $Q_D Q_C Q_B Q_A$ 送至 4 线-10 线译码器译码，然后经求和电路后得到 v'_0。这里求和电路中的 R_1、R_2、$\cdots$、R_{10} 阻值应按正弦幅值变化取值，最后经滤波器滤除高频信号后可得一个完好的正弦波形 v_0，波形如图 5.3.2 所示。

253

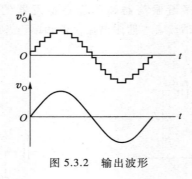

图 5.3.2　输出波形

习　题　5

题 5.1　555 集成定时器可以连接成脉冲宽度调制电路,如题图 5.1 所示,试画出调制后的输出电压 v_O 波形。

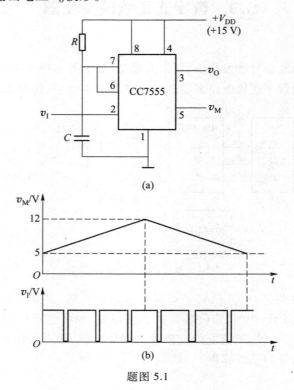

(a)

(b)

题图 5.1

题 5.2 用集成定时器组成的过电压监视电路如题图 5.2 所示，v_x 是被监视电压，试说明电路实现监视的原理。

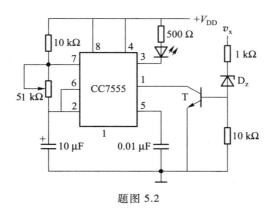

题图 5.2

题 5.3 题图 5.3 所示为一简易触摸开关电路。当手摸金属片时，发光二极管亮，经过一定时间后，发光二极管自动熄灭。试说明其工作原理，并求发光二极管能亮多长时间。

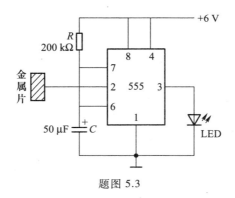

题图 5.3

题 5.4 （1）选用 CC7555 型集成定时器设计一个产生 20 μs 延时时间的脉冲电路，其电路参数为 $V_{DD} = 5$ V，$V_{OL} = 0$ V，$R = 91$ kΩ。

（2）如果 $V_{OL} = 0.2$ V，试用上述参数求此时的输出脉宽。

题 5.5 由 CC7555 构成的单稳电路如题图 5.5 所示，v_I 为 1 kHz 的方波信号，其幅度为 5 V。

（1）画出 v_1、v_2、v_c 及 v_0 的波形。

（2）计算输出脉冲的宽度。

题 5.6 题图 5.6 所示是由 CC7555 连接成的多谐振荡器，试画出 v_c 和 v_0 的波形。当不计 CC7555 的输出电阻时,写出振荡周期表达式。

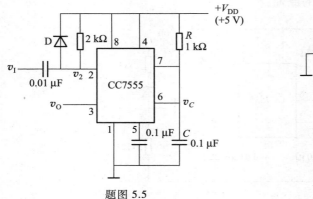

题图 5.5

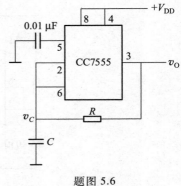

题图 5.6

第6章 信号转换电路

随着数字电子技术的发展,特别是在计算机控制系统和智能化仪器仪表中的广泛应用,用数字电路处理模拟信号成为普遍的技术手段。图 6.0.1 表示了被处理的模拟信号和数字电子系统的链接框图。真实世界中我们所感受到的各种物理量以模拟量为主,如温度、压力、速度等,而处理器需要对数字量进行处理,中间的环节就是模数转换器(ADC);当处理器完成对数字信号的处理后,其结果又要以模拟量的形式反馈到真实世界中,这中间的环节就是数模转换器(DAC)。从图 6.0.1 的结构中可以看出,无论是 ADC 还是 DAC,作为信号转换电路,在电路系统中起到了桥梁作用,贯通了模拟世界和数字世界,改变了人们的现实生活。

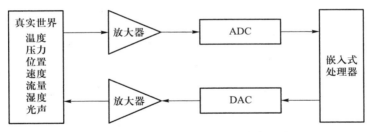

图 6.0.1　信号转换电路在电子系统中的位置

本节着重介绍模数转换电路和数模转换电路的基本工作原理、典型电路和主要性能指标。

6.1　模数转换电路

将连续的模拟信号转换成时间离散、幅度离散的数字信号的电路称为模数转换器,简称 A/D 转换器或 ADC(analog to digital converter 的缩写)。

6.1.1 A/D 转换器的基本原理

A/D 转换的整个过程包括四个步骤：采样、保持、量化和编码。下面分别予以介绍。

1. 采样定理和采样/保持电路

模拟信号是随时间连续变化的，而数字信号在时间和幅值上都是离散的信号。因此在进行 A/D 转换时，必须对输入的模拟信号进行周期性地采样。由于把采样电压转变为相应的数字量需要一定的时间，所以在每次采样以后必须把采样电压保持一段时间。

采样/保持电路如图 6.1.1(a)所示，设 v_I 代表输入的模拟信号，采样/保持电路由受控的理想模拟开关 S 和保持电容 C_H 组成。

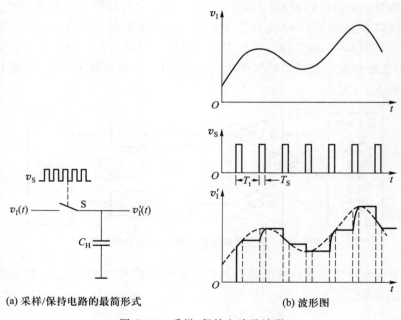

(a) 采样/保持电路的最简形式 (b) 波形图

图 6.1.1 采样/保持电路及波形

模拟开关 S 在周期性的采样脉冲 v_S 的控制下对输入的模拟信号进行定期采样，并将此采样值 v'_I 暂时存贮在电容 C_H 上，其波形如图 6.1.1(b)所示。为了使采样后的信号不失真地恢复成原始的输入信号，对采样信号 v_S 的频率 f_s 将有一定的要求。根据采样定理，要准确地恢复出原来的信号，采样频率 f_s 至少为信号带宽的两倍(奈奎斯特采样率)。即 f_s 必须满足以下的关系：

$$f_s \geq 2f_{imax} \tag{6.1.1}$$

式中，f_{imax} 为输入模拟信号 v_I 频谱中的最高频率分量，因此采样周期 T_s 很小。在实践中，常取 $f_s = (2.5 \sim 3)f_{imax}$。当采样率高出奈奎斯特采样率时，称为过采样。

实际的采样/保持电路如图 6.1.2 所示。存贮电容 C_H 为保持电容。两只运算放大器 A_1 和 A_2 都接成电压跟随器形式。A_1 对输入模拟信号 v_I 和存贮电容 C_H 起缓冲隔离作用，它对输入信号 v_I 来说是高阻，而对电容 C_H 为低阻，C_H 的充放电时间常数远小于采样时间 T_s，故可快速"采样"。又由于 A_2 跟随器在 C_H 和输出端之间起缓冲隔离作用，故电路的"保持"性能也较好。显然，C_H 的泄漏电阻越大，运放 A_2 的输入阻抗越高，则 C_H 上的采样电压保持的时间也越长。

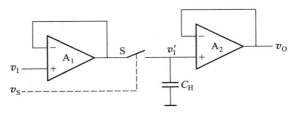

图 6.1.2　实际的采样/保持电路

2. 量化和编码

在前面讲过，数字信号不仅在时间上是离散的，而且在幅值上的变化也是不连续的，因此任何一个数字量的大小都可用某个最小数量单位的整数倍来表示。由于采样/保持后的电压仍是连续的，在将其转换成数字量时，就必须把它与一些规定个数的离散电平（或分层的数值档级）进行比较。凡介于两个离散电平之间的采样值，可按某种方式近似地用这两个离散电平中的一个来表示，这种将幅值取整归并的方式和过程称为数值量化或数值分层，简称量化。量化后的数值用一个数值代码与之对应，称为编码。这个数值代码就是 A/D 转换器输出的数字信号。

量化可按两种方式进行，如图 6.1.3 所示。图中 S 称为量化阶梯（或分层），即量化的最小数量单位，表示输出数字信号最低位为 1 V 时对应的输入电平大小。

（1）舍尾取整法。

图 6.1.3(a) 所示的量化方式中，采取只舍不入的量化方法。当输入数值 v_I 在某两个相邻的量化值之间，即

$$KS \leq v_I < (K+1)S$$

式中 K 为整数。这时将 v_I 数值中不足一个 S 的尾数舍去而取其整数，即取量化值为 $v_I^* = KS$。例如，设 $S = 1$ V，当 $v_I = 3.8$ V 时，则量化值 $v_I^* = 3$ V；当 $v_I = 5$ V 时，

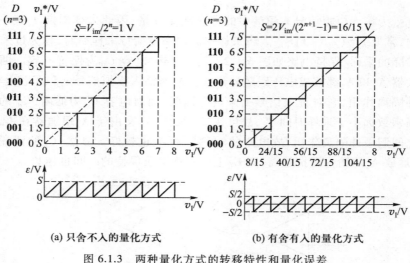

(a) 只含不入的量化方式　　　　　(b) 有舍有入的量化方式

图 6.1.3　两种量化方式的转移特性和量化误差

$v_I^* = 5$ V。由上可见,在量化过程中,可能会产生量化误差,即

$$\varepsilon = v_I(t) - v_I^*(t) \geqslant 0$$

而且最大量化误差 $\varepsilon_{\max} = 1 \cdot S$。式中 $v_I^*(t)$ 表示量化后的值。

（2）有舍有入法。

在图 6.1.3（b）所示的量化方式中,采取有舍有入的方法。即 v_I 的尾数不足 $0.5S$ 的部分,用舍尾取整法求得量化值,当 v_I 的尾数等于或大于 $0.5S$ 时,则舍尾 入整（原整数加 $1S$）求其量化值。例如,设 $S = 1$ V,当 $v_I = 3.4$ V 时,则 $v_I^* = 3$ V; 当 $v_I = 3.5$ V 时,则 $v_I^* = 4$ V。其最大的量化误差 $|\varepsilon_{\max}| = 0.5S$。

由上分析,不难看出,这两种量化方式比较起来,有舍有入方式较好,大多数 ADC 集成芯片都采用有舍有入法。所以实际的模拟输入与数字输出之间存在 $\pm\dfrac{1}{2}$LSB 的量化误差。在交流采样应用中,这种量化误差会产生量化噪声。

图 6.1.3 给出了两种量化方式下 3 位 A/D 转换器的转移特性和量化误差。

设 $v_I = 0 \sim 8$ V。图 6.1.3（a）表示只舍不入情况,其最小量化单位 $S = \dfrac{V_{im}}{2^n} = \dfrac{8}{8}$ V $= 1$ V。当 $0 \leqslant v_I < 1$ V 时,$v_I^* = 0S = 0$ V,相应的数字量为 **000**;当 1 V $\leqslant v_I < 2$ V 时,$v_I^* = 1S = 1$ V,其数字量为 **001**;其余类推。图 6.1.3（b）表示有舍有入方式,

其最小量化单位 $S = \dfrac{V_{\text{im}}}{2^n - 0.5} = \dfrac{16}{15}$V,其中分母中的$-0.5$表示最小数字量的变化发生在 0.5 量化单位处。当 $0 \leqslant v_1 < \dfrac{8}{15}$V 时, $v_1^* = 0S = 0$ V,相应数字量为 **000**;当 $\dfrac{8}{15}$V $\leqslant$ $v_1 < \dfrac{24}{15}$V 时, $v_1^* = 1S = \dfrac{16}{15}$V,其数字量为 **001**;其余类推。

A/D 转换器是将模拟信号(电压或电流)转换成在数值上与之成正比的二进制数。A/D 转换器的类型很多,主要的有并行比较型 ADC、逐次逼近型 ADC、双积分型 ADC、$\Delta - \sum$ 型 ADC,以及电压频率转换器和频率电压转换器等。下面依次介绍这些 A/D 转换器的工作原理。

6.1.2 并行比较型 A/D 转换器

1. 1 位 ADC

为便于理解,以一个最简单的 1 位 ADC,也就是我们常见的比较器为例,说明 ADC 的基本原理。

由图 6.1.4 可知,比较器以 V_{ref} 为阈值,把所有高于 V_{ref} 的电压都量化为 **1**,把所有低于 V_{ref} 的信号都量化为 **0**。可见,比较器是最简单的 1 位 ADC,能输出 1 位数字信号。

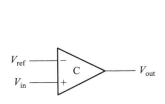
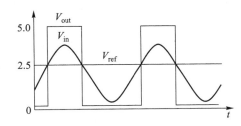

图 6.1.4　1 位 ADC

2. 3 位 ADC

从这个简单的 1 位 ADC,很容易得到一个 N 位的 ADC。图 6.1.5 是一个由比较器构成的 3 位 ADC。图中,8 个电阻将参考电压分成 7 个等级的电压,分别作为 7 个比较器的比较电平。待转换的模拟电压 v_1 经采样保持后与这些比较电平进行比较,比较的结果由 D 触发器存储,并送给编码器,经过编码器编码,得到数字输出量。3 位数字输出量可表示 2^3 种不同的转换结果,输入模拟量和输出数字量的关系见表 6.1.1。

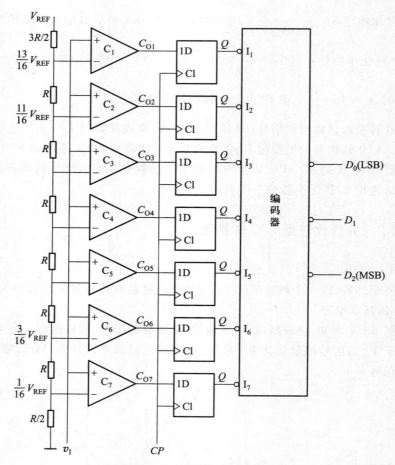

图 6.1.5 由比较器构成的 3 位 ADC

表 6.1.1 3位并行比较型输入输出关系

输入模拟信号	比较器输出							数字量输出		
v_1	C_{O1}	C_{O2}	C_{O3}	C_{O4}	C_{O5}	C_{O6}	C_{O7}	D_2	D_1	D_0
$0<v_1<V_{ref}/16$	0	0	0	0	0	0	0	0	0	0
$V_{ref}/16<v_1<3V_{ref}/16$	0	0	0	0	0	0	1	0	0	1
$3V_{ref}/16<v_1<5V_{ref}/16$	0	0	0	0	0	1	1	0	1	0
$5V_{ref}/16<v_1<7V_{ref}/16$	0	0	0	0	1	1	1	0	1	1
$7V_{ref}/16<v_1<9V_{ref}/16$	0	0	0	1	1	1	1	1	0	0

续表

输入模拟信号 v_1	比较器输出 C_{01} C_{02} C_{03} C_{04} C_{05} C_{06} C_{07}							数字量输出 D_2 D_1 D_0		
$9V_{ref}/16 < v_1 < 11V_{ref}/16$	**0**	**0**	**1**	**1**	**1**	**1**	**1**	**1**	**0**	**1**
$11V_{ref}/16 < v_1 < 13V_{ref}/16$	**0**	**1**	**1**	**1**	**1**	**1**	**1**	**1**	**1**	**0**
$13V_{ref}/16 < v_1 < V_{ref}$	**1**	**1**	**1**	**1**	**1**	**1**	**1**	**1**	**1**	**1**

图 6.1.5 所示的 ADC 结构叫作并行比较型 ADC（Flash ADC）。Flash ADC 是目前转换速度最快的 ADC。对于 n 位输出二进制码，Flash ADC 需要 2^n-1 个比较器。因此，Flash ADC 比较器的数目随位数呈指数增长，所需要的位数较高时，功耗和面积都比较大。此类转换器的精度一般在 6~8 位。该类转换器的速度主要由比较器的建立时间决定，而精度主要由电阻串的匹配程度以及比较器的失调电压决定。Flash ADC 多用于速度要求很高而分辨率要求不高的场合，如示波器中。

6.1.3 逐次逼近型 A/D 转换器

图 6.1.6(a) 是一个 3 位逐次逼近型 A/D 转换器的原理电路。它由数码寄存器、D/A 转换器（将在 6.2 节中介绍）、电压比较器和顺序脉冲发生器等部分组成。三个触发器 FF_2、FF_1 和 FF_0 组成 3 位数码寄存器。$FF_A \sim FF_E$ 接成模 5 的环形计数器，以构成顺序脉冲发生器，各触发器 Q 端的相应波形如图 6.1.6(b) 所示。图中，偏移电压 $S/2$ 是为了减小量化误差而设置的。

工作原理：为便于分析，设待转换电压为 4.65 V，$S=1$ V。转换开始前，先使 $Q_E=1$，而其他 $Q_A=Q_B=Q_C=Q_D=0$。

第一个时钟脉冲使顺序脉冲发生器的状态变为 $Q_A Q_B Q_C Q_D Q_E = $ **10000**。由于 $Q_A=1$，将高位触发器 FF_2 置 1，而 FF_1、FF_0 被置 0，这时加到 D/A 转换器输入端的代码为 $Q_2 Q_1 Q_0 = $ **100**。在 D/A 转换器的输出端得到相应的模拟电压 v_0，再减去 $S/2$ 的偏移电压，得到 $v_F = 4S - S/2 = 3.5$ V。将 v_F 和输入电压 v_1' 相比较，若 $v_1' > v_F$，则比较器输出 v_C 为高电平 1，反之则为低电平 0。例如，$v_1' = 4.65$ V $> v_F = 3.5$ V，故比较器输出 $v_C = 1$。

第二个时钟脉冲使顺序脉冲发生器的状态变为 $Q_A Q_B Q_C Q_D Q_E = $ **01000**。由于 $1D_2 = v_C = 1$，故 Q_B 的正跳变使 FF_2 仍保持 1 状态，而 FF_1 被置 1。故第二个时钟脉冲作用的结果为 Q_2 的 1 保留，Q_1 置 1，寄存器输出端的代码为 $Q_2 Q_1 Q_0 = $ **110**。经 D/A 转换并减去 $S/2$，得到 $v_F = 6S - S/2 = 5.5$ V。将 v_F 和输入电压 v_1' 进行第二

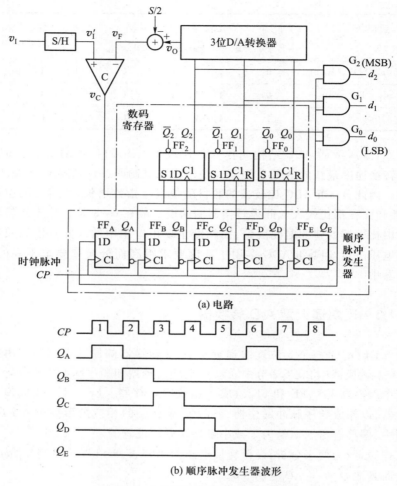

(a) 电路

(b) 顺序脉冲发生器波形

图 6.1.6 3 位逐次逼近型 A/D 转换器

次比较,由于 $v'_I = 4.65$ V $< v_F = 5.5$ V,所以比较器输出 $v_C = \mathbf{0}$。

第三个时钟脉冲使顺序脉冲发生器的状态变为 $Q_A Q_B Q_C Q_D Q_E = \mathbf{00100}$。由于 $1D_1 = v_C = \mathbf{0}$,故 Q_C 的正跳变使 FF_1 置 $\mathbf{0}$,同时使 FF_0 置 $\mathbf{1}$。此时,寄存器输出端代码 $Q_2 Q_1 Q_0 = \mathbf{101}$。经 D/A 转换再减去 $S/2$ 后得到的相应模拟电压为 $v_F = 5S - S/2 = 4.5$ V。v_F 与 v'_I 进行第三次比较,由于 $v'_I = 4.65$ V $> v_F = 4.5$ V,故比较器输出 $v_C = \mathbf{1}$。

第四个时钟脉冲使顺序脉冲发生器的状态变为 $Q_A Q_B Q_C Q_D Q_E = \mathbf{00010}$。由于 $1D_0 = v_C = \mathbf{1}$,故 Q_D 的正跳变使 FF_0 仍保留 $\mathbf{1}$ 状态,寄存器的状态为

$Q_2Q_1Q_0=\mathbf{101}$。

第五个时钟脉冲使顺序脉冲发生器的状态变为 $Q_AQ_BQ_CQ_DQ_E=\mathbf{00001}$。寄存器状态不变。$Q_E=\mathbf{1}$，与门 G_0、G_1、G_2 被选通，即可读取 A/D 转换器输出的数字量 $D=d_2d_1d_0=\mathbf{101}$。由上分析，图 6.1.6 所示逐次逼近型 A/D 转换器的工作过程可简单地用表 6.1.2 来表示。在转换过程中，反馈到比较器反相输入端的电压 v_F 逼近输入电压 v_I' 的波形关系如图 6.1.7 所示。

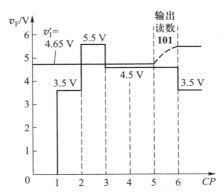

图 6.1.7 3 位逐次逼近型 A/D 转换器 v_F 逼近 v_I' 的波形关系

图 6.1.6 中的采样/保持电路应与 A/D 转换器同步工作，即 Q_E 为 1 的读出期间应同时进行采样，而在 $Q_A=\mathbf{1}$ 到 $Q_D=\mathbf{1}$（即 $Q_E=\mathbf{0}$）期间为保持时间，也就是 A/D 转换的量化和编码时间。

表 6.1.2 3 位逐次逼近型 A/D 转换器的工作过程（$v_I'=\mathbf{4.65\ V}$）

CP 脉冲顺序	寄存器状态 $Q_2Q_1Q_0$	$v_F=v_0-S/2$ （$S=1$ V）	$v_I'</>v_F$	比较器 C 输出状态	该位数码的留或舍
1	**100**	3.5S	$v_I'>v_F$	**1**	Q_2 留
2	**110**	5.5S	$v_I'<v_F$	**0**	Q_1 舍
3	**101**	4.5S	$v_I'>v_F$	**1**	Q_0 留
4	**101**	4.5S	$v_I'>v_F$	**1**	$Q_2Q_1Q_0=\mathbf{101}$
5	**101**	4.5S	$v_I'>v_F$	**1**	$d_2d_1d_0=\mathbf{101}$

逐次逼近型 A/D 转换器具有较高的转换速度。对于图 6.1.6 所示的 n 位 A/D 转换器，转换一次需要（$n+2$）个时钟周期（包括读出周期），位数越多，转换时间也就相应增加。与并行比较型 A/D 转换器相比，逐次逼近型 A/D 转换器速度要低一些，但所需硬件则较少，因而对速度要求不是特别高的场合，逐次逼

近型 A/D 转换器的应用最为广泛。

逐次逼近型 A/D 转换器的精度主要取决于其中 D/A 转换器的位数和线性度、参考电压的稳定性和电压比较器的灵敏度。由于高精度的 D/A 转换器已能实现,故逐次逼近型 A/D 转换器可达到很高的精度,其相对误差可做到不大于±0.005%。

6.1.4　双积分型 A/D 转换器

无论是并行比较型 A/D 转换器,还是逐次逼近型 A/D 转换器,都是将模拟电压直接转换成数字代码,因此这类转换器又称为直接 A/D 转换器。本节所要介绍的双积分型 A/D 转换器,是先将模拟电压变换为某种形式的中间信号——时间,然后再将这个信号变换为数字代码输出,故双积分型 A/D 转换器又称为间接 A/D 转换器。

双积分型 A/D 转换器的框图如图 6.1.8 所示,它由积分器、检零比较器、计数器、附加触发器 FF_n、逻辑控制门和时钟信号源等部分组成。图中$-V_{REF}$为基准电压,v_1为输入模拟电压。

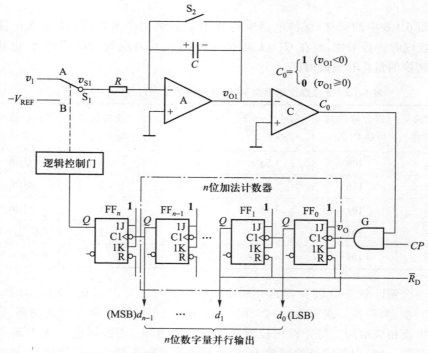

图 6.1.8　双积分型 A/D 转换器原理图

转换开始前,先将计数器和附加触发器清零,并将开关 S_2 合上,使积分电容 C 完全放电。每一次的转换操作分两阶段进行,其转换过程的工作波形如图 6.1.9 所示。

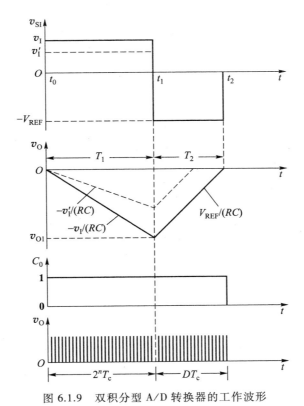

图 6.1.9 双积分型 A/D 转换器的工作波形

1. 第一阶段——积分器对输入模拟电压 v_1 进行固定时间 T_1 的积分

$t = 0$ 时,S_2 打开,S_1 合于 A 侧。输入模拟电压 v_1 与积分器相连,则积分器的输出电压 v_{O1} 可以表示成

$$v_{O1}(t) = -\frac{1}{RC}\int_0^t v_1 \mathrm{d}t = -\frac{v_1}{RC}t \tag{6.1.2}$$

由式(6.1.2)可见,当输入模拟电压 v_1 为正值时,$v_{O1}(t)$ 是一个以负斜率自零向负方向变化的电压,即 $v_{O1}(t)<0$,所以检零比较器输出 $C_0 = 1$,与门 G 打开,周期为 T_c 的时钟脉冲经门 G 使 n 位加法计数器从零开始计数。当计满 2^n 个时钟脉冲时,计数器回到全零状态,而附加触发器输出 Q_n 则由 **0** 变 **1**,从而使逻辑控制电路将开关 S_1 由 v_1 侧改接到 $-V_{REF}$ 侧。至此,定时积分结束,并开始对基准电

267

压 $-V_{\text{REF}}$ 进行反向积分。

由上分析不难看出,第一阶段的积分时间为一常数,用 T_1 表示,且有如下关系:

$$T_1 = 2^n T_c \tag{6.1.3}$$

在 $t = t_1$ 时刻,积分器的输出电压为

$$v_{01} = v_{01}(t_1) = -\frac{v_{\text{I}}}{RC} T_1 = -\frac{v_{\text{I}}}{RC} \cdot 2^n \cdot T_c \tag{6.1.4}$$

2. 第二阶段——积分器对基准电压 $-V_{\text{REF}}$ 进行定斜率积分

从 t_1^+ 开始,开关 S_1 改接到 $-V_{\text{REF}}$ 侧,积分器对基准电压 $-V_{\text{REF}}$ 进行反向积分。由于比较器输出 C_0 仍为 $\mathbf{1}$,因此计数器重新由零开始计数。

此时,积分器的输出电压为

$$v_{01}(t) = v_{01}(t_1) - \frac{1}{RC} \int_{t_1}^{t} (-V_{\text{REF}}) \, dt \quad (t \geqslant t_1) \tag{6.1.5}$$

当 $t = t_2$ 时,积分器的输出电压回到 0 V,使检零比较器输出 $C_0 = \mathbf{0}$,将与门 G 关闭,计数器停止计数,转换结束。这时计数器内所存的计数值 D 就是 A/D 转换的结果,显然

$$v_{01}(t_1) - \frac{1}{RC} \int_{t_1}^{t_2} (-V_{\text{REF}}) \, dt = 0$$

将式(6.1.4)代入,得

$$-\frac{v_{\text{I}}}{RC} T_1 + \frac{V_{\text{REF}}}{RC}(t_2 - t_1) = 0$$

即

$$\frac{v_{\text{I}}}{RC} T_1 = \frac{V_{\text{REF}}}{RC} T_2$$

所以

$$T_2 = \frac{T_1}{V_{\text{REF}}} \cdot v_{\text{I}} \tag{6.1.6}$$

式中,V_{REF} 和 T_1 均为固定值,所以 T_2 与输入模拟电压 v_{I} 成正比。T_2 就是双积分型 A/D 转换器的中间转换变量。

由于 $T_1 = 2^n T_c$,代入式(6.1.6)中,可得

$$D = \frac{T_2}{T_1} = \frac{2^n}{V_{\text{REF}}} \cdot v_{\text{I}} \tag{6.1.7}$$

此式表明,计数器在第二次积分时的计数值 D 与输入模拟电压 v_{I} 成正比,从而实现了间接的 A/D 转换。由于 $D \leqslant 2^n - 1$,故需 $v_{\text{I}} < V_{\text{REF}}$。若 $V_{\text{REF}} = 2^n$ V,则 $D = v_{\text{I}}$,此

时计数器计得的数在数值上就等于输入模拟电压的值。

双积分型 A/D 转换器由于在输入端使用了积分器,所以对于干扰具有很强的抑制能力。如果定时积分时间 T_1 是对称干扰信号周期的整数倍,则从理论上分析,干扰信号能完全予以清除。因此,为消除工频干扰,可将定时积分时间 T_1 选取为工频周期的整数倍。由于每次转换用同一积分器进行二次积分,故转换精度和积分器的参数 R、C 无关。

双积分型 A/D 转换器完成一次转换所需的时间一般为几十毫秒以上,故转换速度较慢。增加计数器的位数可提高 A/D 转换器的精度,因而它广泛使用在精度要求较高而转换速度要求不高的数字测量设备和仪表中。

6.1.5* $\Delta-\Sigma$ 型 A/D 转换器

通过提高采样频率可以提高 ADC 系统精度,这种技术叫做过采样技术,应用这种技术的 ADC 称为过采样 ADC,其采样频率远远高于信号的带宽频率。$\Delta-\Sigma$ 型 ADC 由模拟调制器和降采样数字抽取滤波器组成,其基本思想是通过采用过采样技术和噪声整形技术降低信号带内的量化噪声,提高信号带内的信噪比,进而提高其精度和动态范围。

$\Delta-\Sigma$ 型 A/D 转换器的基本拓扑结构如图 6.1.10 所示,其核心部分是一个 $\Delta-\Sigma$ 调制器级联了一个数字/抽取滤波器。调制器把模拟输入信号转换成了高速的脉冲数字信号,脉冲的占空比反映了模拟输入电压的大小。在调制器的输出端,数字/抽取滤波器处理高频噪声和高速采样带来的数据吞吐率过高的问题,对调制器的高速 1 位数据流进行滤波,形成低速的多位编码。

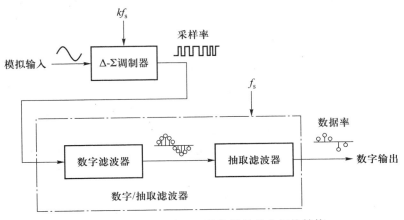

图 6.1.10 $\Delta-\Sigma$ 型 A/D 转换器的基本拓扑结构

一阶 Δ−Σ 调制器的内部结构如图 6.1.11 所示。它以 Kf_s 的过采样速率将输入信号转换为由 **1** 和 **0** 构成的连续串行位流 Y。1 位 DAC 由串行输出数据流 Y 驱动,其输出以负反馈形式与输入信号求和。根据反馈控制理论可知,如果反馈环路的增益足够大,DAC 输出的平均值接近输入信号的平均值。

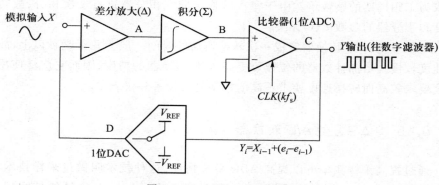

图 6.1.11　一阶 Δ−Σ 调制器

图 6.1.12 所示为对应图 6.1.11 中的 A、B、C、D 各点波形。其中图 6.1.12(a)是输入信号 $X=0$ 的情况,输出为 **0、1** 相间的数据流,若取 8 点平均,平均值为 **0**,正好是 3 位双极性输入 ADC 的 **0**。若输入为 $1/4V_{REF}$,则信号波形如图 6.1.12(b)所示,差分输出 A 点波形正负不对称,引起正反向积分斜率不同,调制器输出 **1** 的个数多于 **0**,如果仍对 8 个采样点取平均,得到的输出值为 5/8,这个值正是 3 位双极性输入 ADC 对应于 $1/4\ V_{REF}$ 的转换值。

在一阶 Δ−Σ 调制器只积分一次的基础上,二阶 Δ−Σ 调制器通过积分两次,进一步降低量化噪声。当前流行的 Δ−Σ 型 ADC 通常包括多阶 Δ−Σ 调制器,高阶 Δ−Σ 调制器能把更多噪声整形到高频处。

由于过采样的采样速率高于输入信号最高频率 f_s 的许多倍,这有利于简化抗混叠滤波器的设计,提高信噪比,并改善动态范围。

下面用频域分析方法来讨论过采样问题。由于量化过程总会产生量化误差,所以数据采样系统具有量化噪声。一个理想的常规 n 位 ADC 的采样量化噪声均匀分布在奈奎斯特频带直流至 $f_s/2$ 范围内,如图 6.1.13(a)所示,其中 f_s 为采样速率。如果用 kf_s 的采样速率对输入信号进行采样(k 为过采样倍率),奈奎斯特频率增至 $kf_s/2$,整个量化噪声位于直流至 $kf_s/2$ 之间,如图 6.1.13(b)所示。总体噪声和采样没有关系,但是过采样增加了信号分布的带宽,所以有效信号带宽内的平均噪声明显减小。Δ−Σ 型 ADC 的调制器起到了把大部分噪声推向 $f_s/2$ 至 $kf_s/2$ 之间的作用,如图 6.1.13(c)所示,低频处的噪声会更小,从而更加有

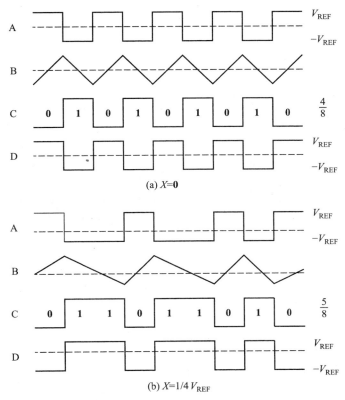

(a) X=0

(b) X=1/4 V_REF

图 6.1.12　一阶 Δ-∑ 调制器各点波形

效地提高了 ADC 的精度。

　　在调制器的输出端,高频噪声和高速采样率,即高速的数据输出率,是两个难题。数字/抽取滤波器对调制器输出的 1 位码流进行滤波和抽取。首先,通过一个数字低通滤波器可将带宽之外的噪声滤除,从而提高了信噪比,实现了用低分辨率的 ADC 获得高分辨率的效果。然后,通过抽取把输出数字信号的高速率降低到系统的奈奎斯特频率。因为数字滤波器降低了带宽,所以输出数据速率要低于原始采样速率,直至满足奈奎斯特定理。降低输出数据速率的方法是通过对每输出 M 个数据抽取 1 个的数字重采样方法实现的,这种方法称作输出速率降为 1/M 的采样抽取,其原理如图 6.1.14 所示。这种采样抽取方法不会使信号产生任何损失,它实际上是去除过采样过程中产生的多余信号的一种方法。

　　从以上分析可以看出 Δ-∑ 型 ADC 的几个基本特点:首先,它拥有全差分的输入级,具有优秀的共模抑制能力;其次,Δ-∑ 型 ADC 拥有超高的精度,这是通过过采样、Δ-∑ 调制和数字滤波三个方面结合起来实现的。目前 Δ-∑ 型 ADC

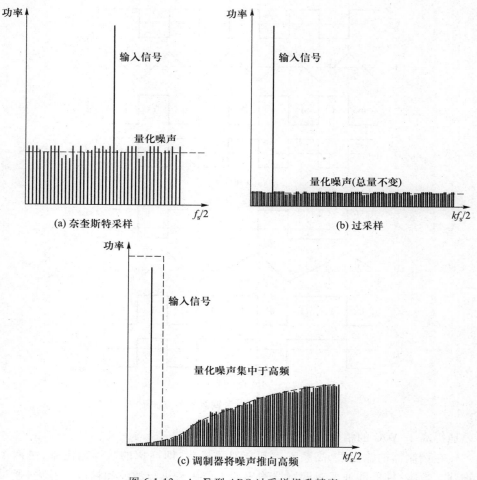

(a) 奈奎斯特采样

(b) 过采样

(c) 调制器将噪声推向高频

图 6.1.13　Δ-∑ 型 ADC 过采样提升精度

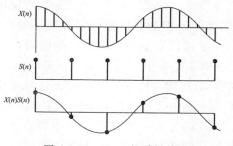

图 6.1.14　$M = 4$ 的采样抽取

已经广泛应用于要求高精度的场合。尤其是大规模数字电路技术日益成熟后，过采样 Δ-Σ 型 ADC 的思想得到了进一步完善，其实际电路的实现也逐渐成熟并在模数转换领域占据了最重要的地位。

6.1.6* 电压/频率(V/F)和频率/电压（F/V）转换器

一、电压/频率（V/F）转换器

V/F 转换器，简称 VFC，是一种将模拟电压转换成与其大小成比例的脉冲频率的电路。如果对其输出的脉冲频率信号进行数字化测量，则可得到对应于输入模拟电压的数字等效值。因此，V/F 转换器也可以看作是一种间接型的 A/D 转换器。

V/F 转换器的方案和线路繁多，下面主要介绍一种常见的电荷平衡式 V/F 转换器。

1. 电路组成

图 6.1.15 是电荷平衡式 V/F 转换器的电路原理图，其中 A_1 和 RC 组成积分器，A_2 为电压比较器。单稳态定时器是一种定时准确的单稳态触发器，每次触发可产生一个宽度 t_w 十分准确的脉冲。恒流源 I_R 和模拟开关 S 为积分器提供反充电回路。每当单稳态定时器被触发而产生一个定宽 t_w 脉冲时，模拟开关就接通积分器的反充电回路。

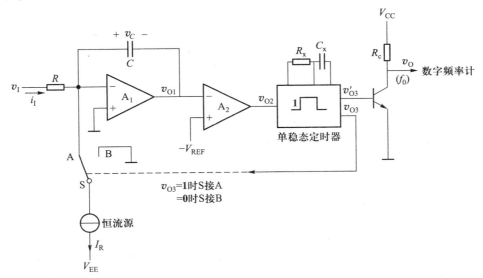

图 6.1.15 电荷平衡式 V/F 转换器电路原理图

273

2. 工作原理

图 6.1.15 中,设开始时 $v_{O3}=0$,开关 S 接 B。当 v_1 为某一正值 V_1 时,产生相应的输入电流 $I_1=V_1/R$,使电容 C 充电,积分器 A_1 的输出电压 v_{O1} 下降。当 $v_{O1}<-V_{REF}$ 时,电压比较器 A_2 输出 v_{O2} 发生跳变(由 **0** 变 **1**),触发单稳态定时器产生宽度 $t_w=1.1R_xC_x$ 的正脉冲,即 $v_{O3}=1$,使模拟开关 S 和积分器反相端 A 相连。由于电路设计成 $I_R>I_1$,因此在 $v_{O3}=1$ 期间,积分电容 C 反向充电,输出电压 v_{O1} 线性上升。直至 t_w 结束,$v_{O3}=0$,使模拟开关又接向 B,积分器在正的输入电压 v_1 作用下,重新开始向 C 充电,输出电压 v_{O1} 线性下降,如此往复。图 6.1.16 所示为 V/F 转换器的工作波形,其中 T_0 是转换器的输出周期。

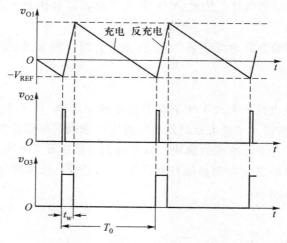

图 6.1.16 V/F 转换器的工作波形

根据充电电荷量和反充电电荷量相等的电荷平衡原理,可以求得

$$I_1(T_0-t_w)=t_w(I_R-I_1)$$

所以

$$I_1T_0=I_Rt_w \tag{6.1.8}$$

输出脉冲频率为

$$f_0=\frac{1}{T_0}=\frac{I_1}{I_Rt_w}=\frac{V_1}{RI_Rt_w} \tag{6.1.9}$$

式(6.1.9)中,t_w、R、I_R 都是定值,所以 V/F 转换器的输出频率 f_0 与输入电压 V_1 成正比。V/F 转换器的输出频率 f_0 可由数字频率计测出,从而得到正比于输入电压 V_1 的数字量。显然,要精确地实现 V/F 转换,I_R、R 及 t_w 必须准确而且稳定,因此所用阻容元件应为低温度系数的稳定元件,如金属膜电阻和绝缘性能良好的

聚苯乙烯电容或聚丙烯电容等。

由于 V/F 转换器的输入也采用了积分器,所以同样具有较强的抗干扰能力。如果脉冲信号调制在射频信号上,则可利用无线电传送实现遥测,另外还可调制成光脉冲,利用光纤传送可以免受电磁干扰。

利用上述电路方案制成的集成芯片有 ADVFC32、AD650、LM131/LM231/LM331 等,它们的线性度一般都高于 ±0.05%,可以满足中等以上转换精度的要求。

二、频率/电压（F/V）转换器

频率/电压（F/V）转换器是将输入频率转换成与之成正比的输出电压的一种转换电路,简称 FVC,其原理框图如图 6.1.17 所示。由图可知,F/V 转换器由比较器 A_2、单稳态定时器、积分器 A_1 和恒流源 I_R 组成。单稳态定时器的输出控制模拟开关 S,当其输出低电平时,S 接向 B,恒流源不向积分电容充电;当其输出高电平时,S 接向 A,I_R 向积分电容充电。

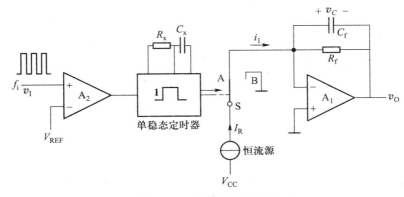

图 6.1.17　FVC 的原理框图

设开始时单稳态定时器输出低电平,开关 S 接向 B,$v_0 = 0$。将待转换的脉冲频率为 f_i 的信号 v_1 加到比较器 A_2 的同相输入端以后,一旦信号幅值超过 V_{REF},比较器便翻转,输出由 **0** 变 **1**,单稳态定时触发器产生一个脉宽为 t_w 的脉冲,使模拟开关 S 和运放 A_1 的反相端相连,从而接通恒流源 I_R,在 t_w 时间内使 I_R 向 C_f 充电,$v_0 = -v_c$。经过 t_w 后,定时器输出恢复低电平,开关 S 又接向 B,I_R 停止向 C_f 充电。此时 C_f 向 R_f 放电。当 C_f 的充、放电达到平衡后,v_0 保持恒定。F/V 转换器的工作波形如图 6.1.18 所示。

输出电压 v_0 的平均值 $V_{(AV)}$ 可以通过以下方法计算。设积分器输入电流 i_1 的平均值为 $I_{I(AV)}$。按照图 6.1.18 所示的波形,i_1 的幅值为 I_R,宽度为 t_w,周期为 $T_i(T_i = 1/f_i)$,所以

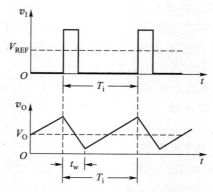

图 6.1.18　F/V 转换器的工作波形

$$I_I = \frac{1}{T}\int_0^{t_w} I_R \mathrm{d}t = \frac{I_R t_w}{T_i} = f_i I_R t_w$$

因此输出电压 v_O 的平均值为

$$V_{O(AV)} = -I_{I(AV)}R_f = -f_i R_f I_R t_w \qquad (6.1.10)$$

式 (6.1.10) 表明, 输出电压平均值 $V_{O(AV)}$ 与输入频率 f_i 呈正比, 从而达到了 F/V 转换的目的。

对绝大多数电荷平衡式 V/F 转换器, 只需适当改变外部连线, 就可构成 F/V 转换器, 使用灵活方便。

6.1.7　集成 A/D 转换芯片特点与分类

A/D 转换芯片品种繁多, 按其变换原理分, 主要有并行比较型、逐次逼近型、双积分型和 Δ-Σ 型 ADC 等几种。

并行比较型 A/D 转换器是目前所有 A/D 转换器中速度最高的一种, 最快能达到数十纳秒。但高分辨率的并行 A/D 转换器芯片价格昂贵, 非必要时一般不会采用。并行比较型 A/D 转换器通常用于低分辨率高转换速度的应用场合, 主要产品有 TDC1007J、TDC1019J、CA3308、MC10315L 等。

逐次逼近型 A/D 转换器是目前种类最多、数量最大、应用最广的 A/D 转换器件。逐次逼近型 A/D 转换器具有较高的转换速度, 最快可达几个微秒。虽然与并行比较型 A/D 转换器相比, 速度要低一些, 但价格适中, 因而在对速度要求不是特别高的应用场合, 逐次逼近型 A/D 转换器的使用最为广泛。逐次逼近型 A/D 转换器主要产品有 ADC0801、ADC0804、ADC0808、ADC0809、TDC1001J、TDC1013J、AD574A 等。

双积分型 A/D 转换器的转换时间较长,一般为 40~50 ms。但由于在输入端使用了积分器,所以对于交流干扰信号具有很强的抑制能力。另外,双积分型 A/D 转换器只要增加计数器的位数便可提高电路的分辨率,因此它在对转换精度要求高、转换速度要求不高的数字测量设备和仪表中广泛使用。目前,广为流行的单片集成化双积分型 A/D 转换器产品主要有 ICL7106/7107/7126 系列及 ICL7135、ICL7109、MC14433 等。

Δ-Σ 型 ADC 由于其采样速率受带宽和有效采样速率的限制,不能用于图像视频等高频场合,由于数字滤波器需要较长的建立时间,所以也很难用于具有多输入通道的模数转换场合。尽管如此,Δ-Σ 型 ADC 仍然以其分辨率高、线性度好、成本低等特点得到越来越广泛的应用,特别是在既有模拟又有数字的混合信号处理场合。目前常用的产品有 AD7701、AD7710/1/2/3/4、AD1879、ADS1271/4、ADS1146/7/8、ADS1246/7/8 等。

6.1.8　A/D 转换器主要技术指标与应用要点

1. A/D 转换器的主要技术指标

（1）分辨率。

A/D 转换器的分辨率是指 ADC 输出数字量变化一个相邻数码所对应的输入模拟电压的变化量。对于 n 位的 A/D 转换器,其分辨率为满刻度电压与 2^n 的比值。例如,一个 10 V 满刻度输入的 12 位 ADC 能够分辨输入电压变化的最小值为 $10\ \text{V}/2^{12} = 2.4\ \text{mV}$。分辨率有时也用位数表示,例如 12 位的 ADC 其分辨率就是 12 位。

（2）精度误差。

在一个转换器中,任何数码所对应的实际模拟电压与其理想电压值之差并非是一个常数,这个差的最大值被定义为精度误差。显然,精度误差越小,精度就越高。有时也不严格地把精度误差称为精度。精度误差是各种误差的综合结果,它包括：

① 量化误差。量化过程中产生的误差,是由 ADC 的分辨率有限而引起的。

② 偏移误差。指输入信号为零时,输出信号的非零值,有时也称为零值误差。

③ 增益误差。指满刻度输出数字量所对应的实际输入电压与理想输入电压之差,是由 ADC 增益变化所引起的误差。

④ 非线性误差。也称为线性度（或非线性度）,是指转换器实际的转移函数与理想直线的最大偏移。

（3）转换时间。

转换时间是完成一次 A/D 转换所需要的时间，是指从启动 A/D 转换器开始到获得相应数据所需的总时间。

2. A/D 转换器应用要点

超大规模集成电路技术的发展，使集成 A/D 转换器发展速度惊人、品种繁多、性能各异，满足不同要求的集成 A/D 转换器不断涌现，在进行应用系统电路设计时，首先碰到的问题是如何选择合适的 A/D 转换器，以满足应用需要。下面从不同角度介绍 A/D 转换器的选用要点。

（1）确定 A/D 转换器的位数。

A/D 转换器位数的确定与整个应用系统的测控范围和精度有关。因为系统精度涉及的环节较多，如传感器的变换精度、信号放大电路的精度、A/D 转换器的精度、输出电路和伺服机构的精度，甚至还包括软件算法的精度等。因此，应将综合精度指标在各个环节上进行分配。一般来说，A/D 转换器的位数至少要比总精度要求的最低分辨率高 1 位。但分辨率的选择并不是越高越好，太高的分辨率是没有实际意义的，更何况高分辨率的 A/D 转换器价格要高得多。

（2）确定 A/D 转换器的转换时间。

用不同原理实现的 A/D 转换器，其转换时间大不相同。设计时应根据信号对象的变化速率及转换精度要求，确定 A/D 转换速度，以保证系统的实时性要求。对于快速变化的信号，要估算孔径误差，以确定是否需要采用高速 A/D 转换芯片或采样/保持电路。双积分型 A/D 转换器的转换时间从几毫秒到几十毫秒不等，只能用于温度、压力、流量等慢变化量的检测和控制系统中；逐次逼近型 A/D 转换器的转换时间从几微秒到一百微秒，常用于工业多通道测控系统和声频数字转换系统；并行比较型 A/D 转换器的转换时间仅为 20～100 ns，可用于数字通讯、实时光谱分析、实时瞬态记录、视频数字转换系统等。

（3）工作电压和基准电压。

有些早期设计的集成 A/D 转换器需要 ±15 V 的工作电压，也有的产品可在 +12 V～+15 V 范围内工作，这就需要多种电源。如果选择使用单一 +5 V 工作电压的芯片，可与数字系统共用一个电源，比较方便。

基准电压源提供 A/D 转换器在转换时所需要的参考电压，它的精度对转换结果有很大影响。在精度要求较高时，基准电压需要单独使用高精度稳压电源供给。

（4）A/D 转换器量程选择。

A/D 转换器的模拟量输入有的需要双极性，也有的需要单极性，有的 A/D 转换器提供了不同极性或不同量程的引脚，只有正确选择极性和量程，才能保证转换精度。

常见的 A/D 转换器量程有 4 种:0 ~ +5 V、0 ~ +10 V(单极性)、-5 V ~ +5 V、-10 V ~ +10 V(双极性)。

6.2 数模转换电路

将数字量转换成模拟量的电路称为数模转换器,简称 D/A 转换器或 DAC(digital to analog converter 的缩写)。

6.2.1 D/A 转换器基本原理

D/A 转换器的框图如图 6.2.1 所示。输入为 n 位二进制数字信号 $D_n = d_{n-1}d_{n-2}\cdots d_1 d_0$,从最高位(MSB)到最低位(LSB)的权依次为 2^{n-1}、2^{n-2}、$\cdots$、2^1 和 2^0。D/A 转换器先将数字量转换成与其成正比的电流量 i,然后再将电流量 i 转换成相应的电压 v_O。输出模拟电压 v_O 和输入数字量 D_n 之间有如下的关系。

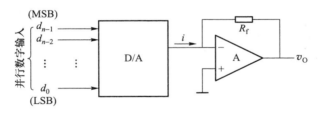

图 6.2.1 D/A 转换器框图

$$i = K_I D_n = K_I(d_{n-1} \cdot 2^{n-1} + d_{n-2} \cdot 2^{n-2} + \cdots + d_1 \cdot 2^1 + d_0 \cdot 2^0)$$
$$= K_I \sum_{i=0}^{n-1} d_i \cdot 2^i \qquad (6.2.1)$$

而

$$v_O = -iR_f = -K_I \cdot R_f \cdot D_n = -K \sum_{i=0}^{n-1} d_i \cdot 2^i \qquad (6.2.2)$$

式(6.2.2)中,$K = K_I \cdot K_f$ 称为转换比例系数。由此可见,输出模拟电压 v_O 和输入数字量 D_n 之间的转换特性呈线性关系。

图 6.2.2 表示一个 3 位二进制数字信号输入的 D/A 转换器的转换特性。图中,最小输出电压增量 V_{LSB} 表示输入数字量中最低有效位(LSB)d_0 变化所引起的

279

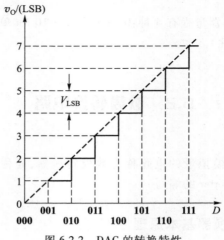

图 6.2.2　DAC 的转换特性

输出电压变化值。

6.2.2　权电阻网络 D/A 转换器

图 6.2.3 是 4 位权电阻网络 D/A 转换器的原理图,它由权电阻网络、4 个模拟开关和 1 个求和放大器组成。

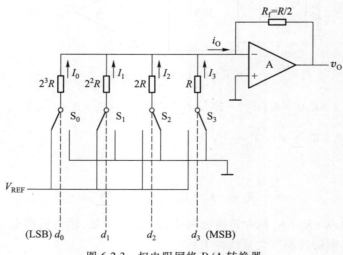

图 6.2.3　权电阻网络 D/A 转换器

$S_0 \sim S_3$ 为模拟开关,它们的状态分别受输入数字代码 d_i 的取值控制,$d_i = 1$ 时开关接参考电压 V_{REF},此时有支路电流 I_i 流向求和放大器;$d_i = 0$ 时开关接地,此时支路电流为零。

求和放大器是一个接成负反馈的运算放大器,在满足深度负反馈的条件下可以得到

$$v_0 = -R_f i_0 = -R_f(I_3 + I_2 + I_1 + I_0)$$

由于运放的 $V_- \approx 0$ V,因而各支路电流分别为

$$I_3 = \frac{V_{REF}}{R}d_3, \quad I_2 = \frac{V_{REF}}{2R}d_2, \quad I_1 = \frac{V_{REF}}{2^2 R}d_1, \quad I_0 = \frac{V_{REF}}{2^3 R}d_0$$

将它们代入输出 v_0 中并取 $R_f = R/2$,则得到

$$v_0 = -\frac{V_{REF}}{2^4}(d_3 2^3 + d_2 2^2 + d_1 2^1 + d_0 2^0) \tag{6.2.3}$$

对于 n 位的权电阻网络 D/A 转换器,当反馈电阻取为 $R/2$ 时,输出电压的计算公式可写成:

$$v_0 = -\frac{V_{REF}}{2^n}(d_{n-1} 2^{n-1} + d_{n-2} 2^{n-2} + \cdots + d_1 2^1 + d_0 2^0) = -\frac{V_{REF}}{2^n} D_n \tag{6.2.4}$$

上式表明,输出的模拟电压正比于输入的数字量 D_n,从而实现了从数字量到模拟量的转换。当 $D_n = 0$ 时 $v_0 = 0$;当 $D_n = 11\cdots11$ 时 $v_0 = -\frac{2^n - 1}{2^n} V_{REF}$,所以 v_0 的最大变化范围是 $0 \sim -\frac{2^n - 1}{2^n} V_{REF}$。

从上面的分析计算可以看到,V_{REF} 为正电压时输出电压 v_0 始终为负值。要想得到正的输出电压,可以将 V_{REF} 取为负值。

权电阻网络 D/A 转换器结构比较简单,所用的电阻元件数很少,但是各个电阻阻值相差很大,尤其在输入信号的位数较多时,这个问题更加突出。要想在极为宽广的阻值范围内保证每个电阻都有很高的精度是十分困难的,尤其对制作集成电路更加不利。

6.2.3 倒 T 型电阻网络 D/A 转换器

倒 T 型电阻网络 D/A 转换器能够克服权电阻网络 D/A 转换器中电阻阻值相差太大的缺点。图 6.2.4 是 4 位倒 T 型电阻网络 D/A 转换器的原理图。倒 T 型电阻网络由 R、$2R$ 两种阻值的电阻所构成。图中,将模拟开关的一端置于地,另一端置于运放的反相输入端。由于理想运算放大器的虚地特性,模拟开关 S_i

在任一位置时,与模拟开关相连的电阻 $2R$ 都被连接到"地",这样从 $2R$ 电阻流过的电流就与开关的位置无关,为一恒定值。由上分析,很容易求出倒 T 型网络的输入电阻为 R,则从基准电压 V_{REF} 输出的总电流 I 是固定的,其大小为

$$I = \frac{V_{\text{REF}}}{R}$$

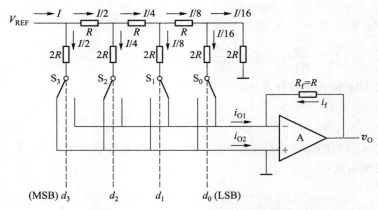

图 6.2.4　倒 T 型电阻网络 D/A 转换器

电流 I 每经一个节点,等分为两路输出,流过每一支路 $2R$ 电阻的电流依次为 $\dfrac{I}{2}$、

$\dfrac{I}{4}$、$\dfrac{I}{8}$ 和 $\dfrac{I}{16}$。当输入数码的某位 d_i 为 1 时,则该支路 $2R$ 中的电流流入运算放大器的反相输入端,当 d_i 为 0 时,则电流流入地。为此,输出电流 i_{O1} 和各支路电流的关系为

$$i_{O1} = \frac{I}{2} \cdot d_3 + \frac{I}{4} \cdot d_2 + \frac{I}{8} \cdot d_1 + \frac{I}{16} \cdot d_0$$

$$= \frac{V_{\text{REF}}}{R} \cdot \frac{1}{2^4} (d_3 \cdot 2^3 + d_2 \cdot 2^2 + d_1 \cdot 2^1 + d_0 \cdot 2^0)$$

因为 $i_f = -i_{O1}$,故 D/A 转换器的输出模拟电压 v_O 为

$$v_O = -i_{O1} R_f$$

$$= -\frac{V_{\text{REF}}}{R} \cdot \frac{R_f}{2^4} (d_3 \cdot 2^3 + d_2 \cdot 2^2 + d_1 \cdot 2^1 + d_0 \cdot 2^0) \tag{6.2.5}$$

即倒 T 型电阻网络 D/A 转换器的输出模拟电压 v_O 与输入的数字信号成正比。当输入为 n 位数字信号时,则可写成:

$$v_0 = -\frac{V_{REF}}{R} \cdot \frac{R_f}{2^n}(d_{n-1} \cdot 2^{n-1} + d_{n-2} \cdot 2^{n-2} + \cdots + d_1 \cdot 2^1 + d_0 \cdot 2^0) \qquad (6.2.6)$$

一般取 $R_f = R$，则式(6.2.6)可写成如下形式：

$$
\begin{aligned}
v_0 &= -\frac{V_{REF}}{2^n}(d_{n-1} \cdot 2^{n-1} + d_{n-2} \cdot 2^{n-2} + \cdots + d_1 \cdot 2^1 + d_0 \cdot 2^0) \\
&= -\frac{V_{REF}}{2^n}\sum_{i=0}^{n-1} d_i \cdot 2^i \\
&= -\frac{V_{REF}}{2^n}D_n
\end{aligned}
$$

和式(6.2.4)相同。

倒 T 型电阻网络 D/A 转换器的特点是，模拟开关 S_i 不管是接地还是接虚地，流过各支路 $2R$ 电阻中的电流总是近似恒定值。因此，在输入数码变化时，倒 T 型电阻网络中的寄生电容和电感所引起的瞬态过程极短，从而使得倒 T 型电阻网络 D/A 转换器成为目前 D/A 转换器中转换速度最高的一种，在集成芯片中应用也最为广泛。

需要说明的是，模拟开关总存在着压降，从而将引起转换误差。为了进一步提高 D/A 转换器的精度，可以采用权电流 D/A 转换器，在每一支路中引入恒流源来保证其电流恒定。

按倒 T 型原理制成的国产单片 DAC 有原上海元件五厂的产品 CC7520（即 AD7520），有关参数可参阅相关产品手册。

6.2.4　D/A 转换器的双极性输出

前面讨论的 D/A 转换器，它的输出模拟电压仅在正向范围（V_{REF} 为负值）或负向范围（V_{REF} 为正值）内变化，故称为单极性输出的 D/A 转换器。当 D/A 转换器的输入是具有正、负值的数字信号时，则输出模拟电压将在正、负两个方向的范围内变化，这种具有正、负极性输出的 D/A 转换器称为双极性输出的 D/A 转换器。

当前在集成化或模块化的 D/A 转换器中，一般均考虑了器件作单极性和双极性使用两种方式，这两种使用方式仅在接线上有所不同。

在二进制数码中，一般用补码的形式表示带符号数。因此，这里需要解决的问题是如何将以补码形式出现的具有正、负值的数字信号转换成具有正、负极性的模拟电压。

现以输入数字信号为 3 位二进制补码的情况为例，说明双极性输出的转换原理。3 位二进制补码可以表示从 +3 到 -4 之间的任何一个整数,与之对应的十进制数及要求得到的输出模拟电压如表 6.2.1 所示。

表 6.2.1　补码输入时相应的偏移码和 D/A 转换器的输出

十进制数	补码输入 $d_2d_1d_0$	偏移码 (符号位取反)	接入偏移电路(偏移 -4 V) 后的输出电压/V
+3	011	111	+3
+2	010	110	+2
+1	001	101	+1
0	000	100	0
-1	111	011	-1
-2	110	010	-2
-3	101	001	-3
-4	100	000	-4

　　为了得到双极性的输出模拟电压,可采用如图 6.2.5 所示电路。在原来的 D/A 转换器中,将补码输入的符号位取反变成偏移码(见表 6.2.1),并增设一个由 R_B 和 $-V_B$ 组成的偏移支路。当输入偏移码为 **100** 时,调节 R_B 的阻值,使偏移电流 I_B 满足下式要求:

$$I_B = \frac{V_B}{R_B} = I_{MSB} \tag{6.2.7}$$

式中,I_{MSB} 为仅最高位为 **1** 时的输出电流。此时运放求和点的总电流和运放的输出电压分别为

$$i_O = i - I_B = I_{MSB} - I_B = 0$$

$$v_O = -i_O R_f = 0$$

即偏移码输入 **100**(相应补码输入为 **000**)时,其输出电压 $v_o = 0$ V。

　　当输入偏移码为任何状态时,其相应输出电压为

$$v_O = -(i - I_B)R_f = -(i - I_{MSB})R_f$$

对于 n 位双极性 D/A 转换器,则其关系式为

$$I_B = I_{MSB} = 2^{n-1} I_{LSB} = \frac{2^{n-1}}{2^n - 1} I_{max}$$

$$i_O = i - \frac{2^{n-1}}{2^n - 1} I_{max} \tag{6.2.8}$$

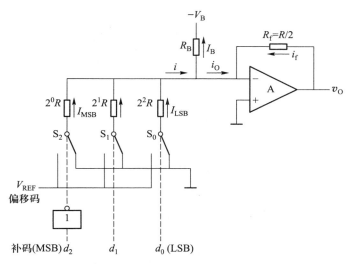

图 6.2.5 补码输入双极性输出的 D/A 转换器

$$v_O = -\left(i - \frac{2^{n-1}}{2^n-1}I_{max}\right)R_f \qquad (6.2.9)$$

式中,I_{max} 为输入偏移码全 1 时开关电阻网络输出的总电流。

6.2.5* Δ–Σ 型 DAC

与 Δ–Σ 型 ADC 相似,有一类 DAC 也会采用 Δ–Σ 技术以提高转换的精度。

Δ–Σ 型 DAC 内部包括插值滤波器和 Δ–Σ 调制器(包含数字积分器、量化器和反馈回路的模块)、开关电容 DAC 和模拟低通滤波器。其关键模块为 Δ 调制器,如图 6.2.6 所示。输入信号 X_i 通过 Δ 调制器被调制成 X_o。在调制器内部,首先对输入信号进行积分,当积分后的值大于输入信号 X_i 时,输出 X_o 为正,反之为负。对 X_o 积分的结果是 X_f。X_o 信号经过一个 1 位的开关电容 DAC,被转换为模拟信号,通过积分即可还原出原始数字输入信号对应的模拟信号,再经过低通滤波器滤除高频噪声,使信号平滑,即可得到高精度的模拟输出信号。

在实际的 DAC 中,后面的积分工作会移到信号的开始,即 X_i 之前进行,这样就避免了 Δ 调制器对较快变化的输入信号的延迟,以及对直流的无法响应。

一般地,多数音频 DAC 会采用 Δ–Σ 技术提高音频输出的质量。TI 公司的音频 Δ–Σ 型 DAC 有 PCM1753DBQ、PCM1804DB、PCM1803ADB。

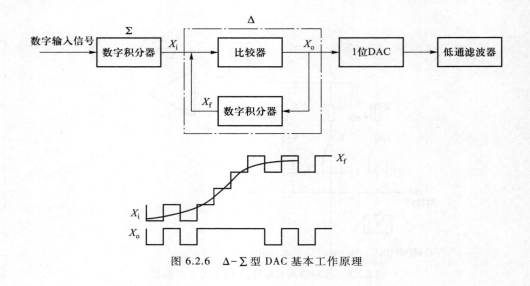

图 6.2.6　Δ–Σ 型 DAC 基本工作原理

6.2.6　集成 D/A 转换芯片特点与分类

目前,电子线路中大多采用集成芯片形式的 D/A 转换器。随着集成电路技术的发展,D/A 转换芯片将一些 D/A 转换外围器件集成到了芯片内部,使 D/A 转换器的结构、性能有了很大的变化。采用不同结构的集成 D/A 转换芯片,其接口电路也不相同。为了提高 D/A 转换电路的性能、简化接口电路,应尽可能选择性能价格比较高的集成芯片。

早期的 D/A 转换芯片只具有从数字量到模拟电流输出量的转换功能,在使用时必须外加输入锁存器、参考电压源及输出电压转换电路。这类 D/A 转换芯片有 8 位分辨率的 DAC0800 系列 (包括 DAC0800、DAC0801、DAC0802、DAC0808 等)、10 位分辨率的 DAC1020/AD7520 系列 (包括 DAC1020、DAC1021、DAC1022、AD7520、AD7530、AD7533 等)和 12 位分辨率的 DAC1220/AD7521 系列 (包括 DAC1220、DAC1221、DAC1222、AD7521、AD7531 等)。

中期的 D/A 转换芯片在内部增加了一些计算机接口相关电路及引脚,有了输入锁存功能和转换控制功能,可直接和微处理器的数据总线相连,由 CPU 控制转换操作。这类芯片主要有 8 位分辨率的 DAC0830 系列 (包括 DAC0830、DAC0831、DAC0832 等)、12 位分辨率的 DAC1208 和 DAC1230 系列 (包括 DAC1208、DAC1209、DAC1210、DAC1230、DAC1231、DAC1232 等)。

近期推出的 D/A 转换芯片不断将一些 D/A 转换外围器件集成到芯片内

部,有的芯片内部带有参考电压源,有的则集成了输出放大器,可实现模拟电压的单极性或双极性输出。这类芯片主要有 8 位分辨率的 AD558 和 DAC82、12 位分辨率的 DAC811 及 16 位分辨率的 AD7535/AD7536 等。

6.2.7　D/A 转换器主要技术指标与应用要点

1. D/A 转换器的主要技术指标

（1）分辨率。

如图 6.2.2 所示,DAC 电路所能分辨的最小输出电压增量为 V_{LSB},它与最大输出电压 V_m 之比称为分辨率,它是转换器的一个重要参数,其表达式为

$$分辨率 = \frac{V_{LSB}}{V_m} = \frac{1}{2^n - 1}$$

例如 10 位 DAC,其分辨率 $= \dfrac{1}{2^{10} - 1} \approx 0.1\%$,称分辨率为千分之一。

由于分辨率的大小仅取决于输入数字量的位数,因此在一些手册上通常用 DAC 的位数 n 来表示分辨率,例如 10 位分辨率。

由上分析可知,当输出电压的最大值一定时,D/A 转换器输入数字量的位数越多,相应 V_{LSB} 也越小,也就是其分辨能力越高。

（2）非线性(线性度)。

非线性也称为线性度或非线性误差,用它来说明 D/A 转换器线性的好坏。它是在 D/A 转换器的零点（$D_n = 0$ 时,模拟量输出也为零）和增益调整好后,实际的模拟量输出与理论值之差,如图 6.2.7 所示。

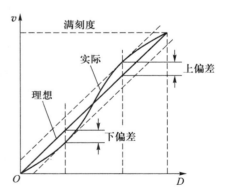

图 6.2.7　DAC 的非线性误差

非线性可用百分数或位数表示,例如 ±1% 是指实际输出值与理论值之偏差在满刻度的 ±1% 以内。又如,非线性为 10 位,即表示偏差在满刻度的 $\pm 1/2^{10} = \pm 0.1\%$ 以内。

（3）转换精度。

转换精度以最大的静态转换误差的形式给出。这个转换误差应包含非线性误差、增益误差、零点误差、漂移误差以及噪声引起的误差等综合误差。但是有的产品说明书只分别给出各项误差,而不给出综合误差。

应当注意,精度和分辨率是两个不同的概念。精度是指转换后所得的实际值对于理想值的接近程度,而分辨率是指能够对转换结果发生影响的最小输入量。分辨率很高的 D/A 转换器并不一定具有很高的精度。

(4)建立时间。

对于一个理想的 D/A 转换器,其输入的数字信号从一个二进制数变到另一个二进制数时,其输出的模拟信号应立即从原来的输出值跳变到与新的数字信号对应的新的模拟信号。但在实际的 D/A 转换器中,电路中的电容、电感和开关电路会引起电路时间延迟。所谓建立时间,是指 D/A 转换器中的输入数码有满度值的变化时,其输出模拟信号达到满度值的 $\pm\frac{1}{2}$LSB(或 ±1 LSB)所需的时间。不同型号的 D/A 转换器,其建立时间不同,一般从几纳秒到几微秒。输出形式是电流的,其 D/A 转换器的建立时间是很短的;输出形式是电压的,D/A 转换器的建立时间主要是其输出运算放大器所需的响应时间。

(5)温度系数。

温度系数是指在规定的温度范围内,温度每变化 1℃ 时,D/A 转换器的增益、线性度、零点等参数的变化量。它们分别称为增益温度系数、线性度温度系数等。

2. D/A 转换器应用要点

选择 D/A 转换芯片时,主要考虑芯片的性能、结构及应用特性。在性能上必须满足 D/A 转换的技术要求,在结构和应用特性上应满足接口方便、外围电路简单、价格低廉等要求。

(1)D/A 转换芯片主要性能指标的选择。

D/A 转换芯片的主要性能指标有精度指标、转换时间及工作环境等。选择时主要考虑以位数表示的转换精度和转换时间,在精度上应满足应用系统允许误差要求,在转换速度上应满足应用系统实时响应要求。

(2)数字量输入特性。

数字量的输入特性包括接收数的码制、数据格式及逻辑电平等。目前批量生产的 D/A 转换芯片一般都只接收自然二进制数字代码。对于单极性输出的 D/A 转换芯片,其输入数码一般也是不带符号数,要用这样的芯片实现双极性输出,应输入偏移码或用补码形式表达的带符号二进制数,并外接适当的偏置电路才能实现。

输入数据格式一般为并行码,对于芯片内部配置了移位寄存器的 D/A 转换器,可以接收串行码输入。

对于不同的 D/A 芯片,输入的逻辑电平要求不同。多数的 D/A 转换器可以接收 TTL 或低压 CMOS 电平信号。有些器件设置了"逻辑电平控制端"或"阈值电平控制端",对于这些器件,用户要按手册规定,通过外电路给控制端以合适的电平才能正常工作。

（3）模拟量输出特性。

目前多数 D/A 转换器件属于电流输出型,也有些 D/A 转换器直接输出电压量。对于电流输出型 D/A 转换器,还须在器件外部连接电流/电压转换电路,将输出的模拟电流信号转为模拟电压信号。

（4）锁存特性及转换控制。

从内部结构看,D/A 转换器可分为两类:一类芯片内设有数据寄存器,并有片选信号和数据选通写入信号,引脚可直接与微处理器总线连接;另一类器件片内没有锁存器,输出模拟量随着数据输入线的状态变化而变化,不能直接与微处理器的总线相连,必须在中间加锁存器,或通过带锁存功能的 I/O 接口与微处理器相连。此外,接口电路还必须考虑如何满足器件对系统控制信号的时序要求,如信号的脉宽、建立时间、保持时间等。

（5）参考源。

D/A 转换中参考电压源是唯一影响输出结果的模拟参量,它对转换结果的精度有很大的影响。使用内部带有低漂移精密参考电压源的 D/A 转换器不仅能保证有较好的转换精度,而且可以简化接口电路。

习　题　6

题 6.1　图 6.1.6(a)所示的逐次逼近型 A/D 转换器电路中,若 $n=8$ 位,量化间隔 $S=0.04$ V,试按时钟顺序列表说明输入电压为 8.21 V 的转换过程和输出结果。列表项目包括:时钟顺序、8 位数码寄存器的状态、比较器同相输入端电压 v_I' 及反相输入端电压 v_F 的大小关系、比较器输出等。

题 6.2　图 6.1.8 所示的双积分型 ADC 电路中,当计数器为十进制时,其最大计数值为 $N=(3\ 000)_{10}$,时钟频率 $f_{CP}=20$ kHz,$V_{REF}=-10$ V,试问:

（1）完成一次转换最长需要多少时间?

（2）当计数器的计数值 $D=(750)_{10}$ 时,其输入电压 v_I 为几伏?

题 6.3　某双积分型 ADC 电路中,其计数器由四片十进制集成计数器 T210 组成,最大计数值为 $N=(6\ 000)_{10}$,计数脉冲的频率 $f_{CP}=30$ kHz,积分电容 $C=1$ μF,$V_{REF}=-5$ V,积分器的最大输出电压 $V_{OM}=-10$ V,试求:

（1）积分电阻 R 的阻值为多少？

（2）若计数器的计数值 $N_2 = (\ 2\ 345\ )_{10}$ 时，其输入电压 v_1 为几伏？

题 6.4　题图 6.4 所示为并/串行比较型 A/D 转换电路，它由两个 $n = 4$ 位的并行比较型 ADC 串接而成，从而实现了 8 位转换。图中，4 位并行 ADC 与 DAC 所用的基准电压 $V_{REF} = 4$ V，若输入模拟量为 2.7 V，试求其输出数字量。

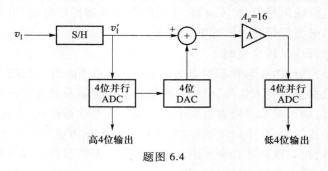

题图 6.4

题 6.5　题图 6.5 是权电阻网络 D/A 转换器电路。

（1）试求输出模拟电压 v_0 和输入数字量的关系式。

（2）若 $n = 8$，并选最高位（MSB）权电阻 $R_7 = 10$ kΩ，试求其他各位权电阻的阻值。

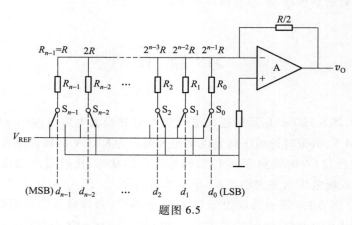

题图 6.5

题 6.6　某倒 T 形电阻网络 D/A 转换器，其输入数字信号为 8 位二进制数 **10110101**，$V_{REF} = -10$ V，试求：

（1）$R_f = R/3$ 时的输出模拟电压。

（2）$R_f = R$ 时的输出模拟电压。

题 6.7　在进行 D/A 转换的实验中，若误将 MSB 和 LSB 的顺序接错，如题

图 6.7 所示,试画出其输出电压 v_O 的波形。

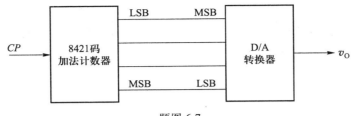

题图 6.7

题 6.8 为了把一个 8 位的数字信号转换成模拟电压信号,能否选用 10 位 D/A 转换器? 如果可用,D/A 转换器的数据信号线应如何接?

题 6.9 已知某 D/A 转换器电路的最小分辨电压 V_{LSB} 为 2.442 mV,最大满刻度输出电压 $V_{om} = 10$ V;试求该电路输入数字量的位数 n 为多少? 其基准电压 V_{REF} 是几伏?

题 6.10 集成化 4 位权电流型 D/A 转换器电路原理图如题图 6.10 所示,其中 $R = 10$ kΩ,$R_f = 5$ kΩ,当输入数字信号 d_3、d_2、d_1、d_0 均为 **1** 时(高电平 **1** 为 4 V),试计算输出模拟电压 v_O 的值。

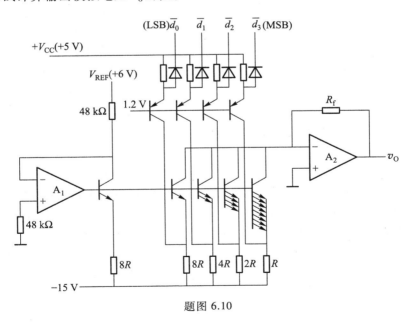

题图 6.10

第7章 数字电路在单片机系统中的应用

单片微机系统是数字电路的重要应用领域，一个单片机系统可以看作是一个复杂的数字系统，其内部包含了各种中、大规模和超大规模集成电路。本章从单片微机的硬件结构入手，对其基本部件（运算器、存储器、I/O 接口、定时器、模拟通道转换接口等）进行分析介绍，使读者从应用层面对数字电路有更深刻的认识。

7.1 单片微机的基本结构

单片微型计算机是指在一块大规模或超大规模集成电路芯片上制成的微型计算机，简称单片机。在一块芯片上，集成了 CPU、存储器和各种接口电路。单芯片形式所具有的体积小、功耗低、性价比高、应用灵活等优点，使其可以作为一个部件嵌入到各种产品中，而不是以常见的计算机系统形式出现。

7.1.1 8051 单片微机的内部结构

MCS-51 是 Intel 公司于 20 世纪 80 年代初推出的系列 8 位单片机。MCS-51 系列的代表产品为 8051，下面以 8051 单片机为例，介绍 MCS-51 单片机的内部结构。

8051 单片机片内集成了中央处理器（CPU）、4 KB 程序存储器（ROM）、128 B 数据存储器（RAM）、128 B 特殊功能寄存器（SFR）、2 个 16 位的定时器/计数器、4 个 8 位的并行 I/O 接口、1 个串行口、中断系统等功能部件，它们通过片内单一总线连接起来，图 7.1.1 是 8051 单片机内部系统组成基本框图。

7.1.2 8051 单片微机的基本部件

为了进一步阐述各部分的功能及关联，图 7.1.2 给出了 8051 单片机内部的

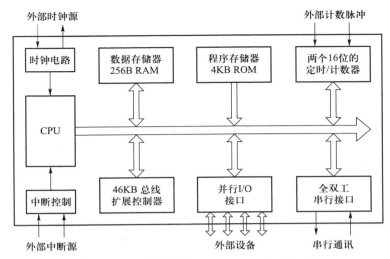

图 7.1.1　8051 单片机内部系统组成基本框图

详细逻辑结构图。

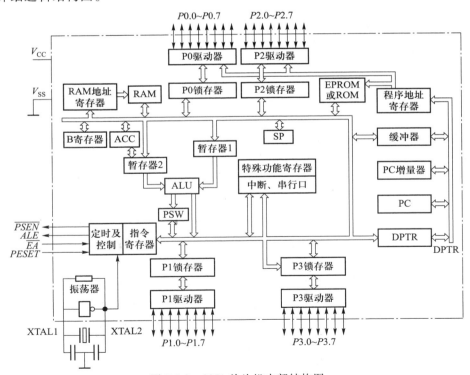

图 7.1.2　8051 单片机内部结构图

一、中央处理器 CPU

单片机的 CPU 可分成运算器和控制器两大部分,是单片机的核心,完成运算和控制操作。

1. 运算器

运算器是单片机的运算部件,用于实现二进制的算术运算和逻辑运算。它由算术运算单元(ALU)、累加器(ACC)、寄存器 B、程序状态字(PSW)、2 个暂存器和位处理机等组成。

运算器以 ALU 为核心,它不仅能完成 8 位二进制的加、减、乘、除、加 1、减 1 及 BCD 加法的十进制调整等算术运算,还能对 8 位变量进行逻辑**与**、**或**、**异或**、循环移位、求补、清零等逻辑运算,并具有数据传输、程序转移等功能。

累加器(ACC,以下简称为累加器 A)为一个 8 位寄存器,它是 CPU 中使用最频繁的寄存器。进入 ALU 作算术和逻辑运算的操作数多来自于 A,运算结果也常送回 A 保存。

寄存器 B 是为 ALU 进行乘除法运算而设置的,若不作乘除运算时,则可作为通用寄存器使用。

程序状态字(PSW)是一个 8 位的标志寄存器,它保存指令执行结果的特征信息,以供程序查询和判别。

布尔处理器用来处理位操作。它以 PSW 中的进位标志作为累加位,可执行置位、复位、取反、测试转移以及逻辑**与**、**或**等位操作,使用户在编程时可以利用指令完成原来单凭复杂的硬件逻辑所完成的功能,并可方便地设置标志等。

2. 控制器

控制器是单片机的神经中枢,它保证单片机各部分能自动而协调地工作。图 7.1.2 中的定时和控制电路单元、程序计数器(PC)、PC 增量器、指令寄存器、指令译码器、堆栈指针(SP)和数据指针(DPTR)等部件均属于控制器。

(1)程序计数器(PC)。程序计数器是一个不可寻址的 16 位专用寄存器,用来存放下一条指令的地址,具有自动加 1 的功能。可以通过转移、调用、返回等指令改变其内容,以实现程序的转向和循环。

(2)指令寄存器和指令译码器。

8051 CPU 的工作过程实质上是按照程序计数器提供的地址,依次从程序存储器的相应单元中取出相应指令后,首先放到指令寄存器中,然后由指令译码器翻译成各种形式的控制信号。这些信号与单片机时钟振荡器产生的时钟脉冲在定时与控制逻辑电路的协调下,形成按一定时间节拍变化的电平和脉冲,即控制信息,在规定的时刻向有关部件发出相应的控制信号来协调寄存器之间的数据传输、运算等操作。例如寄存器传送、存储器读/写、加/减等算术操作、逻辑运算等命令,其动作的依据就是该时刻执行的指令。

（3）定时和控制逻辑电路。

CPU 的操作需要精确的定时,这是用一个晶体振荡器产生稳定的时钟脉冲来控制的。单片机执行的每一条指令都可以分解成若干的微操作,这些微操作在时间上有严格的先后次序,这些次序就是 CPU 的时序。

二、存储器

单片机中,程序和数据是以字节(8 位二进制数)为单位存放在存储单元中的。通常把众多的存储单元按顺序用十六进制编上号,称为存储单元的地址。CPU 要访问哪个存储单元,只需要把程序计数器中的地址值通过地址总线送到存储器的地址译码器,经过译码器的译码,就能找到相应的存储单元。可见,CPU 能够管理的存储空间的大小取决于其地址线的多少,8051 单片机能够管理的地址空间最多有 $2^6 = 64$ KB。

1. 程序存储器(ROM)

程序存储器用于存放程序、原始数据和表格等内容。8051 单片机内有 4 KB 掩膜 ROM,因此称为内部程序存储器或片内 ROM。

2. 数据存储器(RAM)

8051 单片机总共有 256 个 RAM 单元,但其中后 128 个单元被特殊功能寄存器(SFR)占用,供用户用来存放可读取数据的只有前 128 个单元,通常把这部分单元称为内部数据存储器或片内 RAM。

三、定时器/计数器

8051 单片机片内有 2 个 16 位的定时器/计数器(T0,T1),它们各由两个独立的 8 位寄存器组成,并能以其定时或计数的结果对系统进行控制。

四、并行 I/O 接口

8051 单片机内有 4 个 8 位并行 I/O 接口(P0,P1,P2,P3),它们可双向使用,实现数据的并行输入输出。

① P0 口通常用做 8 位数据总线或低 8 位的地址总线的数据传送;

② P1 口通常用作通用数据 I/O 接口使用;

③ P2 口通常用作高 8 位地址总线的信息传送;

④ P3 口通常用于第 2 功能输入或输出。

五、串行通信口

8051 单片机片内有 1 个全双工的串行通信口,用于实现单片机和其他数据设备间的串行数据传送。该串行通信口功能较强,既可作为全双工异步通信收发器使用,又可以作为同步移位寄存器使用。

六、中断控制系统

8051 单片机共有 5 个中断源，即 2 个外部中断源、2 个定时器/计数器中断源、1 个串行中断源。中断优先级分为高、低两级。

七、其他重要功能

1. 可以寻址 64 KB 的片外 ROM 和 64 KB 的片外 ROM。
2. 有位操作功能（逻辑处理）的位寻址功能。

7.1.3　8051 单片微机最小系统

单片机能正常运行的最少器件构成的系统，就是最小系统。图 7.1.3 是一种 8051 单片机最小系统结构。对于简单应用场合，一片 8051 类芯片就能满足功能要求。但是，由于单片机芯片结构及引脚数量的关系，内部 ROM、RAM、I/O 端口等功能部件不可能做的很多，所以对于一些较复杂的场合，内部功能不能满足要求，需要在外部做相应功能的扩展。

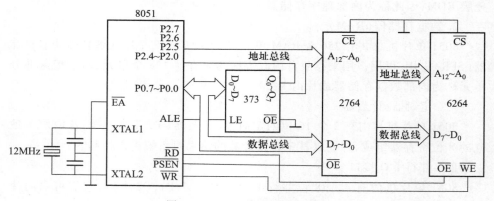

图 7.1.3　8051 单片机最小系统

7.2　数字电路在单片微机中的典型应用

从单片机系统的结构中可以看到，其硬件结构中包含大量的数字逻辑器件，如计数器、存储器、寄存器、加法器、译码器等。在计算机指令的控制下，各逻辑单元协调工作，完成复杂的运算、控制、通信等功能。下面就针对单片机的各主要逻辑组成部分，以本书前几章所介绍的内容为基础，分别加以介绍。

7.2.1 运算器

运算器的核心是算术逻辑运算单元(ALU),实质上是一个全加器。ALU 的结构如图 7.2.1 所示。

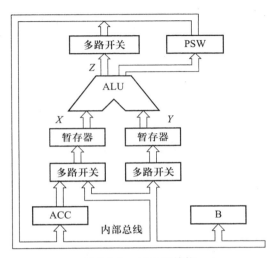

图 7.2.1 ALU 的结构

4.2.3 节中曾介绍中规模集成 4 位二进制加法器 74HC283,它可以实现补码的加法运算和减法运算,但是不能完成逻辑操作,为此本节我们介绍多功能算术/逻辑运算单元 74181ALU,它不仅具有多种算术运算和逻辑运算的功能,而且具有先行进位逻辑,能实现高速运算。

一、基本思想

1 位全加器(FA)的逻辑表达式为

$$\left.\begin{array}{l} F_i = A_i \oplus B_i \oplus C_i \\ C_{i+1} = A_i B_i + B_i C_i + C_i A_i \end{array}\right\} \tag{7.2.1}$$

式中,F_i是第 i 位的和,A_i,B_i分别是第 i 位的被加数和加数,C_i是第 i 位的进位输入,C_{i+1}为第 i 位的进位输出。

为了将全加器的功能进行扩展以完成多种算术/逻辑运算,我们将 A_i 和 B_i 先组合成由控制参数 S_0,S_1,S_2,S_3 控制的组合函数 X_i 和 Y_i,如图 7.2.2 所示,然后再将 X_i,Y_i 和下 1 位进位数通过全加器进行全加。这样,不同的控制参数可以得到不同的组合函数,因而能够实现多种算术运算和逻辑运算。

根据图 7.2.2 可知,1 位算术/逻辑运算单元的逻辑表达式为

$$\left.\begin{array}{l} F_i = X_i \oplus Y_i \oplus C_{n+i} \\ C_{n+i+1} = X_i Y_i + Y_i C_{n+i} + C_{n+i} X_i \end{array}\right\} \tag{7.2.2}$$

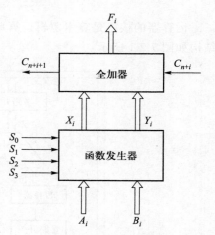

图 7.2.2　ALU 的逻辑
结构原理框图

其中,下标用 $n+i$ 代替了原来 1 位全加器中的 i。i 代表单片 ALU 中的二进制位,对于 4 位一片的 ALU,$i=0$、1、2、3;n 代表若干片 ALU 组成更大字长的运算器时每片电路的进位输入,例如当四片 ALU 组成 16 位字长的运算器时,$n=0$、4、8、12。

二、逻辑表达式

根据图 7.2.2,控制参数 S_0,S_1,S_2,S_3 分别控制输入 A_i 和 B_i,产生 X_i 和 Y_i 的函数。其中 Y_i 是受 S_0,S_1 控制的 A_i 和 B_i 的组合函数;X_i 是受 S_2,S_3 控制的 A_i 和 B_i 的组合函数,其函数关系如表 7.2.1 所示。根据表 7.2.1 所列的函数关系,即可列出 X_i 和 Y_i 的逻辑表达式:

表 7.2.1　X_i,Y_i 与控制参数和输入量的关系

S_0	S_1	Y_i	S_2	S_3	X_i
0	**0**	$\overline{A_i}$	**0**	**0**	**1**
0	**1**	$\overline{A_i} B_i$	**0**	**1**	$\overline{A_i} + \overline{B_i}$
1	**0**	$\overline{A_i \cdot B_i}$	**1**	**0**	$\overline{A_i} + B_i$
1	**1**	**0**	**1**	**1**	$\overline{A_i}$

$$\left.\begin{array}{l} X_i = \overline{S_2}\,\overline{S_3} + \overline{S_2} S_3 (\overline{A_i} + \overline{B_i}) + S_2 \overline{S_3} (\overline{A_i} + B_i) + S_2 S_3 \overline{A_i} \\ Y_i = \overline{S_0}\,\overline{S_1}\,\overline{A_i} + \overline{S_0} S_1 \overline{A_i} B_i + S_0 \overline{S_1}\,\overline{A_i}\,\overline{B_i} \end{array}\right\} \tag{7.2.3}$$

进一步化简可得

$$\left.\begin{array}{l} X_i = \overline{S_3 A_i B_i + S_2 A_i \overline{B_i}} \\[2mm] Y_i = \overline{A_i + S_0 B_i + S_1 \overline{B_i}} \\[2mm] X_i Y_i = \overline{S_3 A_i B_i + S_2 A_i \overline{B_i}} \cdot \overline{A_i + S_0 B_i + S_1 \overline{B_i}} = Y_i \end{array}\right\} \tag{7.2.4}$$

将 X_i 和 Y_i 代入式(7.2.2)的进位表达式,式(7.2.2)可化简为

$$C_{n+i+1} = Y_i + X_i C_{n+i} \tag{7.2.5}$$

综上所述,ALU 的某 1 位逻辑表达式如下:

$$\left.\begin{array}{l} X_i = \overline{S_3 A_i B_i + S_2 A_i \overline{B_i}} \\[2mm] Y_i = \overline{A_i + S_0 B_i + S_1 \overline{B_i}} \\[2mm] F_i = X_i \oplus Y_i \oplus C_{n+i} \\[2mm] C_{n+i+1} = Y_i + X_i C_{n+i} \end{array}\right\} \qquad (7.2.6)$$

4 位之间采用先行进位公式,根据式(7.2.6),每 1 位的进位公式可递推如下:

第 0 位向第 1 位的进位公式为

$$C_{n+1} = Y_0 + X_0 C_n \qquad (C_n 是向第 0 位(末位)的进位)$$

第 1 位向第 2 位的进位公式为

$$C_{n+2} = Y_1 + X_1 C_{n+1} = Y_1 + Y_0 X_1 + X_0 X_1 C_n$$

第 2 位向第 3 位的进位公式为

$$C_{n+3} = Y_2 + X_2 C_{n+2} = Y_2 + Y_1 X_2 + Y_0 X_1 X_2 + X_0 X_1 X_2 C_n$$

第 3 位的进位输出(即整个 4 位运算进位输出)公式为

$$C_{n+4} = Y_3 + X_3 C_{n+3} = Y_3 + Y_2 X_3 + Y_1 X_2 X_3 + Y_0 X_1 X_2 X_3 + X_0 X_1 X_2 X_3 C_n$$

设

$$G = Y_3 + Y_2 X_3 + Y_1 X_2 X_3 + Y_0 X_1 X_2 X_3$$
$$P = X_0 X_1 X_2 X_3$$

则

$$C_{n+4} = G + P C_n \qquad (7.2.7)$$

对一片 ALU 来说,可有三个进位输出,其中 G 称为进位发生输出,P 称为进位传送输出,C_{n+4} 是本片(组)的最后进位输出,其逻辑表达式(7.2.7)表明,这是一个先行进位逻辑。换句话说,第 0 位的进位输入 C_n 可以直接传送到最高进位上去,因而可以实现高速运算。

三、两级先行进位的 ALU

假设四片(组)74181 的先行进位输出依次为 $P_0, G_0, P_1, G_1, P_2, G_2, P_3, G_3$,那么参考式(7.2.7)的进位逻辑表达式,先行进位部件(CLA)74182 所提供的进位逻辑关系如下:

$$\left.\begin{array}{l} C_{n+1} = G_0 + P_0 C_n \\[2mm] C_{n+2} = G_1 + P_1 C_{n+1} = G_1 + G_0 P_1 + P_0 P_1 C_n \\[2mm] C_{n+3} = G_2 + P_2 C_{n+2} = G_2 + G_1 P_2 + G_0 P_1 P_2 + P_0 P_1 P_2 C_n \\[2mm] C_{n+4} = G_3 + P_3 C_{n+3} = G_3 + G_2 P_3 + G_1 P_2 P_3 + G_0 P_1 P_2 P_3 + P_0 P_1 P_2 P_3 C_n \\[2mm] \qquad\quad = G^* + P^* C_n \end{array}\right\} \quad (7.2.8)$$

其中

$$G^* = G_3 + G_2 P_3 + G_1 P_2 P_3 + G_0 P_1 P_2 P_3$$

$$P^* = P_0 P_1 P_2 P_3$$

根据以上表达式,用 TTL 器件实现的成组先行进位部件 74182 的逻辑电路如图 7.2.3 所示。其中 G^* 称为成组进位发生输出,P^* 称为成组进位传送输出。

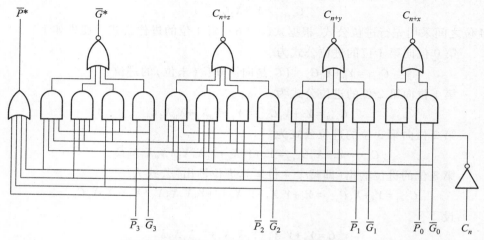

图 7.2.3　成组先行进位部件 74182 的逻辑电路

下面介绍如何用若干个 74181 ALU 位片,与配套的 74182 先行进位部件在一起,构成一个全字长的 ALU。

图 7.2.4 给出了用两个 16 位全先行进位部件级联组成的 32 位 ALU 逻辑方框图。在这个电路中使用了八个 74181 ALU 和两个 74182 CLA 器件。很显然,对一个 16 位 ALU 来说,先行进位部件构成了第二级的先行进位逻辑,即实现四个小组(位片)之间的先行进位,从而使全字长 ALU 的运算时间大大缩短。

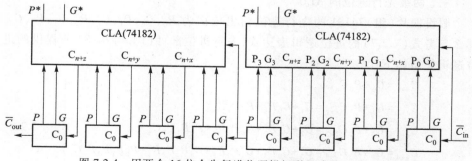

图 7.2.4　用两个 16 位全先行进位逻辑级联组成的 32 位 ALU

四、算术逻辑运算的实现

图 7.2.5 是 74181 ALU 的逻辑电路图,它是根据上面的原始推导公式用 TTL 电路实现的。

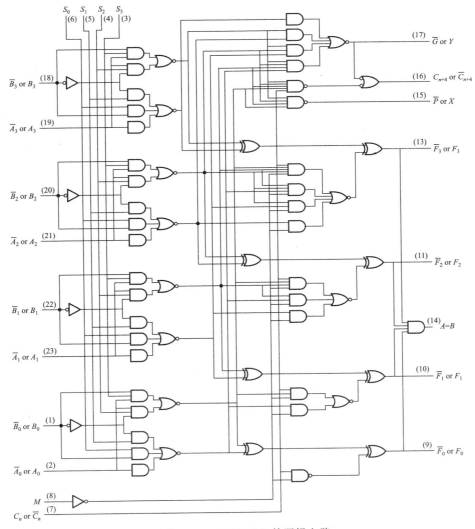

图 7.2.5 74181 ALU 的逻辑电路

图 7.2.5 中,除了 $S_0 \sim S_3$ 四个控制端外,还有一个控制端 M,用于对 ALU 进行算术运算还是进行逻辑运算进行控制。当 $M=0$ 时,M 对进位信号没有任何影响。此时各位的运算结果 F_i 不仅与本位的被操作数 Y_i 和操作数 X_i 有关,而且

与本位的进位输入 C_{n+i} 有关,因此 $M=0$ 时,进行算术操作。

当 $M=1$ 时,封锁了各位的进位输出,即 $C_{n+i}=0$,因此各位的运算结果 F_i 仅与 Y_i 和 X_i 有关,故 $M=1$ 时,进行逻辑操作。

表 7.2.2 列出了 74181 ALU 的运算功能表,它有两种工作方式,对正逻辑操作数来说,算术运算称高电平操作,逻辑运算称正逻辑操作(即高电平为 **1**,低电平为 **0**),对于负逻辑操作数来说,正好相反。由于 $S_0 \sim S_3$ 有 16 种状态组合,因此对正、负逻辑输入与输出而言,均有 16 种算术运算功能和 16 种逻辑运算功能。

表 7.2.2 74181 ALU 算术/逻辑运算功能表

S_3	S_2	S_1	S_0	负逻辑输入与输出		正逻辑输入与输出	
				逻辑 $M=H$	算术运算	逻辑 $M=H$	算术运算
L	L	L	L	$\overline{A}$	A 减 1	A	A
L	L	L	H	$\overline{AB}$	AB 减 1	$\overline{A+B}$	$A+B$
L	L	H	L	$\overline{A}+B$	$A\overline{B}$ 减 1	$\overline{A}B$	$A+\overline{B}$
L	L	H	H	逻辑 **1**	减 1	逻辑 **0**	减 1
L	H	L	L	$\overline{A+B}$	A 加 $(A+\overline{B})$	$\overline{AB}$	A 加 $A\overline{B}$
L	H	L	H	$\overline{B}$	AB 加 $(A+\overline{B})$	$\overline{B}$	$(A+B)$ 加 $A\overline{B}$
L	H	H	L	$\overline{A\oplus B}$	A 减 B 减 1	$A\oplus B$	A 减 B 减 1
L	H	H	H	$A+\overline{B}$	$A+\overline{B}$	$A\overline{B}$	$A\overline{B}$ 减 1
H	L	L	L	$\overline{A}B$	A 加 $(A+B)$	$\overline{A}+B$	A 加 AB
H	L	L	H	$A\oplus B$	A 加 B	$\overline{A\oplus B}$	A 加 B
H	L	H	L	B	$A\overline{B}$ 加 $(A+B)$	B	$A+\overline{B}$ 加 AB
H	L	H	H	$A+B$	$A+B$	AB	AB 减 1
H	H	L	L	逻辑 **0**	A 加 A^*	逻辑 **1**	A 加 A'
H	H	L	H	$A\overline{B}$	AB 加 A	$A+\overline{B}$	$(A+B)$ 加 A
H	H	H	L	AB	$A\overline{B}$ 加 A	$A+B$	$(A+\overline{B})$ 加 A
H	H	H	H	A	A	A	A 减 1

注:(1) H=高电平,L=低电平。(2) * 表示每 1 位均移到下一个更高位,即 $A'=2A$。

注意,表 7.2.2 中算术运算操作是用补码表示法来表示的,其中"加"是指算术加,运算时要考虑进位,而符号"+"是指"逻辑加";其次,减法是用补码表示法进行的,其中数的反码是内部产生的,而结果输出"A 减 B 减 1",因此做减法时须在最末位产生一个强迫进位(加 **1**),以便产生"A 减 B"的结果;另外,"$A=B$"

输出端可指示两个数相等,因此它与其他 ALU 的"$A=B$"输出端按与逻辑连接后,可以检测两个数的相等条件。

显然,这个器件执行的正逻辑输入输出方式的一组算术运算和逻辑操作与负逻辑输入输出方式的一组算术运算和逻辑操作是等效的,也就是说,这个器件把逻辑输入信号都反相所产生的功能,仍然在这个集合之中。

7.2.2 存储器

存储器是存放程序和数据的部件。有了存储器,计算机才能进行程序的运行和数据的处理。微型计算机中的存储器分为"内存"和"外存"两类。内存常与 CPU 装在同一块主板上,主要由半导体存储器组成,CPU 可以通过总线直接存取数据,8051 所固有的总线结构,最方便扩展的是并行存储器。

一、程序存储器及其扩展

表 7.2.3 为典型的程序存储器芯片 Intel 27 系列 EPROM,其中"27"后面的数字表示其位存储容量。

表 7.2.3 Intel 27 系列 EPROM 存储器

型号	容量	地址线数	读出时间	电源	引脚数
2716	2 KB	11	300~450 ns	+5 V	24
2732	4 KB	12	200~450 ns	+5 V	24
2764	8 KB	13	200~450 ns	+5 V	28
27128	16 KB	14	250~450 ns	+5 V	28
27256	32 KB	15	200~450 ns	+5 V	28
27512	64 KB	16	250~450 ns	+5 V	28

该系列 EPROM 的内部结构、引脚功能、擦除特性、工作方式都相同,不同的是存储容量以及地址线数。下面以 2764 为例,介绍该系列 EPROM 的引脚功能和工作方式。

1. 引脚功能

① $A_0 \sim A_{12}$:地址线引脚。引脚数目取决于存储容量,2764 的存储容量为 8 KB,其地址线数量与存储容量的关系为 $2^{13}=8\ 192=8$ KB,故需 13 根地址线,经译码后选择芯片内部的存储单元。2764 的地址线应与 MCS-51 单片机的 P0 口和 P2 口相连接,用于传送单片机送来的地址信号。

② $D_7 \sim D_0$:数据线引脚,用于传送数据。正常工作时用于传送从 2764 中读

303

出的程序代码;编程方式下用于传送需要写入的程序代码。

③ $\overline{CE}$:片选输入端。该引脚用于控制本芯片是否工作。只有当该引脚为低电平时,才允许本芯片工作。

④ $\overline{OE}$:输出允许控制。该引脚输入高电平时,数据线 $D_7 \sim D_0$ 处于高阻状态;输入低电平时,数据线 $D_7 \sim D_0$ 处于开通状态。

⑤ $\overline{PGM}$:编程控制端。该引脚输入高电平时,2764 处于正常工作状态;该引脚输入一个 50 ms 宽的负脉冲时,2764 配合 V_{PP} 引脚上的 21 V 高电压可以处于编程状态。

⑥ V_{PP}:编程电源。编程时,编程电压(+12 V 或 +21 V)的输入端。

⑦ V_{CC}:工作电源。芯片的工作电压 +5 V。

⑧ GND:电源地线。

2. 工作方式

2764 的几种工作方式参见表 7.2.4。

① 读出方式:片选控制线 $\overline{CE}$ 为低电平,同时输出允许控制线 $\overline{OE}$ 为低,V_{PP} 为 +5 V,指定地址单元的内容从 $D_7 \sim D_0$ 上读出。

② 未选中(维持)方式:片选控制线 $\overline{CE}$ 为高电平,输出呈高阻状态,功耗下降。

③ 编程方式:V_{PP} 端加上规定电压,$\overline{CE}$ 和 $\overline{OE}$ 端加合适电平(不同的芯片要求不同),就能将数据线上的数据写入到指定的地址单元。

④ 编程校验方式:在编程过程中,为证验编程结果是否正确,通常在编程过程中还要进行校验操作。

⑤ 禁止编程方式:输出呈高阻状态,不写入程序。

表 7.2.4　2764 工作方式选择表

工作方式	引脚					
	$\overline{CE}$	$\overline{OE}$	$\overline{PGM}$	V_{PP}	V_{CC}	$D_7 \sim D_0$
读出	低	低	高	V_{CC}	V_{CC}	输出
维持	高	×	×	V_{CC}	V_{CC}	高阻
编程	低	高	编程负脉冲	V_{PP}	V_{CC}	输入
编程校验	低	低	高	V_{PP}	V_{CC}	输出
禁止编程	高	×	×	V_{PP}	V_{CC}	高阻

MCS-51 单片机最大可寻址 64 KB 的程序存储器,8031 内部没有程序存储器,必须外部扩展存储器。由于 2716、2732 EPROM 容量小,性价比不高,常用 2764、27128、27256 等芯片扩展。图 7.1.3 中的最小系统采用 2764 进行程序存储器的扩展。图 7.2.6 所示为 27128 与 8031 单片机接口电路。

存储器扩展的关键问题是地址总线、数据总线和控制总线这三类总线的连接。MCS-51 单片机由于受引脚数目的限制,数据线和低 8 位地址线复用,为了将它们分离出来,需要外加地址锁存器 74LS373。74LS373 是带有三态门的 8 位锁存器,其引脚功能如下:

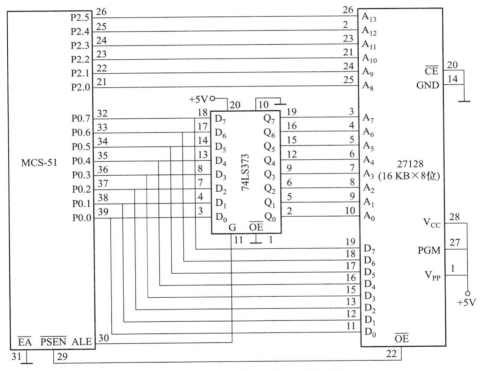

图 7.2.6 27128 与 8031 单片机接口电路

① $D_7 \sim D_0$:8 位数据输入线。

② $Q_7 \sim Q_0$:8 位数据输出线。

③ G:数据输入锁存选通信号。

④ $\overline{OE}$:数据输出允许信号。

利用 74LS373 将单片机 P0 口送出的低 8 位地址锁存,然后再输出到 27128,从而将 P0 口作为数据总线使用。再以 P2 口作为高 8 位地址,加上

305

74LS373 提供的低 8 位地址,形成完整的 16 位地址总线,使单片机的寻址范围达到 64 KB。但实际上 27128 的存储容量为 16 KB,需要 14 根地址线($A_{13} \sim A_0$)进行芯片内存储单元的选择,为此将 27128 芯片的 $A_7 \sim A_0$ 引脚与 74LS373 锁存器的 8 个输出端对应连接,剩下的高 6 位地址 $A_{13} \sim A_8$ 与单片机 P2 口的 $P2.5 \sim P2.0$ 相连接,这样就完成了 14 位地址线的连接。由于只有唯一的一片程序存储器,因此可将 27128 的片选端 $\overline{CE}$ 直接接地,同时也将单片机的 $\overline{EA}$ 端接地,全部使用片外的程序存储器。

数据线的连接很简单,只要把 27128 存储芯片的数据输出引脚 $D_7 \sim D_0$ 与单片机的 P0 口线对应连接就可以了。

控制线使用 MCS-51 中的外部程序存储器读选通信号 $\overline{PSEN}$,将该信号接到 27128 的输出允许端 $\overline{OE}$,以便将指定存储单元的代码读出。另外,将单片机的 ALE 端与 74LS373 锁存器的 G 端相连接,以控制该锁存器将单片机 P0 口发出的低 8 位地址信号锁存,并从 $Q_7 \sim Q_0$ 引脚输出。

当连线确定以后,就可以得出该存储器的地址范围,如果把 P2 口中没有用到的地址线 $P2.7$ 和 $P2.6$ 设为 **0** 状态,则图 7.2.6 所示的 27128 芯片的最低地址是:

$$A_{15}A_{14}A_{13}A_{12}\cdots A_9A_8\ A_7A_6\cdots A_1A_0 = \mathbf{0000\ 0000\ 0000\ 0000}\text{B}$$

最高地址是:

$$A_{15}A_{14}A_{13}A_{12}\cdots A_9A_8\ A_7A_6\cdots A_1A_0 = \mathbf{0011\ 1111\ 1111\ 1111}\text{B}$$

由此可得图 7.2.2 所示 27128 芯片的地址范围为 0000H ~ 3FFFH。

二、多片程序存储器的扩展

多片存储器扩展的关键问题仍然是地址总线、数据总线和控制总线这三类总线的连接。

以扩展四片 27128 为例,说明 MCS-51 单片机如何扩展多片程序存储器。四片 27128 与 8031 单片机接口电路如图 7.2.7 所示。

图 7.2.7 中,由于每片 27128 的地址范围均为 16KB,其地址线均为 $A_{13} \sim A_0$,与 8031 的连接同图 7.2.6。为了区分 CPU 是访问哪一片 27128,可以利用译码器进行片选,这种方法叫作译码法,图 7.2.7 中采用的译码器是 74LS139。74LS139 中包含两个 2 线-4 线译码器,其引脚如图 7.2.8 所示,图中 $\overline{G}$ 为使能端,低电平有效,A、B 为译码输入端,$\overline{Y_0}$、$\overline{Y_1}$、$\overline{Y_2}$、$\overline{Y_3}$ 为译码输出信号,低电平有效。74LS139 对两个输入信号 A、B 译码后得到 4 个输出状态,其真值表见表 7.2.5。图 7.2.7 中 74LS139 只用到一组 2 线-4 线译码器,B、A 两个引脚分别接单片机的 $P2.7$ 和 $P2.6$,74LS139 的输出端 $\overline{Y_0}$、$\overline{Y_1}$、$\overline{Y_2}$、$\overline{Y_3}$ 分别接到四个 27128 的片选端

$\overline{CE}$。因此,图 7.2.7 程序存储器扩展系统中各片 27128 的地址范围见表 7.2.6。

数据线的连接很简单,只要把各 27128 存储芯片的数据输出 $D_7 \sim D_0$ 引脚都与单片机的 P0 口线对应连接即可。

图 7.2.7 中控制线与各片 27128 的连接和图 7.2.6 中的连接方法相同。

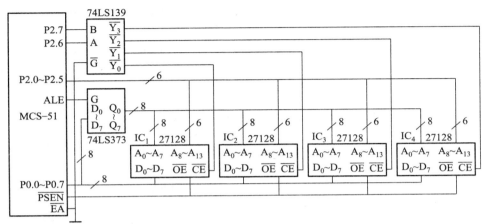

图 7.2.7 四片 27128 与 8031 单片机接口电路

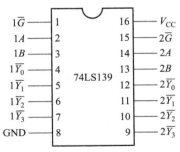

图 7.2.8 74LS139 引脚图

表 7.2.5 74LS139 真值表

输入端			输出端			
使能端	选择		$\overline{Y_0}$	$\overline{Y_1}$	$\overline{Y_2}$	$\overline{Y_3}$
$\overline{G}$	B	A				
1	×	×	1	1	1	1
0	0	0	0	1	1	1
0	0	1	1	0	1	1
0	1	0	1	1	0	1
0	1	1	1	1	1	0

表 7.2.6　程序存储器扩展系统中各片 27128 的地址范围

27128 编号	$A_{15}A_{14}A_{13}A_{12}$	$A_{11}A_{10}A_9A_8$	$A_7A_6A_5A_4$	$A_3A_2A_1A_0$	十六进制地址范围
IC_1 27128 $(Y_0=0)$	0000 ……… 0011	0000 1111	0000 1111	0000 1111	0000H ⋮ 3FFFH
IC_2 27128 $(Y_1=0)$	0100 ……… 0111	0000 1111	0000 1111	0000 1111	4000H ⋮ 7FFFH
IC_3 27128 $(Y_2=0)$	1000 ……… 1011	0000 1111	0000 1111	0000 1111	8000H ⋮ BFFFH
IC_4 27128 $(Y_3=0)$	1100 ……… 1111	0000 1111	0000 1111	0000 1111	C000H ⋮ FFFFH

三、数据存储器及其扩展

单片机所需要的数据存储器容量不大,为了简化控制,一般都采用静态 RAM。表 7.2.7 为典型的静态存储器芯片 Intel 62 系列静态 RAM。

该系列静态 RAM 的内部结构、引脚功能、擦除特性、工作方式都相同,只是存储容量及地址线数不同。下面以图 7.1.3 中 6264 为例,介绍该系列静态 RAM 的引脚功能和工作方式。

表 7.2.7　Intel 62 系列静态 RAM 芯片

型号	容量	地址线数	最大存取时间	电源	引脚数
6116	2 KB	11	200 ns	+5 V	24
6264	8 KB	13	200 ns	+5 V	28
62128	16 KB	14	200 ns	+5 V	28
62256	32 KB	15	200 ns	+5 V	28

1. 引脚功能

① $A_{12} \sim A_0$:地址输入线。用于传送 CPU 送来的地址信号。

② $D_7 \sim D_0$:双向三态数据线。用于传送 6264 的读/写数据。

③ $\overline{CS}$ 和 CS_1：片选信号输入。对于 6264 芯片，当 CS_1 为高电平且 $\overline{CS}$ 为低电平时才选中该片。

④ $\overline{OE}$：允许输出线。该引脚为低电平时，芯片内指定单元的数据可以送到数据总线 $D_7 \sim D_0$。

⑤ $\overline{WE}$：写允许信号输入线。该引脚为低电平时，6264 处于写入状态；该引脚为高电平时，6264 处于读出状态。

⑥ V_{CC}：+5 V 工作电源。

⑦ GND：地线。

2. 工作方式

6264 有读出、写入、未选通三种工作方式，这些工作方式的操作选择见表 7.2.8。

表 7.2.8 6264 工作方式选择表

工作方式	$\overline{CS}$	CS_1	$\overline{WE}$	$\overline{OE}$	功能
读出	0	1	1	0	从 6264 读出数据到 $D_7 \sim D_0$
写入	0	1	0	1	将 $D_7 \sim D_0$ 数据写入 6264
未选通	1	1	×	×	输出高阻

数据存储器扩展与程序存储器扩展的连接方法基本相同。不同的只是控制信号不一样。在程序存储器扩展中，单片机使用 $\overline{PSEN}$ 作为读选通信号，而在数据存储器扩展中，单片机使用 $\overline{RD}$ 和 $\overline{WR}$ 分别作为读和写的选通信号。

下面以扩展三片 6264 为例说明如何扩展数据存储器。6264 与 8031 单片机接口电路如图 7.2.9 所示。

为了区分 CPU 是访问哪一片 6264，需要对这三片 6264 进行片选。由于 P2 口还剩余 3 根地址线，因此可以采用线选法进行片选。如图 7.2.9 所示，将单片机的 P2.5 ~ P2.7 引脚分别连接到三片 6264 的片选端 $\overline{CS}$，以实现对这三片 6264 的片选。根据图 7.2.9，数据存储器扩展系统中各片 6264 的地址范围见表 7.2.9。

采用线选法进行片选省去了译码器，简化了电路，但每个芯片要占用 1 根单片机地址线，当扩展芯片多时可能不能满足要求。

数据线的连接也很简单，只要把各片 6264 存储芯片的数据输出引脚 $D_7 \sim D_0$ 都与单片机的 P0 口线对应连接即可。

控制线将单片机外部数据存储器的读选通信号 $\overline{RD}$ 同时接到每片 6264 的输出允许端 $\overline{OE}$，以便将指定地址的存储单元的数据输出；再将单片机写选通信号

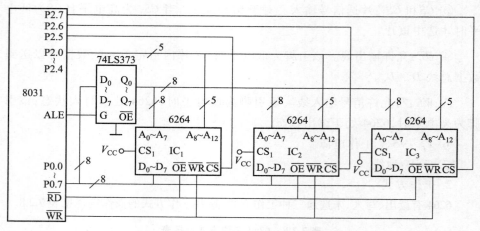

图 7.2.9　6264 与 8031 单片机接口电路

$\overline{WR}$同时接到每片 6264 的写允许端$\overline{WR}$，以便将数据写入指定地址的存储单元；另外，将单片机的 ALE 端与 74LS373 锁存器的G端相连接，以控制该锁存器将单片机 P0 口发出的低 8 位地址信号锁存，并从 $Q_7 \sim Q_0$ 引脚输出。

表 7.2.9　图 7.2.9 数据存储器扩展系统中各片 6264 的地址范围

6264 编号	$A_{15}A_{14}A_{13}A_{12}$	$A_{11}A_{10}A_9A_8$	$A_7A_6A_5A_4$	$A_3A_2A_1A_0$	十六进制地址范围
IC_1 6264 ($P2.5=0$)	1 1 0 0 ………… 1 1 0 1	0 0 0 0 1 1 1 1	0 0 0 0 1 1 1 1	0 0 0 0 1 1 1 1	C000H ⋮ DFFFH
IC_2 6264 ($P2.6=0$)	1 0 1 0 ………… 1 0 1 1	0 0 0 0 1 1 1 1	0 0 0 0 1 1 1 1	0 0 0 0 1 1 1 1	A000H ⋮ BFFFH
IC_3 6264 ($P2.7=0$)	0 1 1 0 ………… 0 1 1 1	0 0 0 0 1 1 1 1	0 0 0 0 1 1 1 1	0 0 0 0 1 1 1 1	6000H ⋮ 7FFFH

四、同时扩展程序存储器和数据存储器

8031 单片机内部没有程序存储器，必须外接，而内部 RAM 很少，一般也需要外接数据存储器，图 7.2.10 给出了利用 74LS138 译码器同时扩展两片 2764 和两片 6264 的电路。由于 2764 和 6264 均为 8KB 存储器，故片内地址线需要 13

根,其中低 8 位地址 $A_7 \sim A_0$ 接到 74LS373 的对应输出端,高 5 位地址 $A_{12} \sim A_8$ 连到单片机的 $P2.4 \sim P2.0$ 脚。该存储器扩展系统采用 74LS138 译码器进行片选。

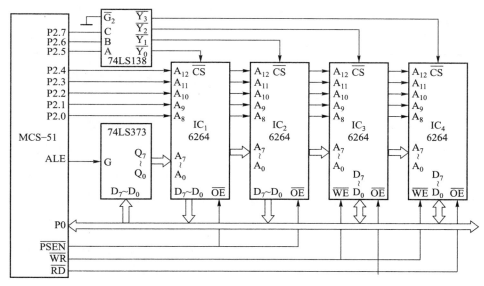

图 7.2.10 同时扩展 EPROM 和 SRAM 的电路

图 7.2.10 中,将单片机 $P2.7$、$P2.6$、$P2.5$ 接到 74LS138 译码器的输入端 C、B、A 上,将译码器的输出端 $\overline{Y_0}$、$\overline{Y_1}$、$\overline{Y_2}$、$\overline{Y_3}$ 分别接到各存储芯片的片选端。根据 74LS138 的连接,可推出图 7.2.10 的存储器扩展系统中各存储芯片的地址范围如表 7.2.10 所示。

表 7.2.10　图 7.2.10 存储器扩展系统中各存储芯片的地址范围

存储芯片	$A_{15}A_{14}A_{13}A_{12}$	$A_{11}A_{10}A_9A_8$	$A_7A_6A_5A_4$	$A_3A_2A_1A_0$	十六进制地址范围
IC_1 2764 ($\overline{Y_0}=0$)	0 0 0 0 .... 0 0 0 1	0 0 0 0 1 1 1 1	0 0 0 0 1 1 1 1	0 0 0 0 1 1 1 1	0000H ⋮ 1FFFH
IC_2 2764 ($\overline{Y_1}=0$)	0 0 1 0 .... 0 0 1 1	0 0 0 0 1 1 1 1	0 0 0 0 1 1 1 1	0 0 0 0 1 1 1 1	2000H ⋮ 3FFFH
IC_3 6264 ($\overline{Y_2}=0$)	0 1 0 0 .... 0 1 0 1	0 0 0 0 1 1 1 1	0 0 0 0 1 1 1 1	0 0 0 0 1 1 1 1	4000H ⋮ 5FFFH

存储芯片	$A_{15}A_{14}A_{13}A_{12}$	$A_{11}A_{10}A_9A_8$	$A_7A_6A_5A_4$	$A_3A_2A_1A_0$	十六进制地址范围
IC$_4$	0110	0000	0000	0000	6000H
6264		··········			⋮
($\overline{Y_3} = 0$)	0111	1111	1111	1111	7FFFH

数据线的连接很简单,只要把各片 2764 和 6264 存储芯片的数据输出引脚 $D_7 \sim D_0$ 都与单片机的 P0 口线对应连接就可以了。

控制线将单片机的外部程序存储器读选通信号 $\overline{PSEN}$ 同时接到两片 2764 的输出允许端 $\overline{OE}$,以便将 EPROM 指定地址的存储单元的代码读出;将单片机的外部数据存储器读选通信号 $\overline{RD}$ 同时接到两片 6264 的输出允许端 $\overline{OE}$,以便将 SRAM 中指定地址的存储单元的数据输出;再将单片机写选通信号 $\overline{WR}$ 同时接到两片 6264 的写允许端 $\overline{WR}$,以便将数据写入 SRAM 中指定地址的存储单元;另外,将单片机的 ALE 端与 74LS373 锁存器的 $\overline{G}$ 端相连接,以控制该锁存器将单片机 P0 口发出的低 8 位地址信号锁存,并从 $Q_7 \sim Q_0$ 引脚输出。

7.2.3　I/O 接口

单片机芯片内除了有存储器外,还有一项重要的资源就是并行 I/O 接口。所谓"口"就是集数据输入缓冲、数据输出驱动及锁存等多项功能为一体的 I/O 接口电路。MCS-51 单片机共有 4 个 8 位并行 I/O 接口,分别是 $P0$、$P1$、$P2$、$P3$,共 32 根接口线。实际上,它们已被归入专用寄存器之列,并且具有字节寻址和位寻址功能。这些接口在结构和特性上具有一定的共性——在无片外扩展存储器的系统中,这 4 个接口的每 1 位均可作为双向的 I/O 端口使用,又各具特点,尤其是有片外存储器扩展时,低 8 位地址和数据要由 $P0$ 口分时传送,高 8 位地址要由 $P2$ 口传送。从结构上看,4 个 8 位并行 I/O 接口中,每个口的每 1 位口线都包含一个锁存器、一个输出驱动器和输入缓冲器。下面以 $P0$ 口为例介绍接口电路的结构和特点。

$P0$ 口的 1 位口线逻辑电路如图 7.2.11 所示。由图 7.2.11 可见,电路中包含 1 个数据输出锁存器、2 个三态数据输入缓冲器、1 个数据输出驱动电路和 1 个输出控制电路。当对 $P0$ 口进行写操作时,由锁存器和驱动电路构成数据输出通路。由于通路中已有输出锁存器,因此数据输出时可与外设直接连接,不需要再加数据锁存电路。

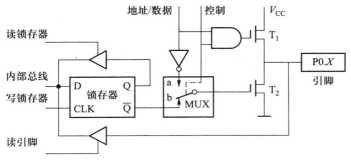

图 7.2.11　P0 口的 1 位的结构

P0 口既可以作为通用的 I/O 接口进行数据的输入输出,也可以作为单片机系统的地址/数据线使用,因此 P0 口电路中包含一个多路选择器 MUX,在控制信号的作用下,选择器可以分别接通锁存器输出或地址/数据线。当作为通用 I/O 接口使用时,内部的控制信号为低电平,封锁与门,使输出驱动电路中的场效应管(T_1)截止,同时使多路选择器 MUX 接通锁存器的 $\overline{Q}$ 端输出。

当 P0 口作为输出口使用时,内部的写脉冲加在 D 触发器的 CLK 端,数据写入锁存器,并向端口引脚输出;当 P0 口作为输入口使用时,应区分读引脚和读端口两种情况:读引脚就是读芯片引脚上的数据,读端口则是读锁存器 Q 端的状态。为此在 P0 口电路中设置了两个用于读入驱动的三态缓冲器,读引脚时,由"读引脚"信号把下方的数据缓冲器打开,把端口引脚上的数据从缓冲器通过内部总线读进来。读端口时,Q 端状态通过上面的缓冲器被读进来。在端口已处于输出状态的情况下,Q 端与引脚的信号是一致的,这样安排的目的是为了适应对 P0 口进行"读-修改-写"操作指令的需要。

不直接读引脚而读锁存器是为了避免可能出现的错误。因为在端口已处于输出状态的情况下,如果端口的负载恰是一个晶体管的基极,导通了的 PN 结会把端口引脚的高电平拉低,这样直接读引脚就会把本来的 1 误读为 0。但若从锁存器 Q 端读,就能避免这样的错误,得到正确的数据。

在实际应用中,P0 口绝大多数情况下都是作为单片机系统的地址/数据线使用。当输出地址或数据时,由内部发出控制信号,打开上面的与门,并使多路选择器 MUX 处于内部地址/数据线经反相器与场效应管栅极驱动呈接通状态,这时的输出驱动电路由于上下两个 FET 处于反相,形成推拉式电路结构,使负载能力大为提高。而当输入数据时,数据信号则直接从引脚通过输入缓冲器进入内部总线。

7.2.4　定时器和计数器

MCS-51 系列单片机内部有两个 16 位可编程定时/计数器 T0 和 T1,常简称为定时器 0 和定时器 1。在特殊功能寄存器 TMOD 和 TCON 的控制下,它们既可以设定成定时器使用,也可以设定成计数器使用。定时/计数器有 4 种工作方式,而且具有中断请求的功能,可以完成定时、计数、脉冲输出等任务,是单片机中非常重要的部件。

一、计数与定时原理

定时/计数器的核心是一个加 1 计数器,当定时/计数器设置在计数方式时,可对外部输入脉冲进行计数,每来一个外部输入脉冲信号,计数器就加 1。计数工作方式是对外部输入的负脉冲进行计数,即每个下降沿计数一次。

当定时/计数器设置在定时方式时,计数器对内部标准脉冲(由晶体振荡器产生的振荡信号经十二分频得到的脉冲信号)进行计数,即 1 个机器周期输入 1 个计数脉冲,定时器加 1,所以定时时间等于计数值乘以机器周期时间。

定时/计数器原理如图 7.2.12 所示。

当启动了定时/计数器后,定时/计数器就从初始值开始计数,每个脉冲加 1,当计数到计数器全为 1 时,再输入一个脉冲就使计数值回零,这称为"溢出",此时从计数器的最高位溢出一个脉冲,通过 TCON 寄存器中的溢出标志位,向 CPU 发送中断请求。

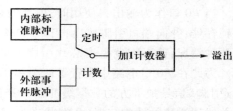

图 7.2.12　定时/计数器原理

二、定时/计数器的结构

MCS-51 中定时/计数器由两个 16 位定时/计数器 T0 和 T1,以及两个定时/计数器控制用寄存器 TCON 和 TMOD 组成,其基本结构如图 7.2.13 所示。其中,T0 由两个 8 位寄存器 TH0 和 TL0 组成,T1 也由两个 8 位寄存器 TH1 和 TL1 组成。T0 和 T1 用于存放定时或计数的初值,并对定时工作时的内部标准脉冲或计数工作时的外部输入脉冲进行加 1 计数。

定时/计数器控制寄存器 TCON 主要用于定时/计数器的启动、停止及计数溢出控制,定时/计数器方式寄存器 TMOD 用于定时或计数功能选择、工作方式选择及启动方式选择控制。

三、定时/计数器的工作方式

根据 TMOD 中 M1、M0 的设定,MCS-51 系列单片机定时/计数器共有 4 种

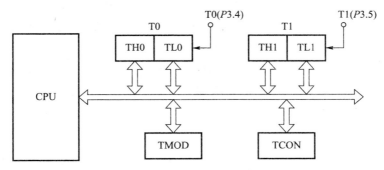

图 7.2.13　MCS-51 系列单片机定时/计数器的基本结构

工作方式。T0 有 4 种工作方式,T1 则只有 3 种工作方式(方式 0、方式 1 和方式 2)。下面以方式 0 为主对定时/计数器的工作原理加以说明。

方式 0 为 13 位定时/计数器,或者说是一个带三十二分频预分频器的 8 位计数器,其结构如图 7.2.14 所示。计数器由 TH0 的 8 位和 TL0 的低 5 位构成,TL0 的低 5 位作为预分频计数器,溢出后向 TH0 进位,TH0 溢出后将 TF0 置位,若允许中断,则向 CPU 申请中断,TL0 的高 3 位未用。

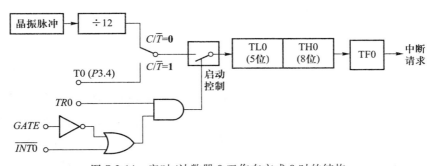

图 7.2.14　定时/计数器 0 工作在方式 0 时的结构

当 $C/\overline{T}=0$ 时,电子转换开关接通晶振脉冲的十二分频输出,13 位计数器对此脉冲信号(机器周期)进行计数。计数器从某一计数初值开始,每个机器周期加 1,当加到 n 个 1 时,计数器溢出。计数器从初值计数到最大值所用的时间为 n 个机器周期,因此改变不同的计数值 n(改变计数初值,因为最大值是固定的),可以实现不同的定时时间。

当 $C/\overline{T}=1$ 时,电子转换开关接通计数引脚 T0(P3.4),计数脉冲由外部输入,当计数脉冲发生负跳变时,计数器加 1,从而实现对外部脉冲信号的计数功能。

当门控位 GATE = 0 时,或门输出高电平,此时与门的输出只受运行控制位

$TR0$ 控制。如果 $TR0 = 0$,则与门输出为低电平,启动控制开关断开,定时/计数器停止计数;如果 $TR0 = 1$,则与门输出为高电平,启动控制开关闭合,定时/计数器 0 工作,从而实现定时/计数器的软启动方式。

当 $GATE = 1$ 时,只有 $TR0$ 和 $\overline{INT0}$ 同时为高电平,定时/计数器 0 才工作,否则任意一个信号为低电平,定时/计数器 0 就不工作,从而实现定时/计数器的硬启动方式。

7.2.5　模拟量接口

模拟量接口是单片机控制系统的重要组成部分,单片机控制系统处理模拟量时,包含两个过程:D/A 转换和 A/D 转换。转换器的原理在第 6 章已有讨论,本节介绍这两种转换器在单片机系统中的典型应用。

一、D/A 转换器 DAC0832

能与单片机接口的 DAC 芯片有很多种,但它们的基本原理与功能大同小异。DAC0832 是目前较为常用的 DAC 芯片中的一种,它是由美国国家半导体公司(National Semiconductor Corporation)研制的。下面对 DAC0832 的内部结构、引脚功能及与 CPU 的连接进行介绍。

1. DAC0832 的结构与引脚功能

DAC0832 的内部结构如图 7.2.15(a)所示。DAC0832 是一个 8 位的 D/A 转换芯片,其内部由三部分电路组成。"8 位输入寄存器"用于存放 CPU 送来的数字量,使输入数字量得到缓冲和锁存,由 $\overline{LE_1}$ 加以控制($\overline{LE_1}$ 高电平时输出＝输入,低电平时锁存)。"8 位 DAC 寄存器"用于存放待转换数字量,由 $\overline{LE_2}$ 控制($\overline{LE_2}$ 高电平时输出＝输入,低电平时锁存)。"8 位 D/A 转换电路"由 8 位 T 型电阻网络和电子开关组成,电子开关受"8 位 DAC 寄存器"输出控制,T 型电阻网络能输出与数字量成正比的模拟电流,因此 DAC0832 通常需要外接运算放大器才能得到模拟输出电压。

DAC0832 的外部引脚图如图 7.2.15(b)所示。DAC0832 的引脚定义如下:

① $D_7 \sim D_0$:输入数据线。

② ILE :输入锁存允许。

③ $\overline{CS}$:片选信号。

④ $\overline{WR_1}$:写输入寄存器。

上述 3 个信号用于把数据写入输入寄存器。

⑤ $\overline{WR_2}$:写 DAC 寄存器。

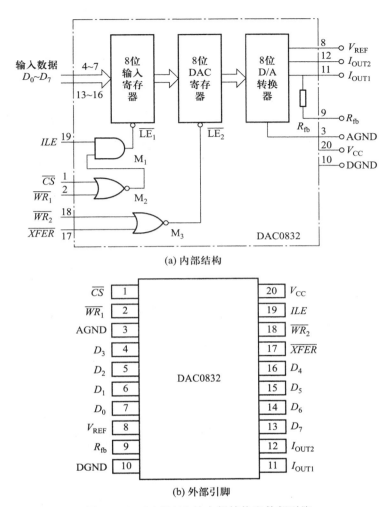

(a) 内部结构

(b) 外部引脚

图 7.2.15　DAC0832 的内部结构和外部引脚

⑥ $\overline{XFER}$：允许输入寄存器的数据传送到 DAC 寄存器。

上述 2 个信号用于启动转换。

⑦ V_{REF}：参考电压，$-10 \sim +10$ V，要求其电压值必须相当稳定，一般为 $+5$ V 或 $+10$ V。

⑧ I_{OUT1}，I_{OUT2}：D/A 转换差动电流输出，接运放输入。

⑨ V_{CC}：芯片的电源电压，可为 $+5$ V 或 $+15$ V。

⑩ R_{fb}：内部反馈电阻引脚，接运放输出。

⑪ AGND，DGND：模拟地和数字地。

2. DAC0832 的工作方式

DAC0832 的工作方式有直通方式、单缓冲器方式和双缓冲器方式三种。

（1）直通方式。

DAC0832 直通工作方式的电路如图 7.2.16 所示。它是将两个寄存器（输入寄存器和 DAC 寄存器）的 5 个控制信号（ILE、$\overline{CS}$、$\overline{WR_1}$、$\overline{WR_2}$、$\overline{XFER}$）均预先置为有效，两个寄存器都处于数据接收状态，即只要数字信号送到数据输入端 $D_7 \sim D_0$，D/A 转换器就立即进行转换，因此模拟输出始终跟随输入变化。这种工作方式在单片机控制系统中很少采用。

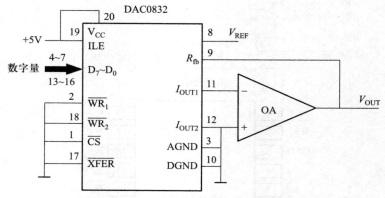

图 7.2.16　DAC0832 直通工作方式的电路

（2）单缓冲器方式。

使输入寄存器或 DAC 寄存器二者之一处于直通，CPU 只需一次写入即开始转换。图 7.2.17 所示为 DAC0832 单缓冲方式的接口电路。图 7.2.17 中把 DAC0832 的 $\overline{XFER}$、$\overline{WR_2}$ 均接地，让芯片内部的 $\overline{LE_2}$ 有效，始终开通 DAC 寄存器；图 7.2.17 中 DAC0832 的 8 位输入寄存器的控制端子 ILE 始终接高电平使其有效；$\overline{WR_1}$ 接单片机的 $\overline{WR}$，$\overline{CS}$ 接单片机的 P2.7 口，这样 DAC0832 的地址为 7FFFH，通过简单的指令就可以将一个数字量转换为模拟量。

D/A 转换芯片 DAC0832 的另一种单缓冲方式的接口电路如图 7.2.18 所示。请读者自行确定芯片地址，并进行分析。

（3）双缓冲器方式。

双缓冲方式的转换要有两个步骤：

① 令 $\overline{CS} = 0$，$\overline{WR_1} = 0$，$ILE = 1$，将数据写入输入寄存器。

② 令 $\overline{WR_2} = 0$，$\overline{XFER} = 0$，将输入寄存器的内容写入 DAC 寄存器。

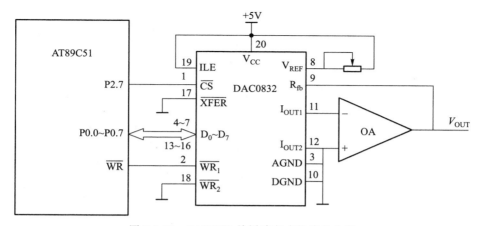

图 7.2.17 DAC0832 单缓冲方式的接口电路

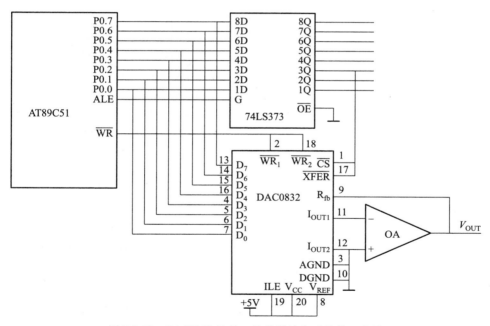

图 7.2.18 DAC0832 的另一种单缓冲方式的接口电路

双缓冲方式的优点是数据接收与 D/A 转换可异步进行,可实现多个 DAC 同步转换输出(分时写入输入寄存器,同步转换)。图 7.2.19 是 DAC0832 双缓冲方式的接口电路。

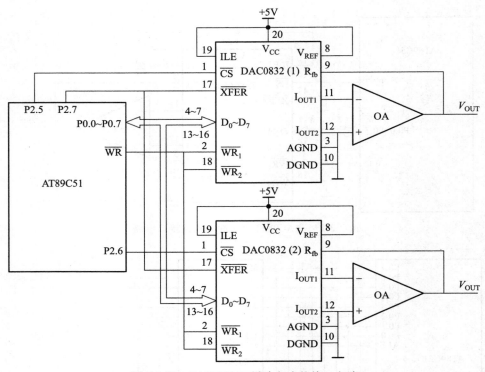

图 7.2.19　DAC0832 双缓冲方式的接口电路

二、A/D 转换器 ADC0809

ADC0809 采用逐次逼近型 8 位 A/D 转换芯片,应用较为广泛。

1. ADC0809 的结构与引脚功能

ADC0809 芯片的内部结构如图 7.2.20(a)所示。片内含 8 路模拟开关,可允许 8 路模拟量输入。由于片内有三态输出锁存器,因此可直接与系统总线相连。

ADC0809 的引脚图如图 7.2.20(b)所示。该芯片的引脚定义如下:

① $IN_0 \sim IN_7$:8 路模拟信号输入端。

② $ADDA$、$ADDB$、$ADDC$:模拟通道的地址选择线输入。$ADDA$ 为低位,$ADDC$ 为高位。

③ ALE:地址锁存允许信号输入。由低到高的正跳变有效,此时锁存地址选择线的状态,从而选通相应的模拟通道,以便进行 A/D 转换。

④ CLK:外部时钟输入端。ADC 内部没有时钟电路,故需外加时钟信号。时钟频率高,A/D 转换速度快。最高时钟频率为 640 kHz,此时 A/D 转换时间为 100 μs。通常由 MCS-51 单片机的 ALE 端经分频后与 ADC0809 的 CLK 端相连

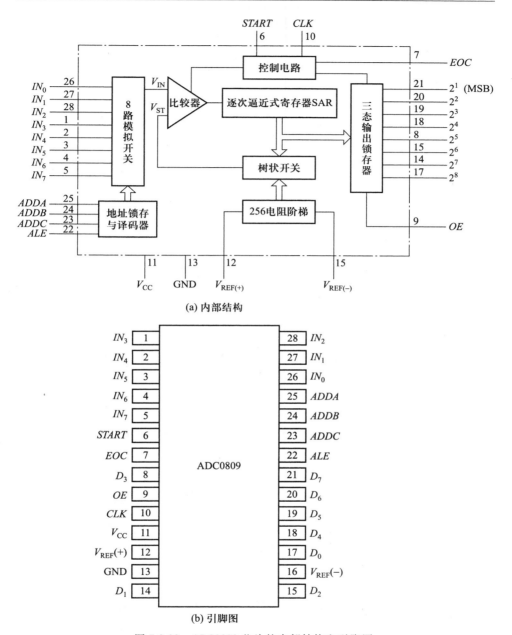

(a) 内部结构

(b) 引脚图

图 7.2.20　ADC0809 芯片的内部结构和引脚图

接。当 MCS-51 单片机无读/写外 RAM 操作时,ALE 信号固定为 CPU 时钟频率的 1/6,若晶振为 6 MHz,则 ALE 端输出频率为 1 MHz,经二分频后即可接到

CLK 端。

⑤ $D_7 \sim D_0$：数字量输出端。

⑥ OE：输出允许信号，输入高电平有效。当 OE 有效时，A/D 的输出锁存缓冲器开放，将其中的数据传送到外面的数据线上。

⑦ $START$：启动信号，输入高电平有效。为了启动转换，该端上应加一正脉冲信号。脉冲的上升沿将内部寄存器全部清零，在其下降沿开始转换。

⑧ EOC：转换结束信号输出，高电平有效。在 $START$ 信号的上升沿之后 $0 \sim$ 8 个时钟周期内，EOC 变为低电平，当转换结束时，EOC 变为高电平，此时转换得到的数据可供读出。

⑨ $V_{REF}(+)$、$V_{REF}(-)$：正负基准电压输入端。正基准电压的典型值为 $+5$ V，可与电源电压（$+5$ V）直接相连。但电源电压往往有一定波动，会影响 A/D 精度，因此精度要求较高时，可用高稳定度基准电源输入。当模拟信号电压较低时，正基准电压也可取低于 $+5$ V 的数值。$V_{REF}(-)$ 通常接地。

⑩ V_{CC}：正电源电压（$+5$ V）。

⑪ GND：接地端。

2. ADC0809 与 MCS-51 单片机的接口

图 7.2.21 为 ADC0809 与 AT89C51 的接口电路。图中，$P0$ 口直接与芯片

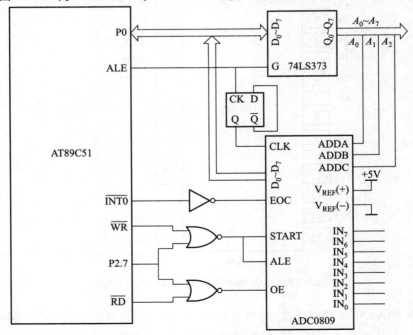

图 7.2.21　ADC0809 与 AT89C51 的接口电路

ADC0809 的数据线相连, P0 口的低 3 位同时连接到 ADDA、ADDB、ADDC。
AT89C51 的 ALE 信号经二分频后连到 ADC0809 的 CLK 引脚, P2.7 作为读/写口的选通信号。从图中可以看出, ADC0809 的 8 个通道所占用的地址范围为7FF8H～7FFFH。

习 题 7

题 7.1 什么叫作单片机? 它有什么主要特点?

题 7.2 MCS-51 系列单片机由哪几个功能部件组成?

题 7.3 MCS-51 系列单片机的存储器结构有何特点?

题 7.4 MCS-51 系列单片机的 P0 口有何适用特点? 其第二功能是什么?

题 7.5 采用 8051 单片机外扩一片 EPROM 2732 和一片 RAM 2116,画出硬件连接图,并确定每个芯片的地址范围。

题 7.6 某一单片机应用系统拟采用两片 2716 和两片 6116 扩展成 4 KB 的程序存储器和 4 KB 的数据存储器,试设计其硬件结构。

题 7.7 8051 单片机内部设有几个定时器/计数器? 它们是由哪些特殊功能寄存器组成的?

题 7.8 8051 定时器方式和计数器方式的区别是什么?

题 7.9 画出 ADC0809 典型应用电路,其中 CLK 引脚连接时应该注意什么问题?

题 7.10 简述单缓冲工作方式、双缓冲工作方式的电路特点和功能。画出DAC0832 单缓冲典型应用电路。

习题 1　参考答案

【1.1】

5 V
0 V　1　1　0　1　1　1　0　1

5 V
0 V　0　0　1　1　0　0　1　1

【1.2】　（1）**00101100**

（2）$T = 0.8$ ms

（3）$T = 0.1$ ms

【1.3】　（1）$(43)_{10} = (\mathbf{101011})_2 = (53)_8 = (2B)_{16}$

（2）$(127)_{10} = (\mathbf{1111111})_2 = (177)_8 = (7F)_{16}$

（3）$(254.25)_{10} = (\mathbf{11111110.01})_2 = (376.2)_8 = (FE.4)_{16}$

（4）$(2.718)_{10} = (\mathbf{10.1011})_2 = (2.54)_8 = (2.B)_{16}$

【1.4】　（1）$(\mathbf{01101})_2 = (13)_{10}$

（2）$(\mathbf{10010111})_2 = (151)_{10}$

（3）$(\mathbf{0.1001})_2 = (0.5625)_{10}$

（4）$(\mathbf{0.101101})_2 = (0.703125)_{10}$

【1.5】　（1）$(\mathbf{101.011})_2 = (5.375)_{10}$

（2）$(\mathbf{110.101})_2 = (6.625)_{10}$

（3）$(\mathbf{1101.1001})_2 = (13.5625)_{10}$

（4）$(\mathbf{1011.0101})_2 = (11.3125)_{10}$

【1.6】　（1）$(\mathbf{101001})_2 = (51)_8 = (29)_{16}$

（2）$(11.01101)_2 = (3.32)_8 = (3.68)_{16}$

【1.7】　（1）$(23F.45)_{16} = (001000111111.01000101)_2$

（2）$(A040.51)_{16} = (1010000001000000.01010001)_2$

【1.8】　（1）$(468.32)_{10} = (0100\ 0110\ 1000.0011\ 0010)_{8421}$

$= (0111\ 1001\ 1011.0110\ 0101)_{余3码}$

（2）$(127)_{10} = (0001\ 0010\ 0111)_{8421}$

$= (0100\ 0101\ 1010)_{余3码}$

【1.9】　（1）二进制数码时：$(100010010011)_2 = (2195)_{10}$

8421 码时：$(100010010011)_{8421} = (893)_{10}$

（2）二进制数时：$(00110110.1001)_2 = (54.5625)_{10}$

8421 码时：$(00110110.1001)_{8421} = (36.9)_{10}$

【1.10】

原符号数	原码	反码	补码
$X_1 = +10011$	010011	010011	010011
$X_2 = -01010$	101010	110101	110110

【1.11】　（1）**1101**

（2）**0111**

（3）**0111**（负数）

（4）**1101**（负数）

【1.12】　（1）$12+5 = 001100+000101 = 010001$，因为和数超过 4 位二进制数，所以符号位应为第 6 位，因此得出为 +17。

（2）$6-9 = 00110+10111 = 11101$，符号位为负数，需将数值位再求补得 **0011**，所以为 -3。

（3）$15-9 = 01111+10111 = 100110$，最大数丢失后，符号位为正，所以得 +6。

（4）$-8-7 = 11000+11001 = 110001$，最大数丢失后，符号位为负，需再求补得到绝对值，即 **10001** 再求补后 **11111** 为 -15。

【1.13】　（1）**1000000**

（2）**01100100110101**

（3）**1110111 1100101 1101100 1100011 1101111 1101101 1100101**

（4）**0101011**

【1.14】　（a）电路是一个**与门**电路，波形略；（b）为**异或门**，波形略。

【1.17】　（1）其对偶式为：$(\overline{B} \cdot AC\overline{D}) + (\overline{AB\ C+\overline{D}})$

反函数式为:$(B \cdot \overline{\overline{A}\,\overline{CD}})+(\overline{\overline{A}\,\overline{B}\,\overline{C}+D})$

(2) 对偶式为:$AB(C+\overline{D})(\overline{A}+D+\overline{B}+\overline{C})$

反函数式为:$\overline{A}\,\overline{B}(\overline{C}+D)(\overline{\overline{A}+\overline{D}}+B+C)$

【1.19】 $L=f(A,B,C)=\overline{A}\,\overline{B}C+\overline{A}\,B\,\overline{C}+A\,\overline{B}\,\overline{C}+ABC$

【1.20】 $L=\overline{A}B+A\,\overline{B}$,真值表略

【1.21】 (1) CD

(2) $A+C+BD+\overline{B}EF$

(3) $A\,\overline{B}\,\overline{C}+AB\,\overline{C}+A\,\overline{D}$

(4) $\overline{A}+\overline{B}+\overline{C}$

(5) AB

(6) $A+C$

(7) $A \cdot \overline{B}$

(8) $\overline{A}\,\overline{B}E+A\,\overline{E}$

(9) $AB+CD$

(10) $A\,\overline{C}+\overline{A}\,\overline{B}+BC$ 或 $AB+\overline{A}C+\overline{B}\,\overline{C}$

【1.22】 (1) 最小项之和式 $=ABC\,\overline{D}+AB\,\overline{C}D+A\,\overline{B}C\,\overline{D}+AB\,\overline{C}\,\overline{D}=\sum m(10,$
$12,13,14)$

最大项之积式 $=(A+B+C+D)(A+B+C+\overline{D})(A+B+\overline{C}+D)(A+B+\overline{C}+\overline{D})$

$(A+\overline{B}+C+D)(A+\overline{B}+C+\overline{D})(A+\overline{B}+\overline{C}+D)(A+\overline{B}+\overline{C}+\overline{D})$

$(\overline{A}+B+C+D)(\overline{A}+B+C+\overline{D})(\overline{A}+B+\overline{C}+\overline{D})$

$(\overline{A}+\overline{B}+\overline{C}+D)=M_0 \cdot M_1 \cdot M_2 \cdot M_3 \cdot M_4 \cdot M_5 \cdot M_6 \cdot M_7 \cdot M_8 \cdot$
$M_9 \cdot M_{11} \cdot M_{15}$

(2) 最小项之和式 $=\overline{A}\,\overline{B}C\,\overline{D}+\overline{A}BC\,\overline{D}+A\,\overline{B}\,\overline{C}\,\overline{D}+A\,\overline{B}C\,\overline{D}=\sum m(0,2,8,10)$

最大项之积式 $=(A+B+C+\overline{D})(A+B+\overline{C}+\overline{D})(A+\overline{B}+C+D)(A+\overline{B}+C+\overline{D})$

$(A+\overline{B}+\overline{C}+D)(A+\overline{B}+\overline{C}+\overline{D})(\overline{A}+B+C+\overline{D})(\overline{A}+B+\overline{C}+\overline{D})(\overline{A}+\overline{B}+C+D)$

$(\overline{A}+\overline{B}+C+\overline{D})(\overline{A}+\overline{B}+\overline{C}+D)(\overline{A}+\overline{B}+\overline{C}+\overline{D})$

$=M_1 \cdot M_3 \cdot M_4 \cdot M_5 \cdot M_6 \cdot M_7 \cdot M_9 \cdot M_{11} \cdot M_{12} \cdot M_{13} \cdot M_{14} \cdot M_{15}$

【1.23】 (1) $Z_1=A+B$;(2) $Z_2=\mathbf{1}$;(3) $Z_3=\overline{B}\,\overline{C}$;(4) $Z_4=A\,\overline{E}+\overline{A}\,\overline{B}E$;

（5）$Z_5 = A\overline{B} + BC + \overline{A}BD + \overline{B}\overline{D}$；（6）$Z_6 = A\overline{B} + \overline{C}D + \overline{A}C + A\overline{C}$；（7）$Z_7 = \overline{A}B + \overline{C}D + A\overline{C} +$

$\overline{A}C + \overline{B}D$；（8）$Z_8 = A + \overline{D}$；（9）$Z_9 = \overline{B} + \overline{C}D + \overline{A}\overline{D}$；（10）$Z_{10} = \overline{D} + AB + \overline{A}\overline{C}$

【1.24】　（1）$Z(A,B,C,D) = \overline{C}D + BC$

（2）$Z(A,B,C,D) = \overline{A}\overline{C} + \overline{A}D$

（3）$Z(A,B,C,D) = \overline{D} + \overline{A}\overline{C}$

（4）$Z(A,B,C,D) = \overline{A}B + A\overline{C}$

【1.25】　$Z = \overline{A}\overline{C}D + A\overline{B}C\overline{D} + AB\overline{C}D$

【1.26】　$\overline{A}\overline{B}CD, A\overline{B}CD, AB\overline{C}D, ABC\overline{D}$

【1.27】　（1）$Z = A\overline{B} + \overline{A}C + B\overline{C} = \overline{\overline{A\overline{B}} \cdot \overline{\overline{A}C} \cdot \overline{B\overline{C}}}$

（2）$Z = (\overline{A} + B + C)(\overline{A} + \overline{B} + \overline{C}) = \overline{\overline{\overline{A} + B + C} + \overline{\overline{A} + \overline{B} + \overline{C}}}$

（3）$Z = \overline{\overline{\overline{A}\overline{B}\overline{C}} + \overline{A\overline{C}D} + \overline{ABD}}$

习题 2　参考答案

【2.1】

输入		二极管工作情况		输出电压
A	B	D_1	D_2	V_O
5 V	0 V	截止	导通	0.7 V
5 V	10 V	导通	截止	5.7 V
5 V	悬空	导通	截止	5.7 V
10 kΩ	悬空	导通	截止	5.35 V

【2.3】　$D = \overline{A + B}, P = \overline{AB + D}$

$$\begin{cases} F = P, & C = 0 \quad \overline{C} = 1 \\ F = 高阻态, & C = 1 \quad \overline{C} = 0 \end{cases}$$

【2.4】 $P = \overline{AB + CD}$

$\begin{cases} Q = P = \overline{AB + CD} & E = 0 \quad \overline{E} = 1 \\ Q \text{ 高阻态}, & E = 1 \quad \overline{E} = 0 \end{cases}$

【2.5】 $Z = \overline{AB + \overline{B}C}$

【2.6】 （C）

【2.7】 （B）（C）

【2.8】 $Z = \overline{A} + B$

【2.9】 $V_{NL} = 0.5 \text{ V}, V_{NH} = 1.2 \text{ V}$

【2.10】 （C）

【2.11】 （A）（C）（D）

【2.12】 （1）低电平输出扇出系数：$N_{0L} = \left. \dfrac{I_{OL}}{I_{IL}} \right|_{v_{OLmax}} = \dfrac{12}{1.5} = 8$

高电平输出扇出系数：$N_{0H} = \left. \dfrac{I_{OH}}{I_{IH}} \right|_{v_{OHmin}} = \dfrac{500}{25 \times 2} = 10$

扇出系数为 $N_0 = 8$（个门）

（2）如果门的扇入为 4,则低电平和高电平扇出分别为 8 和 5 个同类门。

扇出系数为 $N_0 = 5$（个门）

【2.15】 应该选（a）电流驱动电路。

【2.16】 （C）

【2.17】 $Y = Y_1 Y_2 = \overline{\overline{A+B} \cdot \overline{C+D}} = \overline{A+B} + \overline{C+D}$

【2.18】 $F = \overline{\overline{ABC} + \overline{DE}} = \overline{ABC} + \overline{DE}$

【2.19】 当 B 端连接 +5 V 和 +3.6 V 的时候,电压表量到的电压近似为 1.4 V;当 B 端连到 +0.2 V 和 0 V 时,测到的分别是 +0.2 V 和 0 V 电压。

【2.20】 实线是 CMOS 门电路,虚线是 TTL 集成逻辑门电路。

【2.21】 当为 TTL 时,$Y = \overline{A \cdot \overline{BC} + \overline{A}\,\overline{C}} = \overline{A} + BC$

当为 CMOS 时,$Y = \overline{A \cdot \overline{BC} + 1 \cdot \overline{C}} = \overline{A} + BC + \overline{C}$

【2.22】 $Y_1 = \overline{ABC} + \overline{DEF} = \overline{ABCDEF}$

$Y_2 = \overline{A+B+C} \cdot \overline{D+E+F} = \overline{A+B+C+D+E+F}$

这是一种**与**和**或**输入端的扩展电路。

这种连接不适用 TTL 电路,因为对（a）电路讲,输出高电平会下降一个二极管的压降。对(b)电路讲使输出低电平升高了一个二极管的压降。

【2.24】 $Z = \overline{B} \oplus A = B \odot A$

习题3 参考答案

【3.2】 （b）

【3.4】 （b）

【3.6】 （b）（d）

【3.20】

种类 内容	SRAM	DRAM
存储容量	小	存储容量更大
存取速度	较大	更小
功耗	快	更快
价格	贵	便宜

【3.21】 （1）8根数据线；（2）12根地址线。

【3.22】 （1）1 024个；（2）每次访问4个基本存储单元；（3）8根地址线。

【3.26】 （2）$RAM = \overline{A_{15}A_{14}A_{13}}$ $\quad I/O = \overline{RAM}\,\overline{A_{12}A_{11}}$ $\quad ROM_1 = A_{15}A_{14}A_{13}A_{12}\overline{A_{11}}$

$ROM_2 = A_{15}A_{14}A_{13}A_{12}A_{11}$

【3.29】 $D_3 = \overline{A_3}A_2A_1 + \overline{A_3}A_2A_0 + A_3\overline{A_2} + A_3\overline{A_1}\,\overline{A_0}$

$D_2 = A_2\overline{A_1}\,\overline{A_0} + \overline{A_2}A_1 + \overline{A_2}A_0$

$D_1 = \overline{A_1}\,\overline{A_0} + A_1A_0$

$D_0 = \overline{A_0}$

【3.30】 （1）4字×4位

（2）$P_3 = B_1B_0A_1A_0$

$P_2 = A_1\overline{A_0}B_1 + A_1B_1\overline{B_0}$

$P_1 = \overline{A_1}A_0B_1 + A_1\overline{B_1}B_0 + A_1\overline{A_0}B_0 + A_0B_1\overline{B_0}$ ；

$P_0 = A_0B_0$

习题4　参考答案

【4.1】　　$Y = AB + AC$

【4.2】　　$Z = BA + DA + CB = \overline{\overline{BA} \cdot \overline{DA} \cdot \overline{CB}}$

【4.3】

S_3	S_2	S_1	S_0	Y
0	**0**	**0**	**0**	**1**
0	0	0	1	$Y = \overline{AB}$
0	0	1	0	$Y = A + \overline{B}$
0	0	1	1	$Y = \overline{B}$
0	1	0	0	$Y = \overline{A} + B$
0	1	0	1	$Y = \overline{A}$
0	1	1	0	$Y = \overline{A}\,\overline{B} + AB$
0	1	1	1	$Y = \overline{A + B}$
1	0	0	0	$Y = A + B$
1	0	0	1	$Y = \overline{A}B + A\overline{B}$
1	0	1	0	$Y = A$
1	0	1	1	$Y = A\overline{B}$
1	1	0	0	$Y = B$
1	1	0	1	$Y = \overline{A}B$
1	1	1	0	$Y = AB$
1	**1**	**1**	**1**	**0**

【4.5】　　$Y_1 = ABC + A\,\overline{B}\,\overline{C} + \overline{A}B\,\overline{C} + \overline{A}\,\overline{B}C$，$Y_2 = AB + AC + BC$

电路实现的是一个全加器功能，Y_1 是全加和输出，Y_2 是全加器的进位输出。

【4.6】　　$S_0 = A_0 \oplus B_0$，　　$C_0 = A_0 B_0$

$S_1 = (A_1 \oplus B_1) \oplus C_0$，　　$C_1 = (A_1 \oplus B_1) C_0 + A_1 B_1$

S_0 和 C_0 是半加器输出；S_1 和 C_1 是全加器的全加和以及进位输出。

【4.9】　十进制加法计数器

【4.10】　（1）电路的模是 $M=4$（四进制加法计数器），采用余 1 码进行计数。

（2）可以自启动。

（3）四分频后，最高位的输出频率为 $700/4$ Hz $=175$ Hz，Q_0 的输出频率为 350 Hz。

【4.11】　（1）电路的模为 $M=7$，采用 421 编码进行计数。

（2）能自启动。

（3）最高位 Q_2 的输出频率为 $700/7$ Hz $=100$ Hz。

【4.12】　状态转换图为

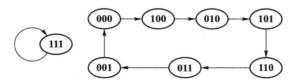

电路不能自启动。

【4.13】　状态转换图为

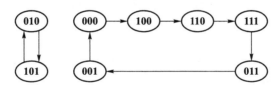

电路不能自启动，优点是电路连接简单，有效计数状态为 $2n$（n 是计数器中触发器的位数）。

【4.14】　（1）电路是一个同步五进制可以自启动的加法计数器。

（2）电路功能为一个三进制加法计数器。

【4.16】　（1）计数器的模为 5。

（2）略。

【4.20】　（1）该芯片是一片 10 线-4 线的优先编码器，将十进制的十个数字编制成 4 位代码输出的 10 线-4 线优先编码器。

（2）输出代码为 8421 码，低电平输入有效，8421 反码输出。

（3）优先对象是大数优先的原则。

【4.23】　（1）选定四变量函数中的 $ABC(A_2A_1A_0)$ 为地址输入。

$$D_0=\mathbf{0}, D_1=D, D_3=\mathbf{0}, D_2=\mathbf{0}, D_6=\mathbf{0}, D_7=\mathbf{1}, D_5=D, D_4=\mathbf{0}$$

（2）选定多路选择器的地址变量为 $ABC(A_2A_1A_0)$。

$$D_0 = D_2 = D_3 = D_6 = D_7 = \mathbf{0}, \quad D_1 = D_4 = D_5 = \mathbf{1}$$

（3）选定多路选择器的地址变量为 $ABC(A_2 A_1 A_0)$。

$$D_0 = D_3 = D_5 = D_6 = \mathbf{0}, \quad D_1 = D_2 = D_4 = D_7 = \mathbf{1}$$

【4.25】 由功能表写出逻辑表达式

$$Y = \overline{S_1}\,\overline{S_0}AB + \overline{S_1}S_0(A+B) + S_1\overline{S_0}(A\,\overline{B} + \overline{A}B) + S_1 S_0 \overline{A}$$

$$= \overline{S_1}\,\overline{S_0}\overline{A} \cdot \mathbf{0} + \overline{S_1}\,\overline{S_0}A \cdot B + \overline{S_1}S_0\overline{A} \cdot B + \overline{S_1}S_0 A \cdot \mathbf{1}$$

$$+ S_1\overline{S_0}\overline{A} \cdot B + S_1\overline{S_0}A \cdot \overline{B} + S_1 S_0 \overline{A} \cdot \mathbf{1} + S_1 S_0 A \cdot \mathbf{0}$$

令数据选择器 3 位地址

$$A_2 = S_1, \quad A_1 = S_0, \quad A_0 = A$$

对应的 8 路数据为

$$D_0 = D_7 = \mathbf{0}, \quad D_1 = D_2 = D_4 = B, \quad D_3 = D_6 = \mathbf{1}, \quad D_5 = \overline{B}$$

【4.27】 $Z = A\,\overline{B} \cdot \overline{C} + A\,\overline{B}C + BC = A\,\overline{B} + BC$

【4.33】 六十一进制, BCD 码, 加法计数器

习题 5　参考答案

【5.1】 因为集成定时器的第 5 条引脚外加电压之后, 定时电容的充电和放电时间就随之变化, 实现了脉冲宽度的调制作用。输出波形如图所示。

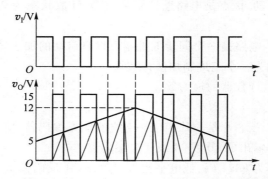

【5.2】 在该电路中, CC7555 与电阻、电容构成多谐振荡器, 其中引脚 1 是 CC7555 的接地端。当被监视电压 v_x 小于设定值 ($\approx V_z + V_{BE}$) 时, 晶体管 T 截止, CC7555 的引脚 1 悬空, 发光二极管不亮。当被监视的电压 v_x 大于设定值 ($\approx V_z + V_{BE}$) 时, 晶体管 T 饱和导电, CC7555 的引脚 1 接地, CC7555 组成的多谐振荡器

振荡,引脚 3 将输出脉冲波,因此发光二极管闪烁发光而报警。

【5.3】　用集成定时器 555 构成单稳态触发器,单手触摸金属片时,相当于低触发端输入低电平,所以 555 输出翻转为高电平,发光二极管亮。此时电路内部的放电管截止,电源经电阻 R 对电容充电,当电容上的电压超过高触发端 V_6 所需要的电平时,输出变为低电平,指示灯熄灭。所以发光二极管亮的时间为
$$t = T_w \approx 1.1RC = (1.1 \times 200 \times 10^3 \times 50 \times 10^{-6})\,\text{s} = 11\ \text{s}。$$

【5.4】　(1)延时电路是一个单稳态触发器,单稳态的输出脉宽就是延迟时间。$C = \dfrac{T_w}{1.1R} = \dfrac{20 \times 10^{-6}}{1.1 \times 91 \times 10^3}\,\text{nF} = 200\ \text{pF}$

(2) $T_w = RC\ln \dfrac{V_{CC} - V_{OL}}{V_{CC} - \dfrac{2}{3}V_{CC}} = RC\ln\left(\dfrac{5 - 0.2}{\dfrac{1}{3} \times 5}\right) \approx 1.06RC \approx 19.3\ \mu\text{s}$

【5.5】　(1)

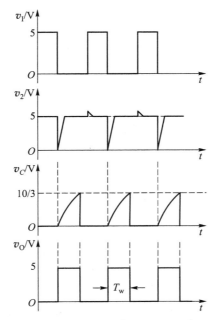

(2) $T_w = RC\ln 3 \approx 1.1RC = (1.1 \times 10 \times 10^3 \times 0.01 \times 10^{-6})\,\text{s} \approx 110\ \mu\text{s}$

习题 6　参考答案

【6.1】

CP	$Q_7 \sim Q_0$	$v_F = v_0 - 0.5S$	$V_I' \mid V_F$	C	操作
1	**10000000**	5.1 V	>	**1**	$Q_7 = 1$ 留
2	**11000000**	7.66 V	>	**1**	$Q_6 = 1$ 留
3	**11100000**	8.94 V	<	**0**	$Q_5 = 1$ 舍
4	**11010000**	8.3 V	<	**0**	$Q_4 = 1$ 舍
5	**11001000**	7.98 V	>	**1**	$Q_3 = 1$ 留
6	**11001100**	8.14 V	>	**1**	$Q_2 = 1$ 留
7	**11001110**	8.22 V	<	**0**	$Q_1 = 1$ 舍
8	**11001101**	8.18 V	>	**1**	$Q_0 = 1$ 留
9	**11001101**	8.18 V	>	**1**	**11001101**
10	**11001101**	8.18 V	>	**1**	读出

【6.2】　（1）$T_{CP} = 1/f_{CP} = 0.05$ ms，所以 $T_{max} = T_1 + T_{2max} = 3\,001 T_{CP} + 3\,000 T_{CP} = 300.05$ ms

（2）因为 $D = -3\,001(v_I / V_{REF})$，所以 $v_I = (750 \times 10/3\,001)$ V $= 2.499$ V。

【6.3】　（1）因为 $T_{CP} = 1/f_{CP} = 0.033$ ms，所以 $T_1 = 6\,001 T_{CP} = 0.200\,033$ s。

因为 $V_{OM} = (V_{IM}/R) \times T_1/C = (5/R) \times 0.2/10^{-6} = 10$ V，所以 $R = 100$ kΩ。

（2）因为 $D = 6\,001(v_I / V_{REF})$，所以 $v_I = (2\,345 \times 5/6\,001)$ V $= 1.954$ V。

【6.4】　高 4 位：$V_{LSB} = 4/2^4$ V $= 0.25$ V，$v_I / v_{LSB} = 2.7/0.25 = 10.8$，量化后取 10，所以高 4 位 **= 1010**。低 4 位：高 4 位 **1010** 经 D/A 转换输出为 2.5 V，所以运算放大器输出为 $(2.7 - 2.5) \times 16$ V $= 3.2$ V，$3.2/0.25 = 12.8$，量化后取 12，所以低 4 位 **= 1100**。

总输出为 **10101100**。

【6.5】　（1）输出模拟电压 v_0 和输入数字量的关系式：

$$v_0 = -i_{01} \frac{R}{2} = -\frac{V_{REF}}{2^n} \sum_{i=0}^{n-1} d_i \cdot 2^i = -\frac{V_{REF}}{2^n} \cdot D_n$$

（2）因为 $R_7 = 10\ \text{k}\Omega$，所以 $R_6 = 2R_7 = 20\ \text{k}\Omega$，$R_5 = 4R_7 = 40\ \text{k}\Omega$，$R_4 = 8R_7 = 80\ \text{k}\Omega$，$R_3 = 16R_7 = 160\ \text{k}\Omega$，$R_2 = 32R_7 = 320\ \text{k}\Omega$，$R_1 = 64R_7 = 640\ \text{k}\Omega$，$R_0 = 128R_7 = 1\ 280\ \text{k}\Omega$。

【6.6】　（1）$v_0 = 2.357\ \text{V}$；（2）$v_0 = 7.07\ \text{V}$

【6.7】　D/A 输入二进制数依次为 **0000、1000、0100、1100、0010、1010、0110、1110、0001、1001、0000**，可得输出电压 v_0 的波形如下。

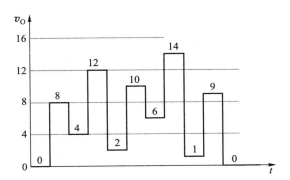

【6.9】　因为 $1/(2^n - 1) = V_{\text{LSB}}/V_{\text{om}} = 2.442 \times 10^{-3}/10$，所以 $n = 12$。

因为 $V_m = -V_{\text{REF}}(2^n - 1)/2^n$，所以 $V_{\text{REF}} = -10.002\ 442\ \text{V}$。

【6.10】　当 $d_3 \sim d_0 = 1111$ 时，$\overline{d_3} \sim \overline{d_0} = 0000$，4 只二极管全导通，4 只晶体管 T 全截止，4 只多发射极管全导通，且各管发射极电压与运放连接晶体管的发射极电压相同，此时 $I_0 = V_{\text{REF}}/48\ \text{k}\Omega = 0.125\ \text{mA}$。所以 $V_0 = (8+4+2+1)I_0R_f = (15 \times 0.125 \times 5)\ \text{V} = 9.375\ \text{V}$。

名词术语汉英对照

二画

二进制	binary
八进制	octal
二进制编码的十进制	binary-coded decimal（BCD）
十进制	decimal
十六进制	hexadecimal
七段显示器	seven-segment display

三画

门	gate
门电路	gate circuit
与	AND
与门	AND gate
与非	NAND
与非门	NAND gate
与或非	AND-NOR
与或非门	AND-NOR gate
三态输出门	three state output gate
上拉电阻	pull-up resistor
上升时间	rise time
上升沿	rise edge
下降时间	fall time
下降沿	fall edge

四画

专用集成电路	application specific integrated circuit(ASIC)
计数器	counter
异步计数器	asynchronous counter
同步计数器	synchronous counter
可逆计数器	up-down counter
环形计数器	ring counter
二进制计数器	binary counter
无关项	don't care term
开关特性	switching characteristic
开关时间	switching time
反码	one's complement
反演规则	complementary operation theorem
反向恢复时间	reverse recovery time
反相器	inverter
双向移位寄存器	bidirectional shift register
双列直插式封装	dual-in-line package（DIP）
双极型 CMOS	bipolar-CMOS(Bi-CMOS)
互补 MOS 门	complementary MOS gate（CMOS）
互连资源	interconnect resource（IR）
分配器	demultiplexer
分辨率	resolution
分频	frequency division

五画

电子系统	electronic system
电子设计自动化	electronic design automation(EDA)
电平触发	level triggered
边沿触发	edge triggered
片上系统	System on Chip(SoC)
布尔代数	Boolean algebra

正逻辑	positive logic
半导体	semiconductor
半导体存储器	semiconductor memory
只读存储器	read-only memory
可编程只读存储器	programmable read-only memory (PROM)
可擦可编程只读存储器	erasable programmable read-only memory (EPROM)
电可擦可编程只读存储器	electrically erasable programmable read-only memory (EEPROM)
掩膜只读存储器	masked read-only memory
占空比	pulse duration ratio
加法器	adder
半加器	half adder
全加器	full adder
串行进位加法器	serial carry adder
超前进位加法器	look-ahead carry adder
发光二极管	light emitting diode(LED)
卡诺图	Karnaugh map
可编程逻辑器件	programmable logic device(PLD)
可编程互连	programmable interconnect (PI)
可编程逻辑模块	configurable logic block (CLB)
可擦除的可编程逻辑器件	erasable programmable logic device(EPLD)
可编程阵列逻辑	programmable array logic(PAL)
可编程逻辑时序器	programmable logic sequencer(PLS)
主从触发器	master-slave flip-flop

六画

字	word
权	weight
地址	address
约束	constraint
约束条件	constraint condition
约束项	constraint term

异或	Exclusive OR
异或门	Exclusive OR gate
异或非	Exclusive NOR
同或	Exclusive NOR
同或门	Exclusive NOR gate
同步触发器	synchronous flip-flop
在系统可编程	in system programmable (isp)
多谐振荡器	astable multivibrator
存储器	memory
只读存储器	read-only memory(ROM)
快闪存储器	flash memory
随机存储器	random access memory(RAM)
动态随机存储器	dynamic random access memory(DRAM)
静态随机存储器	static random access memory(SRAM)
传输特性	transfer characteristics
传输门	transmission gate
传输延迟时间	propagation delay time
负逻辑	negative logic
行选择线	row-select line
列选择线	column-select line

七画

位	bit
进位	carry
时序(波形图)	timing diagram
时序逻辑电路	sequential logic circuit
同步时序逻辑电路	synchronous sequential logic circuit
异步时序逻辑电路	asynchronous sequential logic circuit
补码	complement
余三码	excess three code
时钟	clock(CLK)
时钟脉冲	clock pulse(CP)
状态机	state machine(SM)

状态机流程图(SM 图)	state machine flowchart
译码器	decoder
二进制译码器	binary decoder
二-十进制译码器	binary-coded decimal decoder
驱动方程	driving equation
状态	state
现态	present state
次态	next state
状态(转换)表	state table
状态(转换)图	state diagram

八画

或	OR
或门	OR gate
或非	NOR
或非门	NOR gate
非	NOT
非门	NOT gate
线与	wired and
建立时间	set-up time
现场可编程门阵列	field programmable gate array(FPGA)
现场可编程逻辑阵列	field programmable logic array(FPLA)
组合逻辑电路	combinational logic circuit
波形图	waveform
环形振荡器	ring multivibrator
单稳态触发器	monostable multivibrator 或 one-shot
定时器	timer
表面安装技术	surface mounting technology(SMT)
取样-保持电路	sample-hold circuit
金属-氧化物-半导体场效应管(MOS 管)	metal-oxide-semiconductor field-effect transistor(MOSFET)
N 沟道增强型 MOS 管	n-channal enhancement MOSFET
P 沟道增强型 MOS 管	p-channal enhancement MOSFET

340

N 沟道耗尽型 MOS 管	n-channal depletion MOSFET
P 沟道耗尽型 MOS 管	p-channal depletion MOSFET
奇偶校验/发生器	odd-even check/generator
参考电压	reference voltage

九画

显示器 display	
字符显示器	character mode display
七段字符显示器	seven-segment character mode display
相邻项	adjacencies
复位	reset
复杂的可编程逻辑器件	complex programmable logic device(CPLD)
栅极	gate
总线	bus
保持时间	hold time
恢复时间	recovery time
施密特触发器	Schmitt trigger

十画

特征方程	characteristic equation
真值表	truth table
通用阵列逻辑	generic array logic(GAL)
通用逻辑模块	generic logic block(GLB)
通用数字开关	generic digital switch(GDS)
扇出	fan-out
扇入	fan-in
读/写控制	read-write control
竞争-冒险	race-hazard
借位	borrow
浮栅隧道氧化层 MOS 管	floating-gate tunnel oxide MOSFET
格雷码	Gray code

十一画

寄存器	register
移位寄存器	shift register
双向移位寄存器	bidirectional shift register
减法器	subtractor
基本 *RS* 触发器	basic RS flip-flop
阈值电压	threshold voltage
液晶显示器	liquid crystal display(LCD)
逻辑	logic
逻辑电平	logic level
逻辑符号	logic symbol
逻辑代数	logic algebra
逻辑运算	logic operation
逻辑图	logic diagram
逻辑函数	logic function
逻辑表达式	logic expression

十二画

晶体管	transistor
晶体管-晶体管逻辑	transistor-transistor Logic(TTL)
超前进位	look-ahead carry
量化	quantization
量化误差	quantization error
编码	encode
编码器	encoder
优先编码器	priority encoder
最小项	minterm
最大项	maxterm
紫外线擦除式可编程 ROM	ultraviolat erasable programmable ROM(UVE-PROM)
集电极	collector

集电极开路门电路	open collector gate（OC 门）
集成电路	integrated circuits（IC）
小规模集成	small scale integration（SSI）
中规模集成	medium scale integration（MSI）
大规模集成	large scale integration（LSI）
超大规模集成	very large scale integration（VLSI）
硬件描述语言（HDL）	hardware description language
VHDL	very high speed integrated circuit HDL
Verilog HDL	
锁存器	latch
锁定效应	latch-up
最低有效位	least significant bit（LSB）
最高有效位	most significant bit（MSB）

十三画

触发器	flip-flop
主从触发器	master-slave flip-flop
边沿触发器	edge-triggered flip-flop
同步触发器	synchronous flip-flop
输入输出模块	input/output block（IOB）
输出逻辑宏单元	output logic macro cell （OLMC）
输出缓冲器	output buffer
置位	set
数字电路	digital circuits
数码显示器	digital display
数码管	nixie light
数字比较器	digital comparator
数据选择器/多路调制器	data selector/multiplexer
数据分配器	demultiplexer
数模转换	digital to analog conversion
数模转换器	digital to analog converter（DAC）
权电阻数模转换器	weighted resistance DAC
权电容数模转换器	weighted capacitive DAC

权电流(电流输出)数模转换器   current-output DAC

开关树型数模转换器   switch tree type DAC

倒 T 型电阻网络数模转换器   inverted T type DAC

十四画

模数转换   analog to digital conversion

模数转换器   analog to digital converter(ADC)

  并联比较型模数转换器   parallel-comparator ADC

  逐次逼近型模数转换器   successive approximation ADC

  双积分型模数转换器   dual-slope ADC

漏极   drain

  漏极开路门电路   open drain gate(OD 门)

模拟电路   analog circuits

算法状态机   algorithmic state machine(ASM)

算术逻辑单元   arithmetic logic unit(ALU)

十五画

摩根定理   De Morgan's theorem

十六画

噪声容限   noise margin

参考文献

［1］阎石,王红.数字电子技术基础［M］.6版.北京:高等教育出版社,2016.

［2］康华光,陈大钦,张林.电子技术基础(数字部分)［M］.6版.北京:高等教育出版社,2014.

［3］蔡惟铮.集成电子技术［M］.北京:高等教育出版社,2004.

［4］沈尚贤.电子技术导论［M］.北京:高等教育出版社,1985.

［5］张德华,阮秉涛.集成电子技术基础教程 下册［M］.3版.北京:高等教育出版社,2015.

［6］张克农.数字电子技术基础［M］.北京:高等教育出版社,2003.

［7］阮秉涛.电子设计实践指南［M］.北京:高等教育出版社,2013.

［8］何小艇.电子系统设计［M］.4版.北京:高等教育出版社,2008.

［9］彭容修.数字电子技术基础［M］.武汉:武汉理工大学出版社,2006.

［10］童诗白,徐振英.现代电子学及应用［M］.北京:高等教育出版社,1994.

［11］童诗白,何金茂.电子技术基础试题汇编［M］.北京:高等教育出版社,1992.

［12］王小海.集成电子技术教程［M］.杭州:浙江大学出版社,1999.

［13］宋樟林,陈道铎,王小海.数字电子技术基本教程［M］.杭州:浙江大学出版社,1995.

［14］谢嘉奎.电子线路［M］.4版.北京:高等教育出版社,1999.

［15］高文焕,刘润生.电子线路基础［M］.北京:高等教育出版社,1994.

［16］李士雄,丁康源.数字集成电子技术基础［M］.北京:高等教育出版社,1993.

［17］布朗,弗拉内奇.数字逻辑基础与VHDL设计［M］.伍微,译.3版.北京:清华大学出版社,2011.

［18］AGARWAL A,LANG J H.模拟和数字电子电路基础［M］.于歆杰,等译.北京:清华大学出版社,2012.

［19］冈村迪夫.OP放大电路设计［M］.王玲,译.北京:科学出版社,2005.

［20］正田英介,春木弘.21世纪电子电气工程师系列丛书——半导体器件［M］.邵志标,译.北京:科学出版社,2001.

［21］WAKERLY J F. Digital Design：Principles and Practices［M］. 3nd ed. New Jersey：Prentice Hall Inc,2000.

［22］MANO M M. Digital Design［M］. 3nd ed. New Jersey：Prentice Hall Inc,2002.

［23］KEITH W. Digital Electronics——A Practical Approach［M］. 6th ed. New Jersey：Prentice Hall Inc，2002.

［24］TIETZE U，SCHENK C. Electronic Circuits：Handbook for Design and Application［M］. Berlin：Springer-Verlag，2005.

［25］FLOYD T L. Digital Fundamentals［M］. 7nd ed. Beijing：Science Press and Pearson Education North Asia Limited，2002.

［26］HAMBLEY A R. Electronics［M］. 2nd ed. New Jersey：Prentice Hall Inc，2000.

［27］MILLMAN J，GRABEL A. Microelectronics ［M］. 2nd ed. New York：McGraw-Hill book company，1989.

［28］RASHID M H. Microelectronic Circuits：Analysis and Design［M］. 影印版. 北京：科学出版社，2002.